バイオ医薬品開発における糖鎖技術
Glycotechnology for Development of Biotechnology Protein Products
《普及版／Popular Edition》

監修 早川堯夫，掛樋一晃，平林 淳

シーエムシー出版

バイオ医薬品開発における糖鎖技術

Glycotechnology for Development of Biotechnology Protein Products

《普及版／Popular Edition》

監修　早川堯夫、掛樋一晃、平林　淳

シーエムシー出版

はじめに

　「ペニシリンの発見，および種々の伝染病に対するその治療効果の発見」でアレクサンダー・フレミング（Alexander Fleming，1881 年 8 月 6 日〜1955 年 3 月 11 日）がノーベル生理学・医学賞に輝いたのは 1945 年，すなわちわが国にとって「戦後」が始まった年である。言うまでもなくペニシリンは世界で最初に発見された抗生物質で，アオカビ（*Penicillium* 属）に因んでこの名がつけられ，それは近代創薬研究の第一歩として位置づけられる。その後いわゆる低分子医薬品は多くの製薬メーカーによって開発，改良され，そのいくつかが「ブロックバスター」と呼ばれる医薬品として巨大市場を形成するに至った。しかし，今低分子医薬品開発は飽和状態を迎えつつある。これに代わる次世代の医薬品として注目を浴びているのが「バイオ医薬品」である。バイオ医薬品とは本来生物（主としてヒト）由来のタンパク質や核酸，あるいは細胞などを医薬品として製品化したもので，低分子医薬品使用におけるリスク回避や，個別医療，アンメット・ニーズへの対応性などから注目されている。一方，バイオ医薬品（特にタンパク質性医薬品）開発における根本的な問題は，多くのバイオ医薬品が糖タンパク質であるという事実に帰結する。アルブミンを除くほとんどの分泌タンパク質には多様な糖鎖が付加していて，タンパク質の水溶性やプロテアーゼに対する抵抗性，さらには組織標的性を左右していると考えられている。そればかりでなく，抗体の ADCC 活性を 2 桁近くも上昇させる糖鎖構造の存在も明らかにされている。このことは，たとえタンパク質構造は同一でも，糖鎖構造を修飾（あるいは収束）することで，従来品と比べ効能や安定性が改善したバイオ医薬品（バイオベター）が開発される可能性を示している。本点はおそらく間違いなく今後のバイオ医薬品開発の鍵となるのだが，その開発に直接携わることができるのはおそらく一部の糖鎖研究者である。そのことを具体的な事例とともに示そうというのが本企画の狙いである。やや総花的な構成となったが，糖タンパク質医薬品の開発にはきわめて多くのプレーヤーが必要であり，その重み付けを現時点で判断することは難しい。その意味で，本書がバイオ医薬品開発に関わる人たちに，吟味の「題材」を提供できれば幸いである。

　さて，ペニシリンを発見したフレミングはほぼ同時に（それも偶然に）リゾチームを発見している。これはある意味でバイオ医薬品（塩酸リゾチームとして登録）の先例と言えよう。日本は原爆投下による被害から 66 年を経て，第二の核の悲劇が発生したが，奇しくも 2011 年は先発バイオ医薬品の特許切れが相次ぐ「バイオシミラー元年」に匹敵する。シミラーであれ，ベターであれ，画期的バイオ医薬品の開発が，今後わが国の科学者の手によって連続的に達成されることを祈願する。オープンイノベーションが叫ばれ，従前の自前主義は捨てる時代との声を聞く。今こそ，糖鎖工学・タンパク工学・細胞工学等のバイオ技術を結集し，これをわが国の将来発展と世界平和へと結びつける躍動力としたい。

　2011 年 10 月

㈱産業技術総合研究所　糖鎖医工学研究センター

平林　淳

普及版の刊行にあたって

　本書は2011年に『バイオ医薬品開発における糖鎖技術』として刊行されました。普及版の刊行にあたり，内容は当時のままであり加筆・訂正などの手は加えておりませんので，ご了承ください。

2018年7月

シーエムシー出版　編集部

執筆者一覧（執筆順）

早 川 堯 夫　近畿大学　薬学総合研究所　所長，特任教授
毛 利 善 一　日本ケミカルリサーチ㈱　理事
鬼 塚 正 義　徳島大学　大学院ソシオテクノサイエンス研究部　学術研究員
大 政 健 史　徳島大学　大学院ソシオテクノサイエンス研究部　教授
伊 藤 孝 司　徳島大学　大学院ヘルスバイオサイエンス研究部　創薬生命工学分野
　　　　　　　教授
稲 津 敏 行　東海大学　工学部　応用化学科　教授；東海大学　糖鎖科学研究所
梅 川 碧 里　University of Michigan　Life Sciences Institute　Research fellow
芦 田 　 久　京都大学大学院　生命科学研究科　准教授
山 本 憲 二　石川県立大学　生物資源工学研究所　教授
竹 川 　 薫　九州大学　大学院農学研究院　生命機能科学部門　教授
藤 田 清 貴　鹿児島大学　農学部　生物資源化学科　助教
長 島 　 生　�独産業技術総合研究所　生物プロセス研究部門　テクニカルスタッフ
清 水 弘 樹　�独産業技術総合研究所　生物プロセス研究部門　主任研究員
正 田 晋一郎　東北大学　大学院工学研究科　バイオ工学専攻　教授
野 口 真 人　東北大学　大学院工学研究科　バイオ工学専攻　助教
千 葉 靖 典　�独産業技術総合研究所　糖鎖医工学研究センター　主任研究員
三 﨑 　 亮　大阪大学　生物工学国際交流センター　助教
藤 山 和 仁　大阪大学　生物工学国際交流センター　教授
岡 本 　 亮　大阪大学　大学院理学研究科　化学専攻　助教
梶 原 康 宏　大阪大学　大学院理学研究科　化学専攻　教授
安 部 博 子　㈱産業技術総合研究所　健康工学研究部門　主任研究員
白 井 　 孝　公益財団法人野口研究所　常務理事
菅 原 州 一　旭化成㈱　新事業本部　先端技術研究所　主幹研究員

中 北 愼 一	香川大学　研究推進機構・総合生命科学研究センター　糖鎖機能解析研究部門　准教授	
住 吉 　 渉	香川大学　研究推進機構・総合生命科学研究センター　糖質バイオ研究部門　助教	
山 田 佳 太	香川大学　研究推進機構・総合生命科学研究センター　糖質バイオ研究部門　助教	
松 崎 祐 二	東京化成工業㈱　王子研究所　糖鎖技術部　マネージャー	
松 尾 一 郎	群馬大学　工学研究科　応用化学生物化学専攻　教授	
木 下 充 弘	近畿大学　薬学部　創薬科学科　生物情報薬学研究室　講師	
掛 樋 一 晃	近畿大学　薬学部　創薬科学科　生物情報薬学研究室　教授	
大久保 明 子	住友ベークライト㈱　S-バイオ事業部　マーケティング・営業部　担当課長	
五十嵐 幸 太	住友ベークライト㈱　S-バイオ事業部　マーケティング・営業部	
亀 山 昭 彦	㈱産業技術総合研究所　糖鎖医工学研究センター　糖鎖分子情報解析チーム　チーム長	
久 野 　 敦	㈱産業技術総合研究所　糖鎖医工学研究センター　主任研究員	
武 石 俊 作	㈱GP バイオサイエンス　研究開発本部　研究主幹	
平 林 　 淳	㈱産業技術総合研究所　糖鎖医工学研究センター　副センター長	
矢 木 宏 和	名古屋市立大学　大学院薬学研究科　生命分子構造学分野　助教	
加 藤 晃 一	名古屋市立大学　大学院薬学研究科　生命分子構造学分野　特任教授；自然科学研究機構　岡崎統合バイオサイエンスセンター　生命分子研究部門　教授；㈱グライエンス　取締役；お茶の水女子大学　糖鎖科学教育研究センター　客員教授	

執筆者の所属表記は，2011年当時のものを使用しております。

目　　次

【第1編　序論】

第1章　バイオ医薬品開発の主流を占める糖タンパク質　　早川堯夫

1　はじめに …………………………… 1
2　糖タンパク質が医薬品の有効成分の候
　補となる契機 ……………………… 1
3　糖タンパク質は承認されたバイオ医薬
　品の6割を占め，さらに増加の一途を
　辿る ………………………………… 2
4　糖タンパク質を巡る我が国独自の技術
　革新によるバイオ医薬品開発の新展開
　……………………………………… 5
　4.1　糖タンパク質の効率的製造技術開
　　　発と糖鎖付加制御技術開発 ……… 7
　4.2　世界最高水準を行く我が国の糖鎖
　　　解析技術 ……………………… 9
5　糖タンパク質性バイオ医薬品の水先案

内，牽引力，推進力たる指針 ……… 13
6　糖タンパク質性医薬品は後続バイオ医
　薬品開発の中心課題 ……………… 15
　6.1　後続タンパク質性医薬品に関する
　　　国策としての視点 ……………… 15
　6.2　科学的な視点からみた後続品問題
　　　……………………………………… 16
　6.3　後続組換えタンパク質性製品開発
　　　への合理的アプローチ ………… 16
　6.4　糖鎖関連技術が核となる我が国の
　　　後続タンパク質性医薬品の今後の
　　　展望 ……………………………… 17
7　おわりに ………………………… 19

【第2編　我が国におけるバイオ医薬品開発の現状と課題】

第2章　エリスロポエチン後続品の開発―糖タンパク医薬品の承認事例―　　毛利善一

1　はじめに ………………………… 23
2　開発の背景 ……………………… 24
3　開発の経緯 ……………………… 25
　3.1　臨床開発を進めるにあたって …… 25
　3.2　第Ⅰ相試験 …………………… 25
　3.3　既承認薬との比較 ……………… 26
　3.4　対象疾患患者での臨床薬理試験
　　　（比較） ………………………… 29

　3.5　第Ⅱ/Ⅲ相二重盲検比較臨床試験… 29
　3.6　長期試験 ……………………… 32
4　JR-013 の製造販売承認申請………… 32
5　バイオ後続品ガイドラインと JR-013… 33
6　バイオ後続品の承認申請項目 …… 34
7　バイオ後続品の薬価と JR-013 …… 34
8　バイオ後続エリスロポエチン EPO 製剤
　の製品名と市販後調査 ………… 34

9 おわりに …………………………… 35

第3章　動物細胞を用いた糖タンパク質医薬品生産—CHO細胞を中心にした糖鎖修飾制御　　鬼塚正義，大政健史

1 はじめに—動物細胞と微生物細胞は一体何が異なるのか—工学的な側面から
　　…………………………………… 37
2 動物細胞における糖鎖修飾とは ……… 38

3 糖鎖修飾制御を目指したセルエンジニアリング ………………………… 40
4 おわりに ………………………… 43

第4章　リソソーム病治療への応用を目指した糖鎖修飾型組換えリソソーム酵素の開発　　伊藤孝司

1 はじめに ………………………… 45
2 リソソーム酵素に付加される糖鎖の生物機能を利用したリソソーム病の酵素補充療法 ………………………… 45
3 マンノース6-リン酸含有 N-グリカンが付加される組換えヒトリソソーム酵素とそのレセプターをデリバリー標的とした酵素補充療法 ………………… 47
4 組換えリソソーム酵素に付加される N-

グリカンの M6P 含量を増大させるための糖鎖工学的アプローチ …………… 49
5 リソソーム酵素に関する構造生物学的情報を利用した M6P 含有糖鎖追加型リソソーム酵素のデザインと作製 …… 52
6 中枢神経障害を伴うリソソーム病に対する脳脊髄液内酵素補充療法の開発と治療的ポテンシャル ……………… 53
7 おわりに ………………………… 55

【第3編　合成】

第5章　概論：ケミカルグライコバイオロジーと糖タンパク質合成　　稲津敏行

1 ケミカルグライコバイオロジーの時代
　　…………………………………… 59
2 グライコバイオロジクスと化学構造 … 60
3 Sugaring Tag 法によるタンパク質の糖

鎖修飾 …………………………… 61
4 Endo-M の糖鎖受容体認識 ………… 62
5 疑似糖ペプチドの創出 …………… 64
6 おわりに ………………………… 66

第6章　エンドM酵素による糖鎖の効率的な転移付加と均一化

梅川碧里，芦田　久，山本憲二

1　はじめに ………………………… 68
2　糖加水分解酵素の糖転移活性 ………… 68
3　Endo-Mの変異酵素による糖転移反応 ………………………… 69
4　Endo-Mの反応機構を利用した効率的な糖鎖の付加反応 ………… 71

5　改変型Endo-Mを用いた機能性糖鎖複合体の合成 ………… 73
6　改変型Endo-Mを用いた糖タンパク質糖鎖のすげ替えと糖鎖の均一化 ……… 73
7　おわりに ………………………… 74

第7章　エンドAの構造から糖タンパク質合成の最適条件を探る

竹川　薫，藤田清貴

1　はじめに ………………………… 77
2　Endo-A，Endo-Mの反応機構 ……… 78
3　ENGaseのアミノ酸配列から探るGH85ファミリーの進化 ………… 79

4　Endo-Aの立体構造解析から同定された重要なアミノ酸 ………… 81
5　ENGaseの糖転移効率を高めるための戦略―究極の酵素を目指して―……… 82

第8章　酵素化学合成法による糖鎖生産技術

長島　生，清水弘樹

1　はじめに ………………………… 85
2　糖鎖合成 ………………………… 85
　2.1　3つの糖鎖合成法 ………… 86
　2.2　酵素を利用した糖鎖ケモエンザイム合成法（酵素化学合成法）…… 87
3　糖転移酵素の活用 ………… 88
　3.1　酵素活性 ………… 88
　3.2　糖転移酵素反応 ………… 88

　3.3　ラクトサミン骨格に作用する高活性糖転移酵素群 ………… 89
　3.4　実際の高活性糖転移酵素の反応例 ………… 90
　3.5　非天然型糖鎖の合成 ………… 91
　3.6　固定化酵素の利用 ………… 93
4　糖ペプチド合成への応用 ………… 93
5　おわりに ………… 94

第9章　オキサゾリン基質中間体と糖タンパク質医薬品

正田晋一郎，野口真人

1　はじめに ………………………… 96
2　オキサゾリンを用いるグリコシル化反応の基本原理 ………… 96

　2.1　今なぜオキサゾリン基質なのか … 96
　2.2　糖オキサゾリンを供与体とするグリコシル化反応 ………… 97

2.3 糖オキサゾリンは遷移状態アナロ
グ基質である ……………… 98
2.4 遷移状態アナログ基質と低活性酵
素の組み合わせによる高効率グリ
コシル化 ………………… 98
3 オキサゾリンを鍵物質とする糖タンパ
ク質合成への展開 ……………… 101
3.1 エンド-M の発見と Substrate

Assisted Catalysis ……………… 101
3.2 エンド-M 酵素による加水分解も
オキサゾリニウムイオン中間体を
経由する ………………… 102
3.3 水中における分子内脱水反応によ
る糖オキサゾリンの一段階合成 … 102
4 おわりに ……………………… 104

第10章 微生物を利用した糖鎖モデリング技術の開発　　千葉靖典

1 はじめに ……………………… 106
2 なぜ酵母を利用するのか? ………… 106
3 ヒト適応可能な N-型糖鎖改変技術の開
発 …………………………… 108
4 Ogataea minuta 株を用いた物質生産と

糖鎖改変 ……………………… 109
5 酵母リン酸化糖鎖とライソゾーム病治
療薬の生産 …………………… 111
6 ヒト適応 O-型糖鎖の改変………… 113
7 まとめ ……………………… 115

第11章 植物生産系を利用した糖タンパク質合成技術

三﨑　亮, 藤山和仁

1 植物由来糖タンパク質糖鎖構造の解析
………………………… 121
2 ヒト由来 β1,4-GalT を発現する BY2 細
胞の構築 …………………… 122
3 BY2 細胞および GT6 細胞での抗体生産

………………………… 123
4 植物細胞への Sia 合成経路の導入 …… 123
5 細胞内局在が及ぼす糖鎖構造への影響
………………………… 124
6 今後の展望 …………………… 126

第12章 ヒト型糖鎖をもつエリスロポエチン誘導体の精密化学合成

岡本　亮, 梶原康宏

1 はじめに ……………………… 129
2 エリスロポエチン (EPO) 誘導体の合
成計画 ……………………… 130
3 EPO (1-32) の糖ペプチドチオエステ
ルセグメントの合成 …………… 132

4 EPO (33-166) のセグメント調製 …… 132
5 EPO (1-166) 誘導体の合成 ……… 133
6 糖タンパク質 EPO 誘導体9のフォール
ディング操作, および生理活性評価 … 133
7 おわりに ……………………… 137

第13章　新規育種技術を利用したヒト型糖タンパク質生産に適した酵母株の開発

安部博子

1　はじめに ………………………… 139

2　糖タンパク質生産のための宿主としての出芽酵母 ……………………… 139

3　出芽酵母を用いた N-結合型糖鎖改変の課題 …………………………… 140

4　ヒト高マンノース型糖タンパク質高生

産酵母株の開発 ………………… 141

5　出芽酵母の糖鎖欠損による増殖能を補う遺伝子について ……………… 145

6　出芽酵母 O-結合型糖鎖の改変……… 146

7　まとめ ………………………… 148

【第4編　糖鎖供給】

第14章　シアリルオリゴ糖ペプチド（SGP）の工業的生産

白井　孝，菅原州一

1　シアリルグリコペプチドは，鶏卵卵黄に含まれている ………………… 151

2　卵黄には多種類の N-結合型糖鎖が存在している …………………………… 152

3　SGP が単離された理由（推論）……… 152

4　SGP の生合成機構 ……………… 152

5　SGP の存在意義 ………………… 152

6　SGP は様々な研究に広く用いられている …………………………… 153

7　ヒト型糖ペプチドの合成 ………… 153

8　SGP 工業的製造について ………… 153

9　Fmoc-SGN の製造方法について …… 156

10　SGP 機能活用について ………… 157

第15章　ヒト型糖鎖ライブラリーの開発とバイオ医薬品への応用

中北愼一，住吉　渉，山田佳太

1　はじめに ………………………… 159

2　糖鎖戦略地図の作製およびヒト型糖鎖ライブラリーの開発 …………… 159

3　糖タンパク質糖鎖の大量切り出し反応の確立 …………………………… 163

4　天然型糖鎖への変換 ……………… 165

5　糖鎖戦略地図を利用した生体資材からの有用糖鎖や有用糖ペプチドの調製 … 167

6　おわりに ………………………… 167

第16章　有機合成法を中心とする糖鎖の工業的生産システム

松崎祐二

1　はじめに ………………………… 169

2　合成ブロック中間体の共通性 ……… 169

3 ブロック中間体の大量合成 ……………… 170	6 ブロック中間体を用いる機能性糖鎖へ

3　ブロック中間体の大量合成 …………… 170
4　アノマー位の保護基（4-メトキシフェニルグリコシド）………………… 171
5　大型反応装置による大量グリコシル化反応 ………………………………… 172
　5.1　Neu α 2-3/6Gal 誘導体（Ⅰ，Ⅱ）… 172
　5.2　Gal β 1-3GlcNPhth/N3 誘導体（Ⅲ，Ⅳ）………………………………… 173
　5.3　Gal α 1-4Gal β 1-4Glc 誘導体（Ⅴ）
　　　………………………………………… 173

6　ブロック中間体を用いる機能性糖鎖への展開 ………………………………… 174
　6.1　グロボ系糖鎖 ……………………… 174
　6.2　ガングリオ系糖鎖 ………………… 175
　6.3　ラクト系・ネオラクト系糖鎖および周辺糖鎖 ……………………… 175
7　グライコシンターゼ（Endo-M-N175Q）による糖鎖の導入 ……………… 177
8　機能性糖鎖複合体 …………………… 177
9　おわりに ……………………………… 179

第17章　有機化学的手法による生体糖鎖合成の最先端　　松尾一郎

1　はじめに ……………………………… 181
2　アスパラギン結合型糖タンパク質糖鎖の生合成戦略と構造多様性 ………… 181
3　アスパラギン結合型糖鎖の合成戦略 … 183

4　複合型糖鎖の合成研究 ……………… 184
5　高マンノース型糖鎖の合成研究 …… 186
6　おわりに ……………………………… 190

【第5編　分析】

第18章　概論：糖タンパク質性バイオ医薬品に求められる分析技術

木下充弘，掛樋一晃

1　はじめに ……………………………… 191
2　糖タンパク質性バイオ医薬品の不均一性とその対応 ……………………… 191
3　糖タンパク質の構造的特徴と解析に必要な技術 ……………………………… 193
　3.1　単糖組成分析 ……………………… 197

　3.2　糖鎖構造の解析 …………………… 198
　3.3　糖ペプチドの分析 ………………… 200
　3.4　糖タンパク質グライコフォームの分析 ………………………………… 202
4　今後の展開 …………………………… 205

第19章　BlotGlyco®キットを用いた糖鎖分析のためのサンプル前処理法

大久保明子，五十嵐幸太

1　はじめに ……………………………… 209
2　糖鎖分析における課題と BlotGlyco®キッ

トのコンセプト ……………………… 209
3　BlotGlyco®キットの原理と操作 ……… 210

| 4 BlotGlyco®キットの基本特性 ………… 212 | 6 まとめと今後 …………………………… 217 |
| 5 BlotGlyco®キットの応用 ……………… 215 | |

第20章　質量分析計を用いた糖タンパク質糖鎖分析の新展開　　亀山昭彦

1 はじめに ………………………………… 219	2.3 糖鎖断片化の一般則について …… 224
2 バイオ医薬の糖鎖構造解析 …………… 219	3 分子マトリクス電気泳動法によるムチ
2.1 多段階タンデム質量分析スペクト	ンおよびグリコサミノグリカンの簡易
ル DB を用いた糖鎖構造解析 …… 220	分析 ……………………………………… 226
2.2 再構成スペクトルを用いた糖鎖構	4 おわりに ………………………………… 228
造推定 ………………………………… 221	

第21章　レクチンマイクロアレイのタンパク質医薬品生産プロセス
　　　　　開発への活用　　　　　　　　　　　久野　敦, 武石俊作, 平林　淳

1 はじめに ………………………………… 230	3.2 高感度レクチンアレイによるタン
2 レクチンマイクロアレイ概説 ………… 231	パク質医薬品の糖鎖評価 ………… 236
2.1 レクチンマイクロアレイの特徴 … 231	4 混合溶液中微量標的タンパク質の糖鎖
2.2 レクチンアレイの高感度化 ……… 232	プロファイリング（ALP）法 ……… 237
3 レクチンアレイによるタンパク質医薬	5 ALP 法による細胞培養初期段階タンパ
品の糖鎖評価 …………………………… 233	ク質上糖鎖評価とその活用シーン …… 238
3.1 プロコグニアの取り組み ………… 234	6 おわりに ………………………………… 240

第22章　多次元 HPLC マッピングによる糖タンパク質糖鎖の定量的
　　　　　プロファイリング　　　　　　　　　　　　　矢木宏和, 加藤晃一

1 はじめに ………………………………… 242	5 HPLC マップを利用した IgG の糖鎖構
2 多次元 HPLC 法の原理 ………………… 242	造解析 …………………………………… 248
3 溶出時間に基づく未知糖鎖の同定 …… 244	6 おわりに ………………………………… 250
4 異性体の識別 …………………………… 245	

【第1編　序論】

第1章　バイオ医薬品開発の主流を占める糖タンパク質

早川堯夫[*]

1　はじめに

　タンパク質性のバイオ医薬品開発において糖タンパク質は，現在でもまぎれもなく双璧の一つであるが，将来的には間違いなく主流を占めると考えられる。とはいえ，ある糖タンパク質が医薬品として開発・活用されるには，いろいろな段階と資材的・技術的要素・要件が必要である。まず，医薬品候補となる可能性が考えられること，続いて大量に生産・精製・供給可能であること，適切な特性解析がなされること，ある対象疾患に対して既存品にはない治療法の手段として，あるいは既存品と同等もしくはそれ以上のものとしてのリスク・ベネフィットバランス（有用性）が立証されること，製造及び品質の恒常性が確保されること，適正使用されること，製造販売後の追跡によって有用性が確認されること，さらには進んで既存品に改善改良が加えられることなどである。

　我が国はこれまでのバイオ医薬品の開発において欧米に先んじあるいは伍してきたとは必ずしも言えない。しかし，糖タンパク質がバイオ医薬品の主流になると考えられる今後を展望する時，糖鎖研究において欧米に先行していることは有利な状況といえる。これらを有効に活用していけば欧米に追いつき追い越すことも可能であることを意味している。本書の各編各章では我が国が誇るさまざまな糖鎖関連技術要素が詳細に述べられている。これらの多くは基盤技術的要素であるが，糖タンパク質を医薬品として開発・活用しようとする際の国際的優位性確保に有用性を発揮することが大いに期待される。

　本稿では，総論的にバイオ医薬品開発という視点から糖タンパク質を俯瞰し，我が国で開発されている基盤技術をふまえながらより有用な糖タンパク質性医薬品の開発への展望と課題について概説する。

2　糖タンパク質が医薬品の有効成分の候補となる契機

　ある糖タンパク質が医薬品の有効成分候補となる契機には大別して3つある。

　その1つは，その時点で明らかになった生命現象に直接関与する糖タンパク質に新たな医療上の有用性が期待される場合である。生体内機能分子としてのある種のホルモン，酵素，インターフェロン，エリスロポエチン，サイトカイン，血液凝固因子などはその典型である。

　＊　Takao Hayakawa　近畿大学　薬学総合研究所　所長，特任教授

バイオ医薬品開発における糖鎖技術

　２つ目の契機は，生命現象の理解と疾病の機構に関する知見に基づき，疾病原因や疾病機構を制御し，あるいは破綻の修復に寄与できると期待されるものを開発目標とする場合である。その典型的な例がコンポーネントワクチンや抗体医薬品である。

　３つ目の契機は，上記の契機１及び２で開発された医薬品をベースにプロトタイプのアミノ酸残基置換や糖鎖構造などの改変，その他の改変誘導体の作製により作用発現時間や作用持続時間をコントロールしたり，機能増強を図ることを目的とする場合である。

　新規有効成分の発掘と合わせ，既存の有効成分を改変・改善する形での創薬トレンドは今後さらに高まっていくと考えられる。

3　糖タンパク質は承認されたバイオ医薬品の６割を占め，さらに増加の一途を辿る

　表１に現在までに我が国で承認された各種細胞基材由来のタンパク質性バイオ医薬品を示す。いくつかの特徴がみてとれる。

　特徴の第一は大腸菌や酵母（一部）で生産される単純タンパク質性医薬品以外のもの，すなわち糖タンパク質性医薬品が全体の６割を占めることである。もともと，生体内のタンパク質の半数以上は糖タンパク質で占められていることからすれば，生命現象に直接関与する糖タンパク質がそれなりの割合で医薬品として開発されるのは当然の成り行きである。酵素として組織プラスミノーゲン活性化因子（tPA）やイミグルセラーゼをはじめとする各種リソソーム加水分解酵素，また血液凝固線溶系因子類，ホルモンとしてヒト卵胞刺激ホルモン，さらにはインターフェロンβ，エリスロポエチンなどが開発されている。このうち，リソソーム加水分解酵素類やエリスロポエチンに関しては，その糖鎖と薬効との密接な関係が明らかにされている。リソソーム加水分解酵素類は遺伝性疾患に対する薬剤として開発された。リソソームに蓄積する糖質等の分解に関与する各種加水分解酵素が欠損した患者では，糖質等の蓄積による重篤な疾病を引き起こす。したがって，治療法としては，欠損している酵素を薬剤として体外から投与することが有効と考えられた。その先鞭をつけ，かつ糖鎖構造の修飾によるターゲティングを特徴とする医薬品として1998年にゴーシェ病への適応で承認されたのがイミグルセラーゼである。これは，CHO細胞で作製した組換え酵素をシアリダーゼ，β-ガラクトシダーゼ及びヘキソサミニダーゼ処理により糖鎖末端をマンノースにして標的であるマクロファージに取り込ませ，マクロファージ内に蓄積するグルコセレブロシドの分解促進により，薬効を発揮する。一方，末端糖鎖構造としてマンノース６リン酸（M6P）を持つ各種リソソーム加水分解酵素製剤は，細胞膜表面にあるマンノース６リン酸受容体を介して細胞内にとりこまれ，さらにリソソーム内に輸送され，リソソーム内に蓄積している物質の分解を促進することにより薬効を発揮する。現在までに承認された例は，アガルシダーゼベータ（ファブリー病：2004年），ラロニダーゼ（ムコ多糖症Ⅰ型：2006年），アルグルコシダーゼアルファ（ポンペ病：2006年），アガルシダーゼアルファ（ファブリー病：

第1章　バイオ医薬品開発の主流を占める糖タンパク質

表1　日本で承認されたタンパク質性バイオ医薬品

分類	一般名	生産細胞	承認年
酵素			
t-PA	Alteplase	CHO	1991
t-PA	Pamiteplase	CHO	1998
t-PA	Monteplase	BHK	2000
グルコセレブロシダーゼ	Imiglucerase	CHO	1998
αガラクトシダーゼ	Agalcidase alfa	ヒト線維肉腫細胞株 HT-1080	2006
αガラクトシダーゼ	Agaclidase beta	CHO	2004
α-L-イズロニダーゼ	Latonidase	CHO	2006
酸性α-グルコシダーゼ	Algulcosidase alfa	CHO	2007
イズロン酸2スルファターゼ	Idulusulfase	ヒト線維肉腫細胞株 HT-1080	2007
ヒト N-アセチルガラクトサミン-4-スルファターゼ	Galsulfase	CHO	2008
尿酸分解酵素	Rasburicase	酵母	2009
血液凝固線溶系因子			
血液凝固第Ⅷ因子	Octocog alfa	BHK	1993
血液凝固第Ⅷ因子	Rurioctocog alfa	CHO	2006
血液凝固第Ⅶ因子（活性型）	Eptacog alfa（activated）	BHK	2000
血液凝固第Ⅸ因子	Nonacog Alfa	CHO	2009
トロンボモジュリン	Thrombomodulin alfa	CHO	2008
ホルモン			
ヒトインスリン	Insulin human	大腸菌	1985
ヒトインスリン（Pro）	Insulin human	大腸菌	1987
ヒトインスリン	Insulin human	酵母	1991
ヒトインスリン	Insulin human	大腸菌	1991
ヒトインスリン	Insulin human	大腸菌	1994
インスリンアナログ	Insulin lispro	大腸菌	2001
インスリンアナログ	Insulin aspart	酵母	2001
インスリンアナログ	Insulin glargin	大腸菌	2003
インスリンアナログ	Insulin detemir	酵母	2007
インスリンアナログ	Insulin glulisine		2009
ヒト成長ホルモン	Somatropin	大腸菌	1988
ヒト成長ホルモン	Somatropin	大腸菌	1988
ヒト成長ホルモン	Somatropin	大腸菌	1989
ヒト成長ホルモン	Somatropin	CHO	1992
ヒト成長ホルモン	Somatropin	大腸菌	1993
ヒト成長ホルモン（後続品）	Somatropin	大腸菌	2009
PEG 化ヒト成長ホルモン	Pegbisomant	大腸菌	2007
ソマトメジンC	Mecacermin	大腸菌	1994
ヒトナトリウム利尿ペプチド	Carpetritide	大腸菌	1995
ヒトグルカゴン	Glucagone	大腸菌	1996
ヒト卵胞刺激ホルモン	Follitropin alfa	CHO	2006
ヒト卵胞刺激ホルモン	Follitropin beta	CHO	2005
ヒトグルカゴン様ペプチド-1アナログ	Liraglutide	大腸菌	2010
ヒト副甲状腺ホルモンアナログ	Teriparatide	大腸菌	2010
ワクチン			
B型肝炎ワクチン	沈降 B 型肝炎ワクチン	酵母	1988
B型肝炎ワクチン	沈降 B 型肝炎ワクチン	酵母	1988
B型肝炎ワクチン	沈降 B 型肝炎ワクチン	huGK-14 細胞（ヒト肝細胞）	1996
A型肝炎ワクチン	不活化 A 型肝炎ワクチン	アフリカミドリザル腎細胞（GL37）	1994
HPV16＆18型感染予防ワクチン	組換え沈降2価 HPV 様様粒子ワクチン	イラクサギンウワバ細胞	2009

（つづく）

3

バイオ医薬品開発における糖鎖技術

表 1　日本で承認されたタンパク質性バイオ医薬品

(つづき)

分類	一般名	生産細胞	承認年
インターフェロン類			
インターフェロン α	Interferon alfa（NAMALWA）	NAMALWA（ヒト）	1987
インターフェロン α	Interferon alfa-2b	大腸菌	1987
インターフェロン α	Interferon alfa（BALL-1）	BALL-1（ヒト）	1988
インターフェロン α	Interferon alfacon-1	大腸菌	2001
インターフェロン β	Interferon beta	ヒト正常 2 倍体線維芽細胞	1985
インターフェロン β	Interferon beta	ヒト正常 2 倍体線維芽細胞	1988
インターフェロン β	Interferon beta-1a	CHO	2006
インターフェロン β	Interferon beta-1b	大腸菌	2000
インターフェロン γ	Interferon gamma-1a	大腸菌	1989
インターフェロン γ	インターフェロン　ガンマ-n1	HBL-38（ヒトミエロモノサイト細胞株）	1996
PEG 化インターフェロン α	Peginterferon alfa-2a	大腸菌	2003
PEG 化インターフェロン α	Peginterferon alfa-2b	大腸菌	2004
エリスロポエチン類			
エリスロポエチン	Epoetin alfa	CHO	1990
エリスロポエチン	Epoetin beta	CHO	1990
エリスロポエチン（後続品）	Epoetin Kappa	CHO	2010
改変型エリスロポエチン	Darbepoetin alfa	CHO	2007
サイトカイン類			
G-CSF	Filgrastim	大腸菌	1991
G-CSF	Lenoglastim	CHO	1991
G-CSF 誘導体	Nartoglastim	大腸菌	1994
ヒトインターロイキン-2	Celmoleukin	大腸菌	1992
m ヒトインターロイキン-2	Teceleukin	大腸菌	1992
ヒト bFGF	Trafermin	大腸菌	2001
その他			
アルブミン	Human serum albumin	酵母	2007
融合タンパク質			
可溶性 TNF 受容体 Fc 融合タンパク質	Etanercept	CHO	2005
ヒト細胞傷害性 T リンパ球抗原-4 改変型 Fc 融合タンパク質	Abatacept	CHO	2010
Fc-ヒトトロンボポエチン受容体結合配列ペプチド融合タンパク質	Romiplostim	大腸菌	2011
抗体			
抗 CD3 抗体	Muromonab-CD3	マウスリンパ球	1991
ヒト型抗 EGF 受容体モノクローナル抗体	Trastuzumab	CHO	2001
キメラ型抗 CD20 モノクローナル抗体	Rituximab	CHO	2001
ヒト型抗 RS ウイルス抗体	Palivizumab	NS0	2002
キメラ型抗 TNF α モノクローナル抗体	Infliximab	SP2/0	2002
キメラ型抗 CD25 モノクローナル抗体	Basiliximab	SP2/0	2002
ヒト型化抗 IL6 受容体モノクローナル抗体	Tocilizumab	CHO	2005
カリケアマイシン結合ヒト型化抗 CD33 抗体	Gemtuzumab ozigamicine	NS0	2005
ヒト化抗 VEGF 抗体	Bevacizumab	CHO	2007
マウス抗 CD20 抗体	Ibritumomab tiuxetan	CHO	2008
マウス抗 CD20 抗体	イブリツモマブ　チウキセタン	CHO	2008
ヒト抗 TNF α 抗体	Adalimumab	CHO	2008
キメラ型抗 EGFR 抗体	Cetuximab	SP2/0	2008
ヒト化抗 VEGF 抗体フラグメント	Ranibizumab	大腸菌	2009
ヒト化抗 I$_E$ 抗体	Omalizumab	CHO	2009
ヒト抗補体 C5 抗体	Eculizumab	マウス骨髄腫（NS0）細胞	2010
ヒト抗 EGFR 抗体	Panitumumab	CHO	2010
ヒト抗 IL12/IL23-p40 抗体	Ustekinumab	マウスミエローマ（Sp2/0）細胞	2011

第1章　バイオ医薬品開発の主流を占める糖タンパク質

2006年），イデュルスルファーゼ（ムコ多糖症Ⅱ型：2007年），ガルサルファーゼ（ムコ多糖症Ⅵ型：2008年）などである。エリスロポエチンについては，糖鎖の異なるいくつかのタイプ（エポエチンアルファ，ベータ，ガンマー，ジータ，カッパー等）があるが，これまでに明らかにされた適切な数のシアル酸や分岐鎖数などの糖鎖構造と体内動態，機能発現の関係をヒントにした新規改変型や後続バイオ製品開発が行われており，今後さらに各種関連製品の開発が予測される。

　特徴の第二は開発のトレンドとして抗体医薬品の増加が続いていることである。抗体医薬品は細胞融合法と細胞大量培養技術という新たなテクノロジーによりまずマウス抗体として開発され，その後，遺伝子工学的手法等の活用によりヒト／マウスキメラ抗体，ヒト化抗体，ヒト抗体，ヒト抗体の一部活用と進化してきている。抗体医薬品は新たな標的分子が次々と見出される限りその開発は進められるであろうし，改変型としても糖鎖構造改変体を含め活発な新規の製品開発が予測される。

　第三の特徴は，各種の改変タンパク質（アミノ酸残基置換体，糖鎖構造改変体，ポリエチレングリコール結合体，機能ドメインを組み合わせたもの，低分子化合物（抗がん剤等）修飾体，インスリンデテミルやヒトGLP-1アナログ製剤「リラグルチド」のような脂肪酸修飾体，低分子抗体）も着々と開発されていることである。

　第四の特徴はHPVワクチンなど，バイオテクノロジー応用のワクチン類も登場してきていることである。

　第五の特徴としては，新規開発とは別に，特許切れに伴う後続タンパク質性医薬品の開発も重要課題となってきており，現実に承認された例も出てきているということである。この分野は後に触れるように少なくとも我が国においては様々な角度からのアプローチが可能であり，大きく期待される領域であると考えられる。この中でとりわけ糖タンパク質を有効成分とする製品にあっては，開発の検討対象領域はきわめて広いと考えられる。

　以上，これまで承認されたバイオ医薬品の動向及び先に述べた状況から俯瞰すると，すでに6割を占める糖タンパク質性医薬品は，さまざまな形で今後ますますその重要性が増し，開発対象の主流となっていくと考えられる。

4　糖タンパク質を巡る我が国独自の技術革新によるバイオ医薬品開発の新展開

　新たに見出されたタンパク質や疾患関連タンパク質等を対象に創薬あるいは後続・改変型に向けての創薬を目指すとしても，現実に医薬品として開発し，活用するためには，個々の目的物質生産系の樹立，大量生産，精製，特性解析，製剤化，品質・安全性・有効性評価，品質管理，安定供給，適正使用，市販後調査など多くの段階と，それぞれの場面で用いられ，目的に叶う資材・技術や方策が必要である（図1）。また，バイオ医薬品に関する規制要件への適応も不可欠な要

バイオ医薬品開発における糖鎖技術

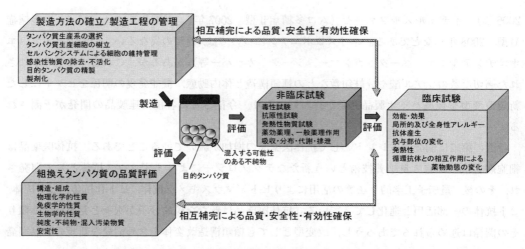

組換えタンパク質の製造方法の確立および製造工程の管理、組換えタンパク質の品質評価、非臨床試験、臨床試験での評価が相互補完し合って、トータルとして組換え医薬品の品質・安全性・有効性が確保される。

図1　組換えタンパク質性医薬品の開発と品質・安全性・有効性確保のための要素・方策

素である（本稿第5節）。表1のように既に多くの製品が承認されているのは、何よりもバイオテクノロジーを中核的基盤技術としつつ、それぞれの時点において必要な資材・技術が開発され、方策が講じられ、最終製品が医薬品としての品質・安全性・有効性に関する要件を満たしたからに他ならない（本書第2編第2章）。今後もいかなる製品の開発が目指されようともこの原則に変わりはない。しかし、より新規性の高い、あるいはより合理的、効率的、効果的な製品開発を今後進める上においてさらに多くの技術の開発・革新が望まれていることは言わずもがなである。特に糖タンパク質性医薬品の増加が期待されるので、糖鎖に関連した技術の進展が望まれることは明白である。

こうした新たな技術的要求にこたえるべく多くの我が国の研究者達が奮闘している。それらの先駆的挑戦については本書第2編以下に詳細な解説があるので本稿でそれぞれの技術的詳細の内容・意義について個別に論ずることはしない。しかし、医薬品開発はその時点での関連する科学・技術を総動員した集学的英知の結晶を得ようとする営為、あるいはその時点での科学・技術をブレークスルーすることにより目的に至ろうとする営為であるので、全体構図の中で各関連科学・技術要素の位置づけや意義を適正に把握しておくことは、関係者にとり必須の関心事でなければならない。そのような観点から我が国での先駆的挑戦を俯瞰し、どのように位置づけすれば、今後、我が国において糖タンパク質を医薬品として開発・活用しようとする際に有用な資材・技術となり、本分野における国際的優位性を確保していくことに繋がるかの考察はきわめて重要なことであるので改めてここで概説する。

第1章 バイオ医薬品開発の主流を占める糖タンパク質

4.1 糖タンパク質の効率的製造技術開発と糖鎖付加制御技術開発

　多くの糖タンパク質の製造や大量供給は，まさにバイオテクノロジーの登場によって可能になった。しかし，改善が望まれている課題はいろいろとある。

　組換えDNA技術により意図的にデザインできるのはタンパク質部分のアミノ酸配列のみである。糖鎖の部分に関しては，挿入DNAの違い（染色体DNAか合成DNAか），挿入DNAが同一だとしても遺伝子導入構成体（Expression Construct）の構造的特徴，用いる宿主の種類，培養条件，発現タンパク質の構造的特徴，単離精製方法などに影響され，糖鎖付加状況や付加された糖鎖の構造は異なってくる。選別された組換え体の同一クローンからの生産物でも糖鎖に関しては均一性が望めず，きわめて多数の糖鎖の異なる分子（グリコフォーム）の集合体となる。例えば典型的な糖タンパク質であるエリスロポエチン製品において3つのN-型糖鎖結合部位のそれぞれには，少なくとも数十種の異なる糖鎖が検出されている。1つのO-型糖鎖結合部位にも数種を超える異なる糖鎖が結合している。この組み合わせの数だけグリコフォームが存在することになると想定される。膨大な数のグリコフォームの集合体が現在承認されている製品の実態である。当然，別の細胞クローン（細胞バンク）を出発点とした別の会社の製品のグリコフォーム及びその集合体の糖鎖プロフィールは，明らかに異なる様相を示す（図2）[1]。同一のCHO細胞を宿主として用いたとしても類似性が高い糖鎖プロフィールが得られるとは限らない。我が国で製造販売されているエポエチンαとβは同一のCHO細胞を宿主として用いているが糖鎖プロフィールが異なる典型的な例である。この点は同一の化学構造を有するものが有効成分である有機合成化学薬品や，バイオ製品であってもインスリンのように糖鎖を含まないタンパク質のみで明確な化学構造を持つものを有効成分とする医薬品との明らかな相違である。

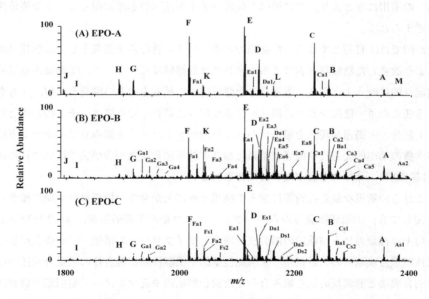

図2　エリスロポエチン-A，-B，-CのN83グリコペプチドのマススペクトル

バイオ医薬品開発における糖鎖技術

医薬品の本質は有効性と安全性にある。したがって，例え品質特性上は不均一なものでも，その不均一性に恒常性がある，あるいは異なる製品間で糖鎖プロフィールが相互に高い類似性は示さなくともそれぞれに有効性・安全性は確保できるということであれば，それはそれで認められる。医薬品の有効成分としての糖タンパク質がグリコフォームの集合体で不均一であることや異なる糖鎖プロフィールであることは必ずしも問題ではない。ICHガイドラインQ6B（後述）がこのことを正しく認識し，「不均一性の恒常性」という観点でこれらの実態を認知したのは，けだし卓見であった。しかし，不均一ではなく均一を求めるのは医薬品としてのより確実な恒常性を図る立場からは当然の理である。

糖タンパク質生産のためには哺乳類細胞として類似の糖鎖付加能力を有し，その特性やウイルス安全性等に関してよく知られているCHO細胞等を用いる方策がこれまで一般的に採用されていて，それ自体は成功してきた。しかし，①グリコフォームの不均一性の問題，②初代細胞クローンやマスターセルバンクの樹立及び維持に大腸菌や酵母等の場合に比較して複雑な過程と高度な技術を要すること，③ウイルス安全性について，所定のウイルス試験はマスターセルバンク樹立ごとに少なくとも一度はチェックし，ウイルスクリアランス評価試験も実施する必要があること，④培養期間すなわち医薬品製造期間に比較的長期間を要すること，⑤無血清培地での培養には相当の検討が必要であること，⑥付加される糖鎖は哺乳類型であってもあくまでマウス型等であること，⑦N-グリコリルノイラミン酸など動物固有で非ヒト型の糖が付加される可能性があり，抗原性発現などの可能性を考慮する必要があること，など課題も少なからず存在していた。こうした課題をクリアし，より簡便に短時間で生産系を構築でき，生産効率も経済性も高く，糖鎖部分の構造を任意に設定可能で，かつ均一性の高い糖タンパク質の生産技術が開発できれば，新規製品への適用はもとより，後に述べる後続バイオ製品への応用に関して大きな優位性を確保できると考えられる。

幸い我が国では①目的とする均一な糖鎖のオキサゾリン誘導体を基質とし，糖転移効率を最大限高めるよう改変した糖転移酵素による糖タンパク質糖鎖リモデリング，②動物細胞以外の細胞でより前記目的に叶うよう改変・最適化した酵母宿主や植物生産系の開発と活用，③有機化学的手法による任意の単一構造を有する糖鎖を任意な位置に結合させた糖ペプチドの合成と糖鎖非結合ペプチド部分の大腸菌発現法を組み合わせて目的糖タンパク質を組み立て生産する方法など，糖タンパク質の効率的製造技術開発と糖鎖付加制御技術開発研究が我が国で活発に行われており（本書第3編参照），今後の進展が大いに期待される。

また，これらの新規な製造技術等に加えて糖鎖分析に欠かせない糖鎖材料や糖鎖標準品の調製や供給に関しても，①鶏卵卵黄等からのシアリルオリゴ糖の工業的生産，②40種類以上の生体資材から約100種類のヒト型糖鎖の調製法の開発とライブラリーの構築，③有機合成法を中心にした機能性糖鎖合成原料の大量供給，④機能性糖鎖や機能性糖鎖複合体の大量合成法の確立，⑤有機化学的合成法と酵素反応法を組み合わせた複合型糖鎖や高マンノース型糖鎖の調製法などについても成果が得られている（本書第4編参照）。これらの資材供給や技術要素が従来の糖タン

第1章　バイオ医薬品開発の主流を占める糖タンパク質

パク質性医薬品製造技術の課題をブレークスルーする新たな製造技術開発および糖鎖分析法開発を支える基盤となるには，これら自体が実用化・産業化を遂げていく必要がある。そうした展開と加速を目指し，さらなる内容の充実と技術的発展が期待される。

4.2　世界最高水準を行く我が国の糖鎖解析技術

　糖鎖解析は，そこに糖タンパク質がある限り，糖タンパク質性医薬品の生産株を構築，選択する開発段階から品質管理に至る医薬品ライフサイクルのあらゆる局面で必須な技術である。そして網羅的か個別的か，新規開発か，精密度，感度，簡便性・迅速性や経済性の改善・改良であるかを問わず，それぞれの目的により適合するよう常に技術的向上が図られるべき領域である。

4.2.1　目的糖タンパク質性医薬品原薬における糖鎖解析

　言うまでもなく，糖鎖解析で最も肝心なのは，目的とする糖タンパク質の原薬レベルでの解析をいかにするかである。ここでは最新の分析手法を用いて可能な限り徹底してタンパク質部分に加えて糖鎖部分の解析を行うことが望まれる。しかし設計された塩基配列から予測される化学構造（アミノ酸配列等）のいわば確認行為であるタンパク質部分の解析とは様相を異にする。糖鎖部分については周知のように，現行の製造技術では人為的制御が困難な翻訳後修飾により不均一な膨大な数のグリコフォームが不可避的に生ずるという実態がある。これを考えると，これらの全貌を解析することはおよそ不可能である。総体的にはグリコフォームの分子集合体としての糖鎖プロフィールが明らかになるに過ぎず，最も詳細な解析でも各結合部位における主な糖鎖群がどのようなものであるかの実態が明らかになるに留まる。しかしそれを前提としても，技術的に可能な限り詳細に解析することは取り扱っている製品の構造的特徴を含む品質特性を知っておく上で必須事項であり，より優れた分析法の開発を絶えず目指していくことも必要不可欠である。

　糖タンパク質性バイオ医薬品原薬の解析では，①単糖組成分析（中性糖，アミノ糖，シアル酸），②糖鎖分析（N-/O-結合型，分岐鎖型種，サイズ，単糖間の結合様式），③糖ペプチド分析（糖鎖結合部位，結合部位における糖鎖の分布，種類及び構造），④グリコフォーム分析（分子量分布，等電点），などが解析目標となる。単糖組成分析では，エピマー関係にある単糖類を識別できる定量的分離分析法を用いる。また，CHO 細胞など動物細胞基材から生産する場合には，翻訳後修飾に際してヒトには存在しないシアル酸分子種であり，抗原性が懸念される N-グリコリルノイラミン酸（NeuGc）が糖タンパク質糖鎖の一部を構成する可能性があるので，NeuGC と N-アセチルノイラミン酸（NeuAc）を分離定量できるシアル酸分析法も必要である。NeuGc は多くとも数％以内であることが望ましい。

　単糖組成分析法としては，適切な加水分解法で遊離した単糖類を蛍光標識し逆相 HPLC により分析する方法や直接陰イオン交換高速液体クロマトグラフィー-パルスドアンペロメトリック検出法（HPAEC-PAD）で定量する方法が一般的である。質量分析法（MS）では単糖組成分析を行うことで，結合する糖鎖と糖含量に関する詳細な情報が得られるが，エピマーを識別することができない。シアル酸類はより緩和な加水分解法で遊離させ，一般に，蛍光標識し，逆相分配

型カラムでシアル酸分子種を分離定量している。

糖鎖分析では，タンパク質に結合する糖鎖の種類とそれらの構造，存在比を解析することが目標である。糖鎖を化学的又は酵素的にタンパク質部分から遊離し，種々の分離分析手段を用いて分析する。検出法としてはパルスドアンペロメトリック検出法（PAD）やMSでの直接検出，また紫外部吸収あるいは蛍光標識化後の分析などがある。分析手段としては，高速液体クロマトグラフィー（HPLC）やキャピラリー電気泳動（CE），MSあるいはそれらを組み合わせて解析する。要点は，分析目的に対して，どのような高感度かつ優れた特異性を有する検出法が必要か，分離分析手段としてのHPLCやCEにおいてどのような高い分離能が必要か，検出法と分離モードの最適な組み合わせなどである。これらは技術開発目標ともなる。オリゴ糖の分岐型と単糖間の結合様式の解析については，特異性の高いエキソグリコシダーゼを用いて逐次酵素消化し，酵素消化物を分析する方法のほか，タンデム質量分析法（MSn）によるフラグメントイオンを解析する方法がある。

糖ペプチド分析については①糖鎖結合部位，②各糖鎖結合部位における糖鎖の構造や分布を明らかにすることが解析目標となる。糖鎖結合部位が複数存在する場合には可能な限り結合部位ごとに糖鎖の種類／構造と各糖鎖の占有率等を明らかにする。実際の解析は糖タンパク質をプロテアーゼ消化により糖ペプチドとし，C18逆相分配型カラムを用いるHPLCやグラファイトカーボンカラムによるペプチドマッピング法と質量分析法を組み合わせたLC/MS法が主流となりつつある。さらに，MSnを併用すればペプチド配列と糖鎖結合部位，部位特異的な糖鎖構造に関する情報を1回の分析で入手できる。

グリコフォーム分析では糖鎖の不均一性に基づくグリコフォーム分布情報を得ることが目標と

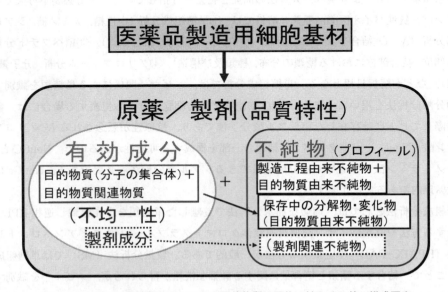

図3　糖タンパク質性医薬品における目的物質の不均一性とその他の構成要素

第1章　バイオ医薬品開発の主流を占める糖タンパク質

なる。グリコフォーム解析では，シアル酸の結合数，結合するオリゴ糖構造の違いや結合の有無等を分析結果に反映できる方法である等電点電気泳動法（IEF），CE，SDS-ポリアクリルアミドゲル電気泳動法（SDS-PAGE）などが主に利用される。CE装置を用いるIEFやその全自動法の有用性が高い。

糖タンパク質性医薬品の原薬では，ICHQ6Bで定義するいわゆる「目的物質」はグリコフォームの集合体となる。不可避的に生産された不均一のグリコフォームを相互に区別・識別することは不可能なので，総体で有効性・安全性が評価されれば，その集合体をもって「目的物質」とみなす他ないからである。しかし，これらグリコフォーム群とは明らかに分離分析される糖鎖未修飾体，凝集体，タンパク質部分の不完全体，添加物との付加体等は「目的物質由来不純物」とみなして規制する必要がある。また，保存中や製剤化中に産生する分解物は，有効性・安全性からみてもとの原薬に匹敵すれば「目的物質関連物質」となるが，匹敵することが立証できなければ「目的物質由来不純物」となる。不純物としては「製造工程由来不純物」もあるが，これは，一般に糖鎖分析の対象外である。図3にこれらの関係づけを示す。

4.2.2　糖タンパク質性医薬品の品質管理における糖鎖分析

糖タンパク質性医薬品の品質管理における糖鎖分析は，前記の原薬の特性解析とは趣旨が異なり，有効性・安全性が評価された医薬品を安定供給するための出荷判定，品質の恒常性を確認するために実施する。医薬品の製造販売承認後は，市販後の追跡調査は別にして，有効性・安全性を製造ロット毎に，あるいは臨床投与毎に評価する訳にはいかないので，有効性・安全性と密接に関連する品質特性あるいは工程指標を選別し，物質面（品質面）での恒常性を確認することによって，医薬品としての有効性・安全性の恒常性を担保することになる。

製品の品質確保全体方策は図4に示すようにさまざまな要素から成り立っている。

その1は，前項で示した「製品の特性・品質解析」である。その2は「原材料や添加剤などの

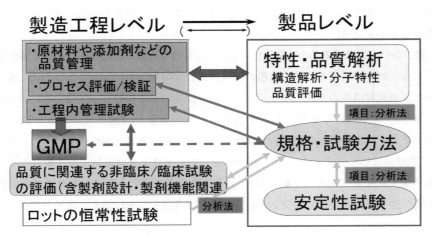

図4　医薬品の品質確保方策全体を構成する要素

品質管理」である。その3として「製造プロセスの工程評価／検証」がある。これはルーチンではなく製造工程の堅牢性を確認・立証する一回性の試験作業である。その4としてプロセスコントロールがあり，適宜，ルーチンとして「製造工程中での工程内管理試験」を行う。その5は製品そのものを対象としたルーチンの試験としての「原薬及び製剤での規格及び試験方法」である。この製品ロット毎の出荷判定試験は，一般にプロセスコントロールと組み合わせ総体として品質管理できるよう設定するのが一般的なやり方である。ここで設定する試験項目としては，「製品の特性・品質解析」を網羅的ということではなく，それらの中から，非臨床／臨床試験をふまえて安全性，有効性を確保するのに有用な分子特性や生物学的な特性に関わるもの（代表例は後述のCQA）を選択し，設定することが必要である。また不純物，安定性などの品質特性も考慮する必要がある。さらにはロットの恒常性，分析法などの要素をふまえて設定する必要がある。

　さらに実際の製造現場では，最終的に「原薬及び製剤での規格及び試験方法」や「製造工程中での工程内管理試験」に適合するよう製造工程における製造管理基準・品質管理基準，すなわちGMP（Good Manufacturing Practice）を定めてこれに従った製造を行う。

　「製品の規格及び試験方法」では，確認試験，純度試験，定量法が主な柱となる。糖鎖分析に関連するものとしては，構造確認のための単糖組成試験やペプチドマッピング，グリコフォームによる不均一性のパターンがロット毎に恒常性を維持していることを確認するためのSDS-PAGEや等電点電気泳動などが考えられる。シアル酸の分析やフコースの分析が有効性や安全性との関係で必要かつ意義が高い場合はこれらが設定される場合があるであろう。また，前項でふれた「目的物質関連物質」や「目的物質由来不純物」には品質管理上，存在許容量の規定が必要になる。「製品の規格及び試験方法」における試験では，いかに当該糖タンパク質の有効性・安全性に関連する「超重要品質特性（Critical Quality Attributes）：CQA」を反映する試験項目を選択するかが第一義的に重要である。ルーチンで行うことも考慮して，簡便，迅速で経済性が高い試験方法を選択することも重要なポイントであるが，同時に試験の目的に即した感度，精度，特異性が高いほど望ましいことも忘れてはならない。こうした要件を充たす試験法の開発が絶えず追求される必要がある。

4.2.3　糖タンパク質性医薬品の糖鎖解析における先駆性を武器に国際競争における優位性を確保

　我が国の本領域での研究や経験の蓄積が伝統的に世界の最前線にあることは強調し意識すべきことである。蛍光標識法の開発，キャピラリー電気泳動法の改善改良，多段階タンデム質量分析スペクトルデータベースの構築とこれを活用した糖鎖微量迅速解析システムの開発，多次元HPLCマッピングによる糖鎖の定量的プロファイリング法の開発と500種類以上のピリジルアミノ（PA）化糖鎖についてのデータベースの構築，マイクロチップ電気泳動法やレクチンマイクロアレイの実用化など（本書第5編参照），我が国の糖鎖解析における先駆性を武器に国際競争における優位性を確保したいものである。その意味で今後もさらに益々の発展が期待される。

5 糖タンパク質性バイオ医薬品の水先案内，牽引力，推進力たる指針

糖タンパク質性バイオ医薬品開発の合理的推進に必要な要素として，規制環境の整備が挙げられる。幸い，1991年より医薬品先進地域である日・米・欧3極における承認審査基準や必要なデータを調和させようとする国際活動，医薬品規制調和国際会議（The International Conference on Harmonisation of Technical Requirements for Registration of Pharmaceuticals for Human Use（ICH））が開始され，今日に至っている。その間，タンパク質性医薬品についても，その開発及び評価にあたって根幹となる課題に関するガイドラインが作成されている（図5)[2〜10]。言うまでもなく糖タンパク質性医薬品は主な対象であるとの認識のもとでガイドラインは作成されているので，開発にあたってこれらのガイドラインを参照することが必要不可欠である。現在，糖タンパク質性医薬品の製造技術開発や糖鎖付加制御技術開発，糖鎖解析技術開発などの基盤技術開発研究に従事している研究者の方々には是非とも必読して頂きたいものである。

製造過程に沿って各ガイドラインの主なポイントを解説すると，「遺伝子安定性（ICHQ5B）」は，遺伝子組換え体作成に関する基本的留意点及び培養後の導入遺伝子解析と生産物であるタンパク質解析の両方が一定の目的タンパク質を生産するための遺伝子安定性評価に重要であることを述べている。

「細胞基材（ICHQ5D）」は，タンパク質性医薬品製造素材として，十分に特性解析され，安全で，安定な細胞基材（セル・バンク）を確立し，管理することが肝要であることを示している。適切な医薬品製造基材（原料／材料）の確立が製品の品質，安全性の確保及び恒常的生産のための大前提であり，かつ最も合理的方策である，とのコンセプトは，その他のバイオロジクス製造の基本となるものである。

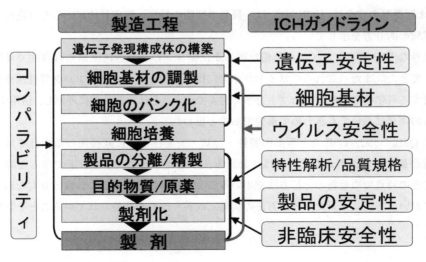

図5　細胞基材由来タンパク質性医薬品に関するICHガイドライン

「製品の規格・特性解析（ICHQ6B）」では，①製品の品質確保の全体戦略と規格の位置づけ，②不可避的な不均一性を前提とした対応，③各種タンパク質の分子構造をベースにした目的物質の定義と有効成分との関係，④非臨床／臨床試験で有効性・安全性の評価された製品での品質を確保することが以降の品質管理の基本となること，⑤規格設定に際して考慮すべき要件，⑥標準品と標準物質などに関し，明確なコンセプトを示している。また，最新の分析方法を用いることを督励している。

「製品の安定性（ICHQ5C）」では，実保存期間，実保存条件での保存試験成績が基本であること，最新の分析方法を用いることを明示している。

「ウイルス安全性（ICHQ5A）」は，適格な原材料や医薬品製造基材（細胞基材等）の選定と試験，適切な製造段階での製品試験，精製工程でのウイルスクリアランス試験の相補的組み合わせでウイルス安全性確保を図るという新たなコンセプトが創出されている。これはその後，他のバイオロジクスにおけるウイルス安全性を確保する上での基本原理になっている。

「コンパラビリティ（ICHQ5E）」は，医薬品の本質が有効性，安全性であることを前提とした上で，有効性及び安全性に直接関係する品質特性においてきわめて高い類似性を有する製法変更前後の製品は同等・同質とみなせる，という見解を明示した。この延長線上に，「有効性及び安全性に直接関係する品質特性」とは，医薬品にとって「超重要な品質特性」（Critical Quality Attribute：CQA）であり，これらを明らかにし，把握しておくことこそが製品レベルで品質問題を考える際の鍵となる，というコンセプトがある。また，有効性及び安全性に直接関係する製造工程上の要素は，「医薬品にとって超重要な製造工程要素」（Critical Process Parameter：CPP）である。ウイルスクリアランスに関わる製造工程上の要素は代表的な CPP であり，CQA としては表現できない。CQA と CPP は一般に相互補完的なものであるが，CQA で CPP を反映できる場合もある。この場合は，CPP に関連する製法変更も可能である。

「バイオ医薬品の安全性（ICHS6）」は，製品の種類や特性，臨床目的に応じた合理的で適切な非臨床試験のあり方を示している。

このような ICH ガイドラインの整備は明らかに糖タンパク質性医薬品の合理的で効率的な開発を促してきた。また，これらのガイドラインには，時代を超えて糖タンパク質性医薬品開発や評価に資する科学的原則やコンセプトを多く含んでおり，それらをいかに理解し，活用するかが，これからの開発においてもきわめて重要であると思われる。

同時に Q6B，Q5C，Q5E など製品の特性・品質・安定性などに直接関わる指針では，その目的・趣旨が最大限活かされるためには，分析方法の適切さがキーポイントであるとの認識に立ち，常にその時点での最新の分析方法を用いることを督励している。これはとりもなおさず，糖鎖分析においても絶えず新たな分析方法の開発，改善・改良が期待されていることを意味している。

第1章　バイオ医薬品開発の主流を占める糖タンパク質

6　糖タンパク質性医薬品は後続バイオ医薬品開発の中心課題

　先発品の特許が切れ，後続メーカによる開発が可能になったタンパク質性医薬品にいかに対応するかが世界的に大きな課題になっている。一般に「バイオシミラー」問題として議論されているが，筆者はかねてより，これらを総称して「後続タンパク質性医薬品」という用語を当てている。「バイオシミラー」という用語は，狭義でかつ EU 域の行政的施策に基づくものである。米国ではさまざまな呼称が用いられ「Beyond Biosimilar」として独自の路線をとることすら予測される。これらにとらわれるのは科学的にも，行政的にも良策とは言えない。むしろ我が国が科学技術創造立国として，特許による制約がなくなったことにより，さまざまなタイプの医薬品開発やアプローチが可能になったことを概念としても用語としても明瞭に表現すべきと考えている。そして，我が国の関係者がこの機会を最大限活用して世界に先駆け未来を切り拓くことを切望している。

6.1　後続タンパク質性医薬品に関する国策としての視点

　後続タンパク質性医薬品に関しては国策としての視点を持つことが必要である。概略的には，①科学技術創造立国としての日本，②国内産業の育成，③医療費削減，④国際社会での位置づけ，という視点をもつ必要性がある。

　我が国においては，例えば tPA のように自然界に存在し，誘導体も含め組換え医薬品としての開発シーズとなるべき機能性タンパク質の塩基配列が特許とされたことなどのため，すでに開発をなし遂げていた，あるいはさまざまなタンパク質性バイオ医薬品開発を目指していた多くのメーカが撤退し，物的・人的リソースが散逸した失われた二十数年を経過した。日本で承認された製品のうち，日本発は全体の 10% 余り，現在開発中の製品数は数% 足らずであるという現実がある。その状況から我が国としてどう盛り返すかが大きな課題である。

　その 1 つとして，目標が明確で達成度の高い後続品の開発の戦略，さらに体勢を強化して新規製品の開発へ向かう（ひいては国際貢献する）という戦略を考えるべきである。我が国のメーカでも，すでに先発品をもっているところは自社にない製品への進出，というアプローチを志向して頂きたいと考える。

　視点は少し異なるが，後続品にはドラッグラグの問題はないので国内の患者さんのためにどうしても輸入をしなければならないものではない。国民益から考えて，本来，まずは地域が主体的にいかにまかない，市場を確保するかの問題である。しかし現実には，高付加価値製品としての市場性が期待されるために，後続バイオ製品の市場が世界的企業を含む多くの国の国際戦略の標的であることを忘れてはならない。

　新規バイオ医薬品の開発に関して，欧米の後塵を拝している現状の中で，後続品まで席巻されては我が国のバイオ医薬品開発振興の未来はおぼつかない。

15

6.2 科学的な視点からみた後続品問題

　科学的な視点からまず確認すべきは，製品が何であれ，また，どのように呼称しようが，医薬品としての本質に関して最重要，不可欠なことは，品質，安全性，有効性の確保及びそれを物質面で反映する品質の合理的管理である。したがって，「タンパク質性後続バイオ製品（後続バイオ製品）」の評価に関する議論や考察も，この医薬品の本質論に始まり，医薬品の本質論で終わるべきである。また，製品が何であれ，各種工程管理を含めて厳密に規定された製造工程を確立し，その一定性を保つことは，有効性／安全性を保証できる品質基準を充たす製品の恒常的製造のために必要不可欠な要素である。このような条件を充たすことが示されさえすれば，どのようなアプローチであっても，医薬品として認められるはずである。
　後続メーカはまず何よりも独自に一定の製品を恒常的に製造できる方法を確立し，得られた製品について広範で徹底した特性・品質評価試験を実施する必要がある。

6.3 後続組換えタンパク質性製品開発への合理的アプローチ

　後続組換えタンパク質性製品の品質・安全性・有効性評価における典型的な流れを図6にまとめた。後続メーカは独自に一定の製品を恒常的に製造できる方法を確立し，得られた製品について広範で徹底した特性・品質評価試験を実施する必要がある。
　インスリンやヒト成長ホルモンのような単純タンパク質（非複合型タンパク質）については，「目的物質」のアミノ酸配列や物理的化学的性質等が公知のものと一致する必要がある。その他の品質特性についても，今までに集積されている膨大な公知の情報等を駆使して評価し，「類似性が高い」ことが立証できれば，「同等／同質の原薬」が開発されたことになる。これより製剤化し，適宜，先発メーカ製剤との比較を含む（確認的）非臨床，臨床試験を必要度に応じて実

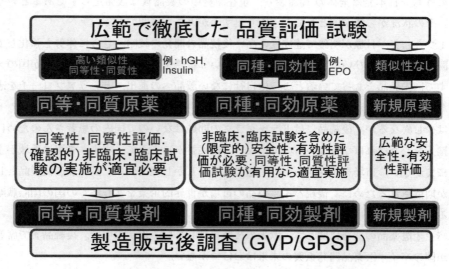

図6　後続タンパク質性バイオ医薬品評価例

第1章　バイオ医薬品開発の主流を占める糖タンパク質

施するとともに，集積されている公知の情報を駆使して検討することにより「同等性・同質性」が立証できれば，「同等／同質の後続製剤」が得られたことになる。製剤学的な工夫がうまくいけば Biobetter として評価できるかも知れない。

　糖タンパク質のうち，エリスロポエチンのようなタンパク質部分の構造が明確に規定できるものについては，製造方法の確立と徹底した品質特性の解析の結果，「目的物質」のタンパク質部分は同一であるべきで，そうでないとエポエチン（エリスロポエチンの一般的名称）とは言えない。しかし，糖鎖部分については（解析が高度になればなるほど）高い類似性があるとは言えないであろう。血液凝固第Ⅷ因子のような高分子タンパク質で複雑な構造を持ち，プロセッシングを伴い不均一な分子集合体からなる「目的物質」を生成するようなものにあっては，タンパク質部分そのものも同一であることは望めない。そのことを前提に想定内のタンパク質構造であることや，特有の生物活性面から「類似性」を評価せざるを得ない。結局，異なる細胞バンク由来の後続糖タンパク質は，先発品とタンパク質部分については同一もしくは類似性を有することが期待できるが，糖鎖部分等においては異なるため，国際一般名称（INN）も異なるであろうし，同等・同質とは言い難く，むしろ「同種・同効の原薬」か否かという評価の仕方が妥当であろうと思われる。こうした原薬をもとに製剤化したものについて，非臨床試験及び臨床試験による安全性・有効性評価が必要である。ただし，非臨床／臨床試験を限定的とすることは可能である。品質特性解析結果や公知の情報を大いに活用して試験を省略すること，先発メーカ製剤等を用いた同等性・同質性評価試験がもし有用なら適宜実施することなどの合理的なアプローチが望まれる。安全性・有効性からみた有用性が評価されれば，後続同種・同効製剤の誕生となる[11]。

　いずれの場合も製造販売後の追跡調査がきわめて重要である。後続のうち，第3のカテゴリーがある。より積極的に，アミノ酸配列等に関する物質特許がなくなったことを利用して，意図的にアミノ酸配列や糖鎖付加状態を改変して，物性，機能性，体内動態，安全性などを向上させたより望ましいバイオ医薬品（Biobetter）を目指すという戦略がこの第3のカテゴリーである。我が国で活発に展開している糖タンパク質糖鎖に関連する独自の研究が後続バイオ医薬品，とりわけ Biobetter の開発において重要な基盤となり，大きな役割を演じることを期待したい。

6.4　糖鎖関連技術が核となる我が国の後続タンパク質性医薬品の今後の展望

　我が国の後続タンパク質性医薬品開発への今後の対応にはいくつかのポイントが挙げられる。例えば，①高効率生産を可能にする新規細胞基材や既存基材の改善，②高効率新規培養法の開発，③精製法の効率化，④LC/MS/MS 等による品質特性解析法の進展と解析の迅速・簡便化，⑤より合目的性を示す改善改良：Biobetter の創製，⑥製剤学的工夫，などである。

　①から④のポイントは，例えば今後大量に特許切れが予測されている抗体医薬品などに関して，トータルとして10倍の効率化が実現すれば，本来1抗体の後続品しか開発できないところを10種類の抗体を開発できる可能性を秘めているところにある。また，これらの技術開発は知財として確保するという意味合いもあり，グローバル化の中で我が国の優位性を保持するために

はきわめて意義が高い。

Biobetter に関しては，a）より合目的性を示す目的物質分子集合体，b）より合目的性を示す分子基本構造改変型，c）より合目的性を示す製剤 DDS が考えられる。

このうち，a）については，例えばエリスロポエチン製品はグリコフォームの分子集合体であり，比活性が低いグループから高い比活性グループまで存在している。これらのグループはクロマトグラフ法などにより分画することができるので[12]，精製方法などの効率化により比活性の高い製品を得ることが可能である。また，本書の第3編や第4編で紹介されているように糖鎖付加が任意の一定のものになれば，最適の機能を有するグリコフォームのみを「目的物質」とする医薬品が誕生することになる。「不均一性を不可避」とする製品から「均一を前提」とする製品へのパラダイムシフトが起こることになる。当然，品質管理上の複雑さ不明確さも解消し，また投与量の低減は安全性の向上をもたらすと期待できる。

b）については，前項でも述べたように，特許切れに伴い，アミノ酸改変型，糖鎖改変型を開発するチャンスが到来したと捉えるべきである。インスリン製剤等では次々と改変型が開発されていることは周知の事実だが，これらの例に倣うということである。またエリスロポエチンではアミノ酸改変により糖鎖を2本追加し，シアル酸数を14個から22個にすることにより，血中半減期を約3倍に（静脈内投与で約8時間から約25時間に，皮下で約19時間から49時間に延長）することで週2～3回の投与から週1回の投与とした Darbepoetin alfa（NESP）の例がある。また，今後も，potelligent 技術（フコース欠損抗体作成技術）に代表される糖鎖改変技術による抗体依存性細胞傷害（ADCC）活性の画期的向上やアミノ酸改変による等電点変化での体内貯留性を高めた抗体など，我が国発の技術による Biobetter の開発に期待したい。

さらに，c）「より合目的性を示す製剤 DDS」の開発も我が国が得意とするところである。従来の注射剤に代わる投与法を可能にする経皮吸収デバイスや経鼻投与デバイスなどのデバイス開発，経粘膜や経皮吸収改善技術などに関する研究が進展しており[13]，これらにより非侵襲・低侵襲の Biobetter 後続品が我が国で続々と誕生することを期待したい。a）やb）で得られた我が国独自のベターな有効成分とベターな DDS を組み合わせることができれば，鬼に金棒である。

「後続タンパク質性製品」は，開発目標が極めて明確である。また，膨大な情報が蓄積されていて，それを有効に活用すれば，効率的，効果的かつ合理的な開発や評価が可能な対象である。先発品と同等・同質あるいは同種・同効のものを目指すも良し，改良的開発すなわち Biobetter を目指すのも良い。後者は新たな創出でもある。右手に「後続タンパク質性製品」開発，左手に新規バイオ医薬品開発への展望，今の採算よりも，将来の採算を，と考えるべきである。

安価で効率的な後続製品の開発は，従来，先端技術医薬品の恩恵に浴する機会に恵まれなかった国々にも福音をもたらすことは必至で，我が国の貢献が期待される。

第1章　バイオ医薬品開発の主流を占める糖タンパク質

7　おわりに

　新薬開発のほとんどを占める日・米・欧の中で，新規タンパク質性バイオ医薬品の開発におい
て我が国はこの15〜20年間欧米に先行することはおろか，並ぶこともできなかった。一方，先
発品の特許切れに伴う後続タンパク質性医薬品（バイオシミラー）開発において，欧州が先行し
ているほかアジア新興国が開発体制をきわめて積極的に強化しようとしている。このような状況
下にあって，我が国が後れをとることなく，逆に先行していくためには，タンパク質性医薬品に
おいて今後重要な鍵となる技術的要素に着目し，これに特化した研究開発を進めていくことで国
際的優位性を確保する戦略が考えられる。糖タンパク質はすでにタンパク質性医薬品の過半を占
めているが，さらに開発はより活発化し，今後の主流として，その重要性が増大することは明ら
かである。幸い，我が国は国際的にみても，糖鎖技術の開発・改善改良や活用を得意とし，実績
も挙げてきているので，これを武器に，一層の展開を図る方策が考えられる。

　糖タンパク質性医薬品は，従来，安全性・有効性の面で対応する疾患への有用性が評価されれ
ば，臨床の場に提供されてきた。しかし，今後解決されることが望まれるいろいろな課題も残さ
れている。これらの課題解決こそが糖タンパク質性医薬品開発の新たな未来を切り開くものとも
いえる。

　中でも糖タンパク質生産における細胞基材の樹立，維持，培養にかかる複雑さ，時間，労力，
品質・安全性などにおける課題解決は重要である。糖タンパク質性医薬品の糖鎖の不均一性や
CHO細胞等によって生産されるバイオ医薬品の動物由来の糖鎖抗原に対する課題解決において
も，糖鎖付加制御技術を駆使した生産技術の開発は非常に重要な意味をもっている。

　ある医薬品が開発され，活用されるにはきわめて多くの過程と，それぞれの過程に必要な資
材・技術・人的要素が必要である。全体として言えば，これらの要素が統合化され，科学技術的
にも，社会的にも結実したものが，人類の資産としての医薬品となる。

　この中で個々はプレーヤとして各過程での各要素を担うことになる。しかし，基本的に重要な
ことの1つは，各プレーヤが最終目的産物をイメージ出来ていることである。医薬品としてのそ
の品質，有効性，安全性がいかにあるべきか，あって欲しいか。それに至る工程をイメージし，
またその中での自己の立ち位置をイメージできていることである。そしてその立ち位置からみ
て，目的に即していかに必要な役割，機能を最大限発揮できるか，それが次の段階あるいは必要
な局面にトランスレートできるかが課題である。

　得られた成果は，個別ニーズに必要なものもあれば，普遍的に必要なものとなることもある。
小さなしかし着実な1歩になる場合もあれば，創薬のパラダイムシフトを引き起こす大きな1歩
になる場合もある。目的に即していればそれぞれが貴重である。

　一方で創薬という壮大で複雑なドラマには技術面及びコンセプト面からしかるべき青写真とシ
ナリオがとりあえず必要である。これには全体を俯瞰する視点を必要とする。個別課題では，こ
れをすぐれた個人力，あるいは企業の組織力に負うことになる。しかし，わが国全体，オールジャ

19

パンとして考えると，産・学・官が技術的にも情報的にも交流し，持てる力を披瀝し合い，議論を尽くし，相互活用することができれば，個々の技術や情報が放つ光はさらに輝きを増すであろう。また英知の結集から得られた共通認識としての俯瞰的創薬コンセプトが涵養され，国民益として創薬振興に関するわが国のビジネスプランが構築されていくことが期待できる。夢見て行うことがまず肝要である。

　ところで，医薬品開発が常に国際競争のまっただ中にあるとすると，独自性の発揮に加えて，何よりもスピードによる優位性の確保が必須である。その点でも独自性の発揮により高い価値がある基礎・基盤研究と，いち早い製品開発が生命線である創薬活動との連携，典型的にはベンチからベンチャーへ，ベンチャーから医薬開発の経験豊富なメーカへのスムーズなリレーがきわめて重要である。糖タンパク質性医薬品の開発においても事の本質は同様である。本書の各編，各章の内容及びその進展がそのような位置づけの中で光を放ち，より大きな光の流れに現実を制するスピード観をもって合流していくことを期待したい。

文　　献

1)　M. Ohta, N. Kawasaki, M. Hyuga, S. Hyuga and T. Hayakawa, *J. Chromatogr. A.*, **910**, 1-11 (2001)

2)　早川堯夫ほか，バイオ医薬品の開発と品質・安全性確保，早川堯夫監修，エル・アイ・シー，pp.51-67（細胞基材），pp.125-150（感染性物質），pp.265-284（特性解析・規格・安定性），pp.381-399（コンパラビリティ＆後続品），pp.403-422（非臨床安全性），東京（2007）

3)　ICHQ5E「生物薬品（バイオテクノロジー応用医薬品／生物起源由来医薬品）の製造工程の変更にともなう同等性／同質性評価」について，薬食審査発　第0426001号（平成17年4月26日）

4)　ICHQ5A「ヒト又は動物細胞株を用いて製造されるバイオテクノロジー応用医薬品のウイルス安全性評価」について，医薬審　第329号（平成12年2月22日）

5)　ICHQ5B「組換えDNA技術を応用したタンパク質生産に用いる細胞中の遺伝子発現構成体の分析について」，医薬審　第3号（平成10年1月6日）

6)　ICHQ5C「生物薬品（バイオテクノロジー応用製品／生物起源由来製品）の安定性試験」について，医薬審　第6号（平成10年1月6日）

7)　ICHQ5D「生物薬品（バイオテクノロジー応用医薬品／生物起源由来医薬品）製造用細胞基材の由来，調製及び特性解析」について，医薬審　第873号（平成12年7月14日）

8)　ICHQ6B「生物薬品（バイオテクノロジー応用医薬品／生物起源由来医薬品）の規格及び試験方法の設定」について，医薬審発　第571号（平成13年5月1日）

9)　ICHS6「バイオテクノロジー応用医薬品の非臨床における安全性評価」について，医薬審　第326号（平成12年2月22日）

10)　ICHCTD「新医薬品の製造又は輸入の承認申請書に添付すべき資料の作成要領について」，

第 1 章 バイオ医薬品開発の主流を占める糖タンパク質

医薬審発 第 899 号（平成 13 年 6 月 21 日）；「新医薬品の製造販売の承認申請に際し承認申請書に添付すべき資料に関する通知の一部改正」について，薬食審査発 0707 第 3 号（平成 21 年 7 月 7 日）

11) ㈱医薬品医療機器総合機構，平成 21 年 11 月 11 日，審査報告書

12) K. Morimoto, E. Tsuda, A. A. Said, E. Uchida, S. Hatakeyama, M. Ueda and T. Hayakawa, *Glycoconjugate J.*, **13**, 1013–1020（1996）

13) BIODRUG DELIVERY SYSTEMS: FUNDAMENTALS, APPLICATIONS, AND CLINICAL DEVELOPMENT, eds. by Mariko Morishita and Kinam Park, Informa Health Care USA, Inc., New York, USA（2009）

【第 2 編　我が国におけるバイオ医薬品開発の現状と課題】

第 2 章　エリスロポエチン後続品の開発
―糖タンパク医薬品の承認事例―

毛利善一[*]

1　はじめに

　1970 年代後半に登場した遺伝子組換え技術は，有用なバイオ医薬品を実用化するのに用いられ，多大な貢献を成し遂げてきた。遺伝子を組み込む宿主についても，大腸菌から始まり，糖鎖タンパク生産可能な動物細胞や酵母細胞等へと広がり，多彩なバイオ医薬品が創出されてきた。さらに，21 世紀に入り，その技術は汎用化され，標準化的技術として定着し，改良が進んでいる状況にある。

　中でも代表的な糖タンパクであるヒトエリスロポエチンは，遺伝子組換え技術により製品化され，腎不全における血液透析技術の発展とともに重要なバイオ医薬品として成長してきた。しかしながら，この糖タンパクについては，当然，基本骨格であるアミノ酸構造が同一であっても，その糖鎖修飾パターンは，宿主細胞毎に全く同一というわけにはいかない。培養条件や精製条件によって糖鎖構造は類似していても差異が生じるのは周知のことである。一方で，この二十数年の間に巨大タンパク分子解析可能なマススペクトリー技術をはじめとする糖鎖分析技術が目覚ましく発達してきたことにより，この糖鎖構造の違いを精度良く検出可能となった。

　先行品の遺伝子組換えヒトエリスロポエチン（rHuEPO）製剤であるエポエチンアルファとエポエチンベータを比較分析すると，糖鎖構造に関連する分析結果においては，僅かな差異を有する類似品であり，各々新薬であるが，同種・同効品というべきものであると考えられている[1]。一方，医療現場においては，両者は同等のものとして，ガイドライン上区別なく使用されている。

　これらの先行品に対して，私どものエポエチンカッパは，品質特性比較分析において僅かに異なるものの極めて類似した特性を示し，また，各種不純物に対する最新の高感度測定技術による分析の結果，純度的に問題ない品質レベルであることが確認されたことと合わせて，非臨床試験における血中動態や貧血改善効果としての生物活性において先行品と遜色ない結果を示したことから，性能的には同等と言えるのではないかと考えられた。

　したがって，先行品については，長期間にわたって集積された膨大な市販後の治療成績により高い有用性と安全性が既に確立されているのであるから，エポエチンカッパについても，先行品と極めて近い性能を示すことができれば，それらに匹敵する有用なバイオ医薬品として認められることが期待された。

---

　*　Zen-ichi Mohri　日本ケミカルリサーチ㈱　理事

本稿は，品質特性から臨床的有用性に至るまで先行品と比較評価することによって，当初は新薬開発を目指してスタートしたにもかかわらず，新たに規制上制定されたバイオ後続医薬品として，エポエチンカッパが製造販売承認を獲得するに至った過程をご紹介するものである。

2 開発の背景

当社が開発したヒトエリスロポエチン製剤は，エポエチンアルファBS注「JCR」（一般名：エポエチン カッパ（遺伝子組換え）［エポエチンアルファ後続1]）と命名されたものであり，無血清培地による培養及び動物由来成分を用いない精製工程により新たに製造された遺伝子組換えヒトエリスロポエチン（rHuEPO）製剤である。

rHuEPO製剤は，主に慢性透析患者に高頻度にみられる腎性貧血の治療に用いられているが，患者は日本では毎年約1万人ずつ増加し，2009年末には約29万人に達しており，rHuEPO製剤による腎性貧血治療の必要性は今後さらに高まるものと考えられる。日本では，2種類のrHuEPO製剤（エポエチンアルファ，エポエチンベータ）が1990年に承認されて以降，透析施行中の腎性貧血患者において広く臨床使用されている。

このrHuEPO製剤については，1985年Genetic Institute社とAmgen社が遺伝子クローニングに成功し，その後遺伝子組換え医薬品として承認された。それ以外にも多くの企業で研究開発が進められたが，特許的制約により，主に上記2製剤のみが世界中で製造販売されてきた。

日本ケミカルリサーチ㈱は，1975年にウロキナーゼをはじめとする尿由来生理活性タンパクを医薬品原料として製造開発販売する会社として設立され，以来，尿あるいは血液由来の生理活性タンパクの医薬品開発を進めてきた。しかしながら，国内外でクロイツフェルトヤコブ病（CJD）等のヒトや動物成分由来の病原体の混入によるリスクが顕在化する事例が多発したこともあり，ヒト生体由来物質の安全を担保するのが難しく，開発を続けることが困難な状況となった。そのため遺伝子組換えタンパク医薬品開発への方針転換を行った際には，徹底的な動物由来成分の排除を前提とした。一般に，rHuEPO製剤をはじめとした動物細胞を用いた遺伝子組換え医薬品の製造には，血清成分を必要とする接着性細胞が用いられる。したがって，一般的な培地を無血清化しただけでは安定な産生能を有する細胞を得ることは容易ではないが，当社では無血清浮遊培養に適した工業用生産株を樹立することに成功し，マスターセルバンク調製以降，無血清培地による培養拡大工程及び動物由来成分を用いない精製工程を確立した[2]。一方，rHuEPO製剤の基本製法特許が2005年で終了し，開発上の制約がなくなることから，動物由来成分を排除したプロセスで生産されることにより高い安全性が期待されるrHuEPO製剤（開発コード：JR-013）の開発を進めることが可能となった。

前述のごとくrHuEPO製剤の治療上の有用性については既承認薬販売以来20年以上を経過して十分に確立されていることから，品質を含む性能において既承認薬に匹敵する医薬品を目指すことが妥当と判断して本格的な臨床開発に着手した。

第2章　エリスロポエチン後続品の開発―糖タンパク医薬品の承認事例―

3　開発の経緯

3.1　臨床開発を進めるにあたって

　当社が臨床開発を開始した当時，EU においてはバイオシミラーガイドラインについて既に議論はされていたものの，まだドラフトは公式には発表されていない状況であった。一方，日本では，組換え医薬品の申請については，宿主・ベクター系が異なる組換え医薬品は，すべて新規有効成分として扱われていたことから，JR-013 の開発についても新薬臨床評価ガイドラインに従って開発を進めることとした。ヒトに投与するまでに評価するべき非臨床試験項目については，前述のように，新薬評価に必要なものと既承認薬との比較を合わせて実施した結果，その性能に確信を持つことができたことから，ヒトに投与する初めての試験である第Ⅰ相試験を実施し，その結果を持って，医薬品医療機器総合機構（PMDA）との治験相談を実施することにした。

3.2　第Ⅰ相試験

　第Ⅰ相試験計画の治験届を提出した際には，PMDA からは，治験薬の品質，特に製造プロセスにおける動物成分由来物質の有無に関して非常に詳細な照会があり，複数回，やり取りした後受理された。試験結果を図1に示したが，300IU から 3000IU の範囲で線形性が確認され，安全性については，プラセボ群との比較においても特に問題なく，3000IU までの忍容性が確認された。この第Ⅰ相試験終了後，キッセイ薬品との共同開発契約が締結され，以後同社と協力して臨床開発を進めた。

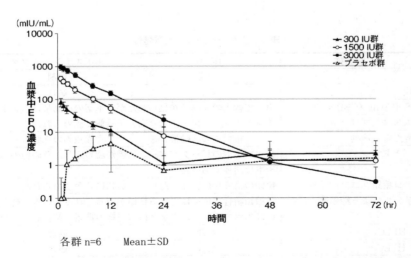

図1　JR-013 第Ⅰ相試験結果：健康成人男性における単回静脈内投与時血漿中エリスロポエチン濃度推移（ELISA 法）

3.3 既承認薬との比較

　PMDA とは何度か治験相談を実施し，CMC データ，非臨床試験成績ならびに健康成人第Ⅰ相試験結果を提示し，既承認薬との類似性についての詳細な議論を行った。その上で用法・用量の設定，主要試験である二重盲検比較試験のデザインならびに対照薬の問題について，さらには長期試験デザイン等を含めた申請データパッケージの構成まで総合的な協議を進めていった。ここでは，既承認薬との類似性について各種データをもとにその内容を述べたい。

⑴ JR-013 の品質特性評価

　rHuEPO は周知のごとく 165 個のアミノ酸残基からなる糖タンパク質であり，N–結合型糖鎖 3 個，O–結合型糖鎖 1 個を有し，多くのシアル酸が結合している。遺伝子組換え CHO 細胞により rHuEPO を製造する場合，上記糖鎖の結合頻度や割合が細胞毎に微妙に異なるため，若干の差異が生じる。このように全く同一構造とは言えないので，これまでに開発された rHuEPO の多くは，異なる化合物として INN 登録されており（Epoetin α，β，γ，ω，ε，δ，ζ，θ，κ），当社の JR-013（後述する Epoetin Kappa）は 9 番目となっている。

　私どもは，JR-013 の品質特性について，先行品であるエポエチンアルファ及びエポエチンベータと詳細な比較を行った。

　表 1 に JR-013 の物理化学的特性および生物活性等品質特性の主要な項目について既承認薬のエポエチンアルファとの比較データを示した。エポエチンアルファについては，市販製剤を購入して分析した。SDS-PAGE とウエスタンブロットではエポエチンアルファよりやや高分子側に泳動帯が認められた。等電点電気泳動では若干の違いはあるものの，ほぼ同じ位置に複数のバンドが認められ，全体として同様のパターンが認められた。ペプチドマップや糖鎖プロファイルでは糖ペプチドの部分に微小な差が認められた。質量分析では僅かながら異なる糖鎖が認められる

表 1　主な JR-013 の品質特性

一般名称	JR-013	エポエチンアルファ
	原薬	製剤
性状	適合	適合
SDS-PAGE（CBB 染色）	単一で幅広の泳動帯が見られたが，本薬の泳動帯は，エポエ	
ウエスタンブロット	チンアルファと比べ，より高分子量側に認められた	
等電点電気泳動	複数本の泳動帯	複数本の泳動帯
ペプチドマップ	糖ペプチドのピークパターンに差が認められ，その他のペプ	
	チドは同様であった	
シアロ糖鎖プロファイル	糖鎖の構成比に依存したピーク形状に差が認められた	
質量分析による糖鎖構造解析	各糖鎖結合部位には異なる糖鎖が認められるものの，総合的	
	にはエポエチンアルファとほぼ同様の糖鎖が結合していた	
SE-HPLC	適合	適合
RP-HPLC	適合	適合
比活性（$\times 10^5$ IU/mg）	2.08	2.08
シアル酸（%）	16.68	16.88

第2章　エリスロポエチン後続品の開発―糖タンパク医薬品の承認事例―

ものの総合的にはエポエチンアルファと同様のパターンを示した。その他シアル酸含量や比活性もエポエチンアルファと同様の値を示し、糖鎖構造に大きな違いはないことが推定された。表には示さなかったが、エポエチンベータについても同様の結果であった。

(2) JR-013 の非臨床評価

JR-013 の非臨床評価を、エポエチンアルファ及びエポエチンベータと比較して行った。

① 薬物動態試験（比較）

ラットまたはサルに未標識の JR-013、その ^{125}I-標識体、エポエチンアルファ（EPOα）またはエポエチンベータ（EPOβ）を静脈内注射または皮下注射し、血中動態を比較したところ、極めて高い類似性を示した。

② in vitro 薬効・薬理試験（比較）

a) ヒトエリスロポエチン受容体に対する結合親和性

ヒトエリスロポエチン（hEPO）受容体発現 BaF/EPOR 細胞膜画分を調製した後、放射性リガンドとして、本薬の ^{125}I-標識体を用いて、本薬、既承認薬エポエチンアルファおよびエポエチンベータによる放射性リガンドの hEPO 受容体への結合阻害を比較検討した（図2）。いずれの薬剤も ^{125}I-標識体の EPO 受容体への結合をそれぞれ濃度依存的に阻害したが、親和性を示す Ki 値はほぼ同様であった。したがって、本薬の EPO 受容体に対する結合親和性は、エポエチンアルファ及びエポエチンベータとほぼ同等であることが示された。

b) ヒト骨髄赤芽球系前駆細胞の分化・増殖促進作用（in vitro）

ヒト骨髄単核細胞を用いた赤芽球系コロニー形成試験において、本薬ならびにエポエチンアルファ及びエポエチンベータは後期赤芽球系前駆細胞（CFU-E）及び前期赤芽球系前駆細胞（BFU-E）コロニー数を濃度依存的に増加させ、ほぼ同等の分化・増殖作用を示した。

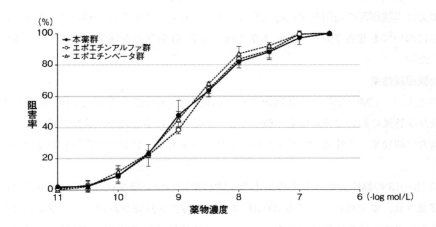

各群 n=3　Mean±SD

図2　本薬、エポエチンアルファ及びエポエチンベータによる本薬の ^{125}I-標識体の hEPO 受容体への結合阻害

③ in vivo 薬効・薬理試験（比較）

a) 単回静脈内及び単回皮下投与による赤血球造血促進作用（正常ラット）

正常ラットにおいて，本薬の単回静脈内及び単回皮下投与は網状赤血球数を用量依存的に増加させ，ヘモグロビンを有意に増加させた。表1に示した比活性は，この測定法においてWHO標準品を用いて生物活性を求め，タンパク量の測定から算出したものであるが，エポエチンアルファと極めて類似の値を示した。

b) 間歇静脈内投与による赤血球造血促進作用（正常ラット）

正常ラットにおいて，本薬，エポエチンアルファ又はエポエチンベータの週3回3週間の間歇静脈内投与により，持続的なヘモグロビンの増加が用量依存的に認められた。本薬のヘモグロビン増加作用はエポエチンアルファ及びエポエチンベータとほぼ同等であった。

c) 貧血改善作用（腎性貧血モデルラット）

5/6腎臓摘出により作製した腎性貧血モデルラットにおいて，JR-013の反復静脈内投与による貧血改善作用をエポエチンアルファとエポエチンベータと各々比較検討した。週3回3週間静脈内反復投与による持続的なヘモグロビン（Hb）の増加はJR-013においてエポエチンアルファならびにエポエチンベータと同程度の作用があることが認められた。また，同一投与量群間でJR-013とエポエチンアルファとエポエチンベータ各々のHb増加作用を比較した結果，いずれの用量においても増加の程度及び効果の持続性はほぼ同等だった。したがって，腎性貧血モデルラットにおいて，JR-013の反復静脈内投与による貧血改善作用はエポエチンアルファならびにエポエチンベータはほぼ同等であることが示された。

④ 毒性試験

JR-013の毒性に関しては，新規有効成分含有医薬品に要求される各試験項目を実施した。その結果，ラット及びカニクイザルを用いた一般毒性試験を実施したところでは，主に赤血球造血促進作用又は当該作用の過剰発現に起因すると考えられる二次的変化が観察されたが，本事象は既承認薬においても報告されており，本剤と既承認EPO製剤の毒性学的プロフィールは同様と考えられた。

⑶ 治験相談結果

前述のとおり，CMCならびに非臨床データに関してJR-013と既承認EPO製剤を比較すると，構造及び特性において糖鎖構造の微小な違いが認められるものの，非臨床試験における薬物動態，薬力学的効果，毒性所見の結果からは生体に対する反応において類似した薬物であると考えられた。

さらにJR-013の臨床評価としての第Ⅰ相試験結果については300IUから3000IUの範囲で線形性が確認され，安全性についても3000IUまでの忍容性が確認された。既承認薬の報告とは投与量は異なるので単純な比較はできないものの，血中濃度推移のパターンは同様と考えられた。

これらのデータに基づいて議論した結果，PMDAの見解としては，JR-013と既承認薬との類似性が極めて高いことが確認されたことから，臨床薬理試験以下の臨床試験パッケージ（表2）

第2章　エリスロポエチン後続品の開発―糖タンパク医薬品の承認事例―

表2　臨床試験パッケージ

試験名	対象	用法・用量
第Ⅰ相試験	健康成人男性	300IU，1500IU，3000IU 単回静注
臨床薬理試験	血液透析施行中腎性貧血患者	1500IU，3000IU 単回静注クロスオーバー法
第Ⅱ/Ⅲ相比較試験	同上	1500IU，3000IU 二重盲検法
長期投与試験	同上	週あたり～9000IU 非盲検法

において既承認薬（品質特性を含む）との類似性を確認することにより，本剤の申請データパッケージを構築するという開発方針は了解するとされた。

⑷　エキスパートミーティング

　患者さんを対象とする臨床試験を進めるにあたっては，黒川清先生（当時日本学術会議会長）をはじめとするエキスパートの先生方に集まっていただき，治療ガイドライン[3]に従って臨床現場で治験を行う場合の実施可能性について議論していただいた。試験計画について，用法・用量のあり方や休薬期間の限界等に関して貴重なアドバイスをいただき，実現性の高いプロトコールとして反映させることができた。

3.4　対象疾患患者での臨床薬理試験（比較）

　臨床薬理試験においてJR-013を初めて患者に投与するわけであるが，前述のとおり既承認薬との類似性が高いことから単回投与は臨床的に許容できると判断された。そこで，血液透析施行中の腎性貧血患者に本剤，又は対照製剤としてエポエチンアルファを各々1500IU，3000IU 単回静脈内投与したときの血漿中エリスロポエチン（EPO）濃度を単回投与クロスオーバー法により比較した（図3）。

　両剤における AUC の差が，後発品の生物学的同等性試験における同等性の評価基準を若干はずれていたが，大きな差異はないと考えられ，当局側も既承認薬との類似性を前提として本臨床開発をさらに進めることに特に異論はなかった。

3.5　第Ⅱ/Ⅲ相二重盲検比較臨床試験[4]

　JR-013 の臨床的な有効性と安全性を評価するにあたって，既承認薬を対照薬として比較することが必要不可欠であるが，臨床評価試験のデザインと対照薬の二点については治験相談における大きな課題として当局側と綿密な協議を行った。

⑴　デザイン

① 主要評価項目

　有効性評価のための指標としては，血中ヘモグロビン値レベルの上昇又は維持能力と定めた。しかしながら既承認薬の治験実施時のような未治療の貧血患者を多数例確保するのは困難であり，また，休薬して治験に参加いただくのは倫理的に問題であること，ならびに，治療ガイドラ

29

バイオ医薬品開発における糖鎖技術

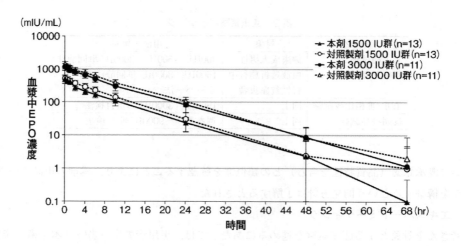

Mean±SD

注　対照薬剤：エポエチンアルファ

図3　透析施行中の腎性貧血患者における単回静脈内投与時の血漿中エリスロポエチン濃度推移（ELISA 法）

インを基本とした医療現場において既に約20万人以上の患者さんが使用している現状を考慮すべきことから，切り替え試験を基本とすることとなった。主要評価項目としては，治験開始前のヘモグロビン（Hb）値レベル（基準 Hb 濃度）と治験開始後に前薬の影響がなくなり安定となった時点での Hb 値レベル（投与後 Hb 濃度）の比較とし，この差については，臨床的観点から，統計的に，その95％信頼区間が，－0.5～0.5g/dl の範囲に入れば造血促進能力が同等と判定してよいと判断された。ただし，この判定が可能となる前提としては，人為的な影響ができるだけ及ばないように，可能な限り用法用量を変更しないことが望まれる。一方，治療実態としては，通常，患者さんの状態に応じて調節されていることを踏まえ，治験での用法用量変更条件については，患者さんの治療に支障の出ない範囲で制限を設けることとした。

② 治療実態と投与量群

用法用量については，前述のように治療ガイドラインに基づいて現行法を踏襲することになったが，医療現場では，Hb 値を指標として安定的に維持されている患者さんの多くは1500IU 製剤を週3回投与または3000IU 製剤を週2回投与されていると推定されていた。ところが2006年6月に透析療法における医療費の包括化が施行されるに至り，投与量の抑制傾向が推測された。PMDA からの要請で現状調査を実施した結果，抑制傾向はあるものの両含有量製剤投与群とも症例数確保は可能と想定できたので，二剤とも各々1500IU 製剤週2回と週3回投与群，3000IU 製剤週2回と週3回投与群に分けて，それぞれランダム割付とするデザインを設定した（図4）。目標症例数は，統計的手法より各群150例と算出された。

第2章　エリスロポエチン後続品の開発—糖タンパク医薬品の承認事例—

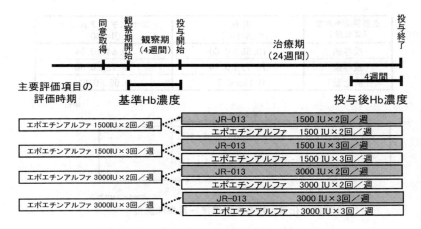

図4　第Ⅱ/Ⅲ相二重盲検比較試験デザイン概要

(2) 対照薬と二重盲検比較試験

① 対照薬の入手

比較試験の対照薬の入手に関しては，日本製薬工業協会の「対照薬の提供及び譲受に関する申し合わせ」に則り，先発二社に治験薬としての提供を順次依頼したが，いずれも提供を受けられなかった。しかしながら「エポエチンアルファ」については市販品の購入について了承が得られたことから，医薬品「エポエチンアルファ」を用いる比較臨床試験計画についてPMDAと協議した。

② 二重盲検比較試験の実施

主要評価項目の指標である血中ヘモグロビン値は客観的な検査値であるが，有害事象の安全性評価については，担当医の主観によるバイアスのリスクが想定されるので，盲検化は必須であるとのPMDA見解により，二重盲検法による比較試験計画を策定した。市販品の盲検化については，いくつもの難題があったが，それぞれ工夫して解決して行った。まず，医薬品表示については不透明なカバーを考案し，識別不能とすることにしたが，盲検化の作業については中立性を担保することを強く求められた。それを解決するために，訓練を受けた第三者により，治験実施医療機関において盲検化作業を実施し，全体プロセスはコントローラが監督することとした。また，治験薬としての品質管理も厳重に行った。盲検化担当者や設備の確保等実施にあたっては大変苦労したが，当社とキッセイ薬品の研究・開発担当者を中心とした関係者の工夫と努力の上に，実施医療機関における責任医師ならびにスタッフの協力を得，さらに両社臨床開発部隊が一体となって二重盲検試験を全国30施設において進めた結果，大きなトラブルもなく終了することが出来た。試験全体としても目標を上回る症例数において投薬を完了した。

(3) 二重盲検比較臨床試験成績

図5に示すように，主要評価項目のHb濃度の変化量は両剤において各々ゼロに近く，且つ両変化量の差もほとんどなく，あらかじめ設定された同等性の許容範囲内（-0.5〜0.5g/dl）に充

バイオ医薬品開発における糖鎖技術

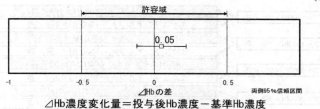

主要評価Hb濃度 〔変化量〕	JR-013 (N=165)	エポエチンアルファ (N=160)
投与前	10.66±0.60	10.64±0.64
投与後	10.79±0.84	10.72±0.90
〔変化量〕	0.13±0.73	0.08±0.81

(単位：g/dL)

⊿Hb濃度変化量＝投与後Hb濃度－基準Hb濃度

図5　第Ⅱ／Ⅲ相二重盲検比較試験の同等性評価

分収まったことから、JR-013は有効性においてエポエチンアルファとの同等性が証明された。
　安全性についても類似の結果であり、問題のないものと判断された。また懸念される抗体産生については、投与前後でビアコア法による高感度検査を行ったが、検出例は皆無であった。

3.6　長期試験[5]

　慢性疾患である以上、長期的な性能評価が必要であり、1年間の長期にわたる治療実態に則しての臨床評価を行った。この場合も、既承認薬により安定的に維持治療されている血液透析施行中の腎性貧血患者を対象とし、本剤に切り替えた上で、治療ガイドラインに準じて、目標Hbを達成するように調整する方法で治験を行うこととした。用法用量については、観察期（4週間）のエポエチンアルファ又はエポエチンベータと各々同量の週あたり投与量の本剤に切り替え、非盲検下にて52週間静脈内投与した。週あたり投与量は750IU以上9000IU以下、1回量：750IU以上3000IU以下、最大週3回までとし、被験者のヘモグロビン（Hb）濃度については、可能な限り目標Hb濃度（10.0g/dL以上12.0g/dL以下）の範囲内に維持されるよう、本剤の用法・用量を調節した。評価項目は目標Hb濃度維持率、Hb濃度の推移、週あたり投与量の推移、安全性であり、目標症例数を1年間投与完了例100例としたが、両社臨床開発部門の協働態勢のもと、結果として119例の症例が投与を完了した。いずれの評価時期においても目標Hb濃度維持率は良好であり、また、安全性において問題のないことが確認された。さらに長期間投与により懸念される抗体産生については、投与前後でビアコア法による高感度検査を行ったが、第Ⅱ／Ⅲ相試験と同様、検出例は皆無であった。

4　JR-013の製造販売承認申請

　JR-013については臨床試験実施段階で、CAS登録申請を行い、INNのrHuEPO中9番目

第2章　エリスロポエチン後続品の開発―糖タンパク医薬品の承認事例―

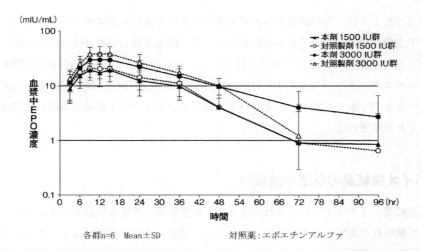

図6　健康成人男性における単回皮下投与時の血漿中エリスロポエチン濃度推移（ELISA法）

Epoetin Kappa として登録された。

　臨床データパッケージにおいて，既承認薬と比較して，遜色のない良好な結果を得たことから，当社は，2008年11月21日に新有効成分含有医薬品（Epoetin Kappa）として製造販売承認申請を行った。その後2009年3月にバイオ後続品ガイドライン[6]が制定されたが，本剤の開発はその内容に沿うものであり，バイオ後続品としての要件を満たすものと考えられた。しかし，既承認薬であるエポエチンアルファが有する「未熟児貧血の効能」については皮下投与による効能であったことから，健康成人での皮下投与における既承認薬との比較薬物動態データ（図6）を追加提出し，審議の結果問題がなかったため，効能追加されることになった。最終的に，2010年1月20日付けで，バイオ後続品として製造販売承認を取得することができた。

5　バイオ後続品ガイドライン[6]とJR-013

　バイオ後続品ガイドラインにおいては，「バイオ後続品」の解釈を「"同等性／同質性"とは，先行バイオ医薬品に対して，バイオ後続品の品質特性がまったく同一であることを意味するのではなく，品質特性において類似性が高く，かつ，品質特性に何らかの差異があったとしても，最終製品の安全性や有効性に有害な影響をおよぼさないと科学的に判断できることを意味する」としている。エリスロポエチンである JR-013 は糖タンパクであり，動物細胞により生産される限り，分子生物学的にまったく同一というものではなく，前述の試験においても示されたとおり既承認薬との若干の差異があるのも事実である。しかし，この JR-013 を先行バイオ医薬品と比較した場合，承認申請時の詳細な審査の結果において医薬品としての臨床評価上の違いが問題となるものではないと判断されたことになる。このことは医薬品としての有用性の観点からの「バイオ後続品」としての特性をよく表わしていると考えられる。

冒頭に述べたように，先行品であるエポエチンアルファ及びエポエチンベータにおいてすら明らかに分子生物学的に若干の差異が存在しているが，臨床評価上の有効性及び安全性において同等のものとして治療現場において使用されている。それゆえ，これらの rHuEPO 製剤は，科学的には，エポエチンカッパである JR-013 も含めて，すべて構造的には類似している同種・同効品というべきものであり，規制上「先行バイオ医薬品」と「バイオ後続医薬品」とに区分されるものであると理解される。

6　バイオ後続品の承認申請項目

バイオ後続品ガイドラインに示されたように，承認申請上必要な試験データについては，新薬と比較して簡略化や省略ができると考えられるが，実際には対象疾患により，あるいは，その必要項目や内容の充実度について，ケースバイケースで検討すべきと思われる。当社の場合は，ガイドラインもない中で，新薬開発を目指して手探りで進めてきたこともあり，頻繁に PMDA と協議してきたが，既に既承認薬が広く治療現場で使用されていることによる治験実施上の制約があることから現実的な試験方法にたどり着いたと言える。また，私どもの開発と並行する時期に，EU でバイオシミラーガイドライン[7]規制が着実に制定されていったことも，PMDA サイドとの協議を進める上で役立ったものと考える。

7　バイオ後続品の薬価と JR-013

2010 年 2 月バイオ後続品の薬価算定方式として「先行バイオ医薬品薬価×0.7＋α（臨床試験の充実度に応じて最大 10％の加算）」と制定された。その結果，JR-013 の薬価は 2010 年 4 月 23 日付けで示されたが，先行バイオ医薬品（エポエチンアルファ）の 77％の薬価であり，加算は最大の 10％であった。厚労省の見解としては「もともと新薬として開発されたものであり，国内治験の充実度は新薬並みにあり，これ以上の充実度はない」ということであった。

8　バイオ後続エリスロポエチン EPO 製剤の製品名と市販後調査

2010 年 5 月に国産初のエリスロポエチン後続品製剤として発売したが，製品名については新設されたルールに基づいて，例えば 1500 単位製剤については "エポエチンアルファBS 注 1500 シリンジ「JCR」" となった（図 7）。また，一般名は，エポエチン カッパ（遺伝子組換え）［エポエチンアルファ後続 1］となったわけであるが，新薬 INN 名称に後続品名称を続けたものとなっている。

また本剤の製造販売直後調査については，新薬と同様 6 ヵ月間の調査が必要であり，承認された計画に基づいて遂行されたが，特に重大な問題は報告されなかった。しかしながら，当社とし

第2章　エリスロポエチン後続品の開発―糖タンパク医薬品の承認事例―

図7　国産初バイオ後続エリスロポエチン製剤発売

ては，本剤については，大規模な臨床試験成績において良好な結果を得たとはいえ，その長期的な安全性と有効性に関する評価については，スタートに立ったばかりと考えている。そこで副作用発生状況の把握（未知の副作用の検出）と有効性（ヘモグロビン濃度等）の把握ならびに安全性・有効性への影響因子の把握を目的として，観察期間：80週（約1.5年），目標例数：500症例以上の特定使用成績調査を進めている。

　昨年12月当社神戸工場において新鋭製剤製造設備が稼働を開始し，既存設備からの切り替え後も順調な出荷を続けており，供給体制は万全となった。今後は，臨床の先生方のご指導のもと，より多くの治療現場において本剤を使用していただくことにより，キッセイ薬品とともに綿密で丁寧なフォローアップ態勢を構築する中で貴重な使用実績を着実に積み上げて行きたいと考えている。

9　おわりに

　以上述べてきたように，先行薬の製法特許終了に照準を合わせて，無血清培地による培養ならびに動物由来成分を用いない精製工程により製造する遺伝子組換えヒトエリスロポエチン製剤の工業的生産に成功し，当初は新薬承認申請を目指して臨床開発を進め，最終的には新たに制定されたバイオ後続品ガイドラインの下，国産初のバイオ後続遺伝子組換えヒトエリスロポエチン製剤として，製造販売承認を得て，販売するに至った。

　あらためて，開発経緯を振り返ってみると，今回比較的短期間で承認を取得できた理由としては，本剤の特徴である，「無血清培地による培養ならびに動物由来成分を用いない精製工程により製造する遺伝子組換えヒトエリスロポエチン製剤」に対して，エキスパートの先生をはじめとした，臨床の先生方のご理解とご協力をいただいた賜物と考える。また，その背景としては，新たに出現する病原体リスクに対する安全意識の高まりや，医療費抑制政策におけるバイオ後続品の必要性の増大等，社会・経済環境における本剤に対するニーズへのプラス要因が考えられる。

　このような後押しを得ながら，キッセイ薬品との一体となった協働的臨床開発の結果，JR-013は「バイオ後続医薬品」として承認を得たわけであるが，既に有用性の確立されたバイオ医

薬品の特許終了後に，同じ効能効果に対して製品化することのできる「バイオ後続医薬品」は，新規開拓開発における試行錯誤のリスクが小さいこと，臨床試験規模も必要最小限でコンパクトなもので済むことから，中小規模メーカーであっても共同開発等の取り組みにより開発可能であることを示すことができたのではないかと考える。

当社としては，今後とも高品質で安全性の高い遺伝子組換えヒトエリスロポエチン製剤を安定的に多くの治療現場に提供し，臨床の先生方のご指導とご協力を得て，市販後の実績を積み重ねて臨床評価を確認して行きたいと考える。また，より広く海外諸国においても使用していただけるよう，海外導出をも目指している。そのために国際的な開発販売ネットワークを有するGSK社と提携し，各国での承認販売に向けての共同事業展開を進めている。同時に，本剤の開発過程で学び，培った技術やノウハウを，さらなるバイオ医薬品の開発として，「バイオ後続医薬品」あるいは既承認薬より優れた特長を持つ，いわゆる "バイオベター医薬品" を研究開発する過程で生かしながら，高品質且つ安全性の高い製品を合理的な薬価で提供するという目的に向けて，キッセイ薬品やGSK社などの他社とのアライアンスを活用しながら，今後とも，たゆまず努力を続けて行きたいと考えている。

文　　献

1)　早川堯夫，後続タンパク質性医薬品の課題と展望．透析療法ネクストⅪ，95-107，2011
2)　西野勝哉，桐原　清，バイオシミラーの製造工程について．透析療法ネクストⅪ，42-49，2011
3)　椿原美治ほか，日本透析医学会第二次腎性貧血治療ガイドライン作成ワーキンググループ，2008年版日本透析医学会「慢性腎臓病患者における腎性貧血治療のガイドライン」透析会誌41，661-716，2008
4)　秋葉　隆，秋澤忠男，角間辰之，JR-013 Study Group，血液透析施行中の腎性貧血に対する無血清培養にて製造された遺伝子組換えヒトエリスロポエチン製剤（エポエチン カッパ）の第Ⅱ/Ⅲ相二重盲検比較試験．薬理と治療38，181-198，2010
5)　秋葉　隆，秋澤忠男，角間辰之，JR-013 Study Group：血液透析施行中の腎性貧血に対する無血清培養にて製造された遺伝子組換えヒトエリスロポエチン製剤（エポエチン カッパ）の長期投与試験．薬理と治療38，199-212，2010
6)　厚生労働省医薬食品局「バイオ後続品の品質・安全性・有効性確保のための指針」薬食審査発第0304007号　平成21年3月4日
7)　EMEA Guideline on similar biological medicinal products, 2006

第3章 動物細胞を用いた糖タンパク質医薬品生産
―CHO 細胞を中心にした糖鎖修飾制御

鬼塚正義[*1]，大政健史[*2]

1 はじめに―動物細胞と微生物細胞は一体何が異なるのか― 工学的な側面から

　微生物を用いて人工的に培養することにより，産業に利用する行為は，既に紀元前のビール，ワインの醸造から始まり，中世の清酒醸造，様々な発酵食品，さらには近世紀になって発達してきた各種有機酸生産や抗生物質生産など様々な発展を遂げている。一方，動物細胞を生体外に取り出して *in vitro* で培養して，科学・産業に応用する試みは，1907 年に Harrison によって[1]始められて以来，100 年程度の歴史しかない。したがって，動物細胞を用いた産業応用は技術的には微生物の産業応用にて用いられた技術の延長線上もしくは，その応用と位置付けられる。

　動物は典型的な多細胞生物であり，様々な細胞の集合体として成り立っている。実際に動物を産業応用する場合には，現在では多細胞生物のままで用いるのではなくて，生命の最小構成単位である「細胞」の状態にして用いる。すなわち，ディスパーゼ等を用いて組織を分散させ，細胞単位にすることにより，より均一な細胞を取り出し，これを用いて培養を行う。細胞単位に分けることが可能になったため，微生物（細胞）を用いる技術（液体培養，純粋培養，深部培養，液体培地等）が応用可能になったと言える。細胞の育種（細胞株構築），培地，小規模培養，大規模培養，分離精製とその生産工程は最終的には微生物を用いた物質生産と何ら変わるところはない。動物細胞としての種々の特性パラメーターは，微生物と異なるものの大雑把に言えば脆弱でかつサイズの大きいゆっくり増殖する微生物として取り扱うことが可能であり，これが動物細胞の工業化技術の基本となっている[2]。

　さて，産業用に用いられる微生物を指して工業微生物と呼び，工業微生物学という学問分野や講義も存在する。「工業動物細胞」はこれに対比して産業に用いられる細胞を指す筆者の造語[3]であるが，実際にタンパク質医薬品生産に多用されている細胞はいったい何であろうか。2006 年から 2010 年にアメリカと EU において上市されたバイオ医薬品 58 品目[4]のうち，32 品目が動物細胞を用いて生産され，そのほとんどが Chinese hamster ovary（CHO）細胞を用いて生産されていた。現在の抗体医薬の宿主の大部分も CHO 細胞であり，「工業動物細胞」を代表する細胞として CHO 細胞が対象として取り上げられる場合が多い。

＊1　Masayoshi Onitsuka　徳島大学　大学院ソシオテクノサイエンス研究部　学術研究員
＊2　Takeshi Omasa　徳島大学　大学院ソシオテクノサイエンス研究部　教授

CHO 細胞は 1957 年に Puck らによってチャイニーズハムスター卵巣組織から樹立され[5]，ATCC には Kao らにより 1968 年に分離された亜種 CHO-K1 細胞株[6]が最も古く登録されている。現在，産業応用されている CHO 細胞株は CHO-K1 由来細胞株もしくはコロンビア大学の Chasin によって樹立されたジヒドロ葉酸還元酵素（DHFR）欠損株である CHO DG44 細胞株[7]が主なものである。CHO DG44 細胞が多用されている理由は，遺伝子増幅が容易な点にある[8]。遺伝子増幅とはある特定の遺伝子がゲノム中に本来あるコピー数より増加する現象であり，ガンの耐性メカニズムとしてよく知られている現象である。目的遺伝子と DHFR 遺伝子を同時に細胞に導入し，DHFR の阻害剤であるメトトレキセート（MTX）にて選択することにより目的遺伝子共々 DHFR 遺伝子が増幅した高生産株を構築できる。CHO DG44 細胞は，この遺伝子増幅に適した宿主細胞として樹立された細胞であり，ライセンスの簡便さや，Chasin から多方面に分与されたことにより幅広く用いられるようになっている。

CHO 細胞がタンパク質医薬品生産に多用されている理由は「*de facto* standard」としての魅力と，そのポテンシャルの高さに尽きるといえよう。とりわけ，ヒトとよく似た翻訳後修飾能が可能であり，これまで多数の糖タンパク質医薬品生産実績（実際の上市と患者への投与実績）がある点が最も重要である。次に，GMP（Good Manufacturing Practice）での生産実績が豊富で，無血清培地に馴化（浮遊培養）が容易であり，産業用培地が発達しているなど，産業生産の基盤が整っている点にある。さらに遺伝子増幅等の高発現系が利用可能であり，組換え細胞が構築しやすく，高密度流加培養や灌流培養の実績とノウハウがある等が挙げられる。現在では，CHO 細胞を用いた抗体生産では最大濃度 10g/L の流加培養が実現可能となり，培養槽の大きさが 20,000L 規模での生産プラントが稼働している。さらにゲノム解析やプロテオーム，メタボローム解析の発達をうけて，CHO 細胞における物質生産においても，より高生産を目指した CHO 細胞の詳細な解析が行われる様になってきている[9]。

2　動物細胞における糖鎖修飾とは

糖鎖修飾は，翻訳後修飾プロセスの中でも最も重要な一項目である。動物細胞がヒトに投与する糖タンパク質医薬品生産の宿主としてよく用いられている理由も，ヒトに近い糖鎖修飾にある。では，細胞内における糖鎖修飾はどのようになされているのであろうか。図 1 に，細胞内反応場におけるタンパク質の合成分泌と糖鎖修飾について示す。遺伝子配列によってきっちりと定義されているアミノ酸配列とは異なり，糖鎖の場合は，ポリペプチド鎖合成の後，主としてゴルジ体内の一連の酵素反応により，糖鎖の刈込（trimming），転移（translocation），再修飾などが行われ，最終的に分布を持った形にて糖鎖修飾が完成し，糖タンパク質が生体外に分泌される。

細胞内外の環境条件によってその糖鎖修飾が変化することは，1990 年には特に解析が行いやすく，生体内生理活性に密接に関連している *N*-結合型糖鎖について知られていた[10]。さらに，1994 年に開催された Cell Culture Engineering IV においては，ケント大学の Jenkins によって

第3章　動物細胞を用いた糖タンパク質医薬品生産—CHO細胞を中心にした糖鎖修飾制御

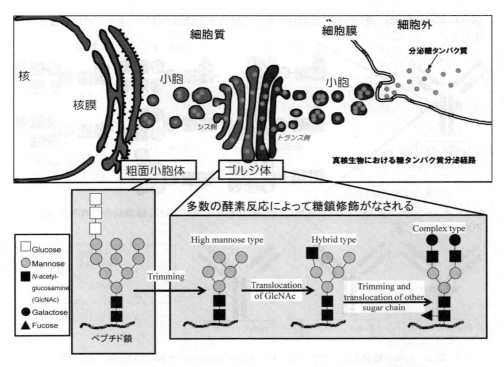

図1　細胞内における分泌タンパク質の合成・分泌経路ならびに糖鎖修飾

CHO細胞を用いたインターフェロンγ生産における関連の講演が行われ，その問題点が生産に携わる研究者に一気に認識されるようになった。Jenkinsらのグループでは，CHO細胞を用いたインターフェロンγ生産において，糖鎖修飾部位の培養条件（比増殖速度）による変化（macro heterogeneity)[11]ならびに培養時間経過に伴う詳細な糖鎖構造変化（micro heterogeneity)[12]等について解析している。これら一連の結果によると，培養時間を含む培養条件の変化に伴い，糖鎖構造の不均一性（heterogeneity）が大きく変化していることが示されている。

一般的に，糖鎖修飾の不均一性（heterogeneity）は，大きく2つに分かれる。すなわち，①糖鎖構造の不均一性（micro heterogeneity）と②糖鎖修飾部位の不均一性（macro heterogeneity）である（図2)[13]。たとえば，抗体医薬としてよく用いられているIgG分子を例にとって示すと，抗体の場合のN-型糖鎖結合部位はFc部位に通常2ケ所ある。この結合部位における糖鎖構造の解析結果によると，構造だけで実に様々なものが存在し，その存在割合にもばらつきがある[14]。

一方，構造の不均一性のみがよく論議されて解析されているが，糖鎖の結合部位についても，結合の有無によって生じる不均一性がある。すなわち生産された糖タンパク質について，全ての分子に糖鎖が付いているわけではなく，結合の有無による不均一性が存在する（図2）。

酵母に代表される下等真核生物を用いたヒト化糖タンパク質生産や植物を改変してヒト化糖鎖

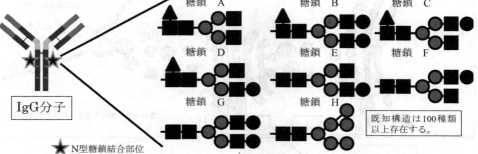

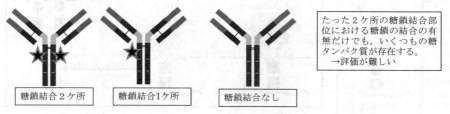

図2　抗体の糖鎖構造の不均一性（Micro heterogeneity と Macro heterogeneity）

を付ける場合には，糖鎖構造の micro heterogeneity のみが評価されている場合が多い。しかし実際には，この macro heterogeneity も考慮に入れて，生産されたタンパク質の結合部位における糖鎖修飾の割合がまず検討された上で，糖鎖構造の micro heterogeneity，すなわちヒトに構造が似ているかどうかが議論されるべきであろう。

3　糖鎖修飾制御を目指したセルエンジニアリング

　糖鎖修飾は生物種によって大きく変化している。この生物種における糖鎖修飾の違いが生物そのものの多様性を生み出している一因とも言える。生物種における糖鎖修飾の違いを Jenkins らは表1にまとめている[15]。

　CHO 細胞の大きな特徴はヒト型糖鎖に近い構造の糖鎖修飾が実現できる点にあり，これはタバコに代表される植物細胞や酵母，大腸菌には困難な点である。また，植物については xylose が糖鎖構造に含まれ，これが動物細胞との大きな違いになっている[16]。一方，動物細胞間でも同じというわけではなく，中でもヒトでの特徴として N-glycolylneuraminic acid（NeuGc）がヒトにおいて発現欠損されている点がある。CHO 細胞で生産された糖タンパク質に NeuGc が修飾されている点は，これまで実際に糖タンパク質医薬品として投与されてきて問題がなかったため，あまり問題視されていなかったが，近年少しずつ注目されるようになり，この微細な糖鎖構

第3章　動物細胞を用いた糖タンパク質医薬品生産—CHO細胞を中心にした糖鎖修飾制御

表1　生物種による糖鎖修飾の違い[15]

| | Type of Glycosylation | | | | Saccharide residue | | | | | | | |
| | | | | | Fucose | | Galactose | | Sialic acid | | | Bisect-ing GlcNAc |
	O-linked	Oligo-mannose	hyper-mannose	Compex	α1,6-linked	α1,3-linked	Gal1,3-Gal	SO₄-GalNAc	α2,6-linked	α2,3-linked	NeuGc	
大腸菌	0	0	0	0	0	0	0	0	0	0	0	0
酵母	++	0	++++	0	0	0	0	0	0	0	0	0
タバコ BY2	?	++	0	?	?	++	?	0	0	0	0	0
昆虫細胞 sf9	++	++++	0	?	++	+	0	0	0	0	0	0
CHO 細胞	++	++	0	++	++	?	0	0	0	++	+	0
マウス ミエローマ	++	++	0	++	++	0	++	0	+	+	+++	0
ヒト肝臓	++	+	0	++	++	0	0	0	++	++	0	0
ヒト脳	++	++	0	++	++	0	0	0	++	++	0	+
ヒト脳下垂体	++	++	0	++	++	0	0	+++	+	+	0	++
ヒト B リンパ球	++	0	0	+	0	0	0	0	+	+	0	++
ヒト由来 Namalwa 細胞	++	++	0	++	++	0	0	0	++	++	?	?

造の違いもできるだけ修正しようという試みもなされている[17]。では，糖鎖構造を改変するためのストラテジーとはどのようなものがあるのだろうか。

　Jenkins らは，糖鎖構造に影響する因子として，①細胞培養培地（血清，グルコース，脂質，糖源，アミノ酸等），②細胞の状態（比増殖速度，細胞内外の酸化還元環境等），③培養状態（溶存酸素濃度，アンモニア，溶存炭酸ガス濃度，pH等），④生産物分解（主として末端シアル酸のシアリダーゼによる分解）を挙げている[13, 15]。これらの因子を含めて糖鎖修飾を制御しようという試みは（A）糖鎖修飾を低減させる方法および（B）糖鎖修飾を亢進させる方法の2つによってアプローチが異なる。

（A）糖鎖修飾を低減させる方法

　糖鎖修飾を軽減させる方法としては①糖鎖修飾に直接関わる酵素活性を低減／欠失させる手法，②糖鎖修飾の元となる基質供給を低減させる手法の大きく2つのアプローチが考えられる。もちろん，糖鎖活性を低減／欠失させると，細胞自身の生理活性に何らかの影響があり，増殖や生産性が低下する可能性も存在する。また，基質はほとんどの場合は糖または糖ヌクレオチドであるために，糖自身を減じることはしばしばエネルギー源としての糖源も減じることになり，細胞増殖に対する影響も考慮する必要がある。また，糖ヌクレオチドは細胞内において様々な糖に変換されるため，ターゲット自身となる基質供給をどの時点で絞り込むかということも考慮する必要がある。以下に，糖鎖の根元に結合するフコース修飾を例にとり，糖鎖修飾を減じる手段について紹介する。

　図3はフコース修飾に関わる糖転移，トランスポーター，代謝酵素についてまとめたものである。この図に基づいて①糖鎖修飾に直接関わる酵素活性を低減／欠失させる手法と，②糖鎖修飾の元となる基質供給を低減させる手法について考察してみる。糖鎖修飾に直接関わる酵素活性を

バイオ医薬品開発における糖鎖技術

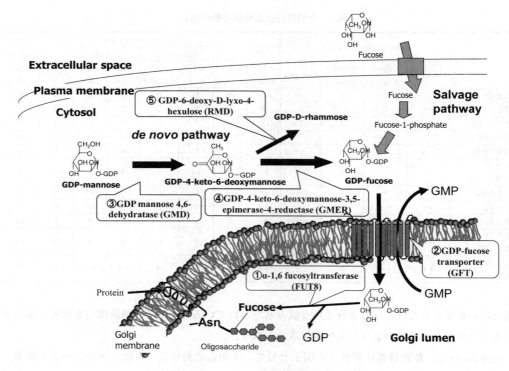

図3 糖鎖修飾におけるフコース修飾と基質供給経路[18]

低減・欠失させる手段としては，直接フコースを修飾するα1,6-フコシルトランスフェラーゼ（FUT8）の活性を低減・欠失させる手法がある。この手法は協和発酵キリンのポテリジェント技術であり直接FUT8を欠損させたCHO細胞を構築することにより，末端のフコース修飾がない抗体を生産している[19]。同様のアプローチは，Genentechなど他のグループでも同時に行われていたが[20,21]，協和発酵キリンにおいて世界に先駆けて開発され，我が国でのCHO細胞糖鎖修飾制御に関する基盤技術の一つである。

一方，修飾の元となるフコースの供給を低減させる手法は，この経路図よりいくつか存在することがわかる。糖鎖修飾に関わる基質であるGDP-フコースは，細胞質内のGDP-マンノースから変換されて生成される，もしくは細胞外に存在する（細胞分解物由来もしくは培地由来と考えられる）フコースから生成される。細胞質内のGDP-フコースはゴルジ体内に輸送され，これを基質としてフコースの修飾が行われる。我々は，ゴルジ体内に輸送するGDP-フコーストランスポーター（図中②）の発現を抑制することにより，ヒトアンチトロンビンIIIを対象として，フコース修飾を低減させることを試みている[18]。一方，協和発酵キリンの神田らは，GDP-マンノース4,6-デヒドラターゼ（GMD）（図中③）およびGDP-4-ケト-6-デオキシマンノース-3,5-エピメラーゼ-4-レダクターゼ（GMER）（図中④）をターゲットとして発現を抑制させ，フコース低減させた抗体を生産している[22]。さらに近年ProBioGen社は経路の途中のGDP-D-ラムノースへ

第3章　動物細胞を用いた糖タンパク質医薬品生産―CHO細胞を中心にした糖鎖修飾制御

の分岐を利用して，外来のGDP-6-デオキシ-D-lyxo-4-ヘキスロースリダクターゼ（RMD）（図中⑤）を発現させることにより，フコース低減を実現させている[23]。また培養条件を変更して全体の基質供給を低減する方法として，我々のグループでは，糖源を変化させることにより糖比消費速度を変化させてフコース修飾に及ぼす影響を検討した結果，5%程度の軽減は達成可能であった[24]。

（B）糖鎖修飾を亢進させる方法

　糖鎖修飾を亢進させるためには，さらに問題が難しくなる。糖鎖修飾において基質供給が律速なのか，修飾酵素が律速なのかが，通常明確になっていないためである。たとえば，フコースをすべての糖鎖に結合させようとする場合，GDP-フコースが足りないのか，酵素活性が不足しているのか，結合する相手側の糖タンパク質が足りないのか，明確にすることは難しい。そのため，対象となる直近の酵素活性を上昇させても効果が無い場合がある。また，たとえば糖鎖末端に修飾するガラクトースを修飾しようとすると，そのガラクトースが結合するN-アセチルグルコサミンの修飾が十分になされている必要がある。すなわち，末端を修飾するための相手側の基質は様々なステップで合成されており[25]，これを含めた多彩なアプローチが必要となると考えられる。

4　おわりに

　いよいよCHO細胞のゲノム配列が本年（2011年）8月に公開になり[26]，CHO細胞もゲノム育種の時代に入ったと言えよう。米国と北京ゲノムセンターのグループの共同論文として発表された8月に公開されたゲノム配列の結果では，糖鎖修飾に関する経路が例示され，明らかに糖鎖をターゲットとしたゲノム育種が開始されている。糖タンパク質生産宿主としてのCHO細胞の優位性はここ10年の抗体医薬等での宿主応用実績が明らかにしているように，現在のところ一朝一夕に変化するとは考えられない。CHO細胞をターゲットとした育種はゲノム情報が得られたことにより，明らかに次のステージに入ったと言えよう。糖鎖を改変したバイオシミラー，さらにはバイオベターにつながるためには，我が国にも同様のアプローチが一刻も早く導入される必要がある。我が国は糖鎖科学に一日の長があり，本分野の多数の科学・技術が実際のタンパク質医薬品生産に応用されることを切に願うものである。

文　　　献

1) Harrison, R. G. : *Proc. Soc. Exp. Biol. Med.*, **4**, 140-143（1907）
2) 大政健史：抗体医薬のための細胞構築と培養技術，大政健史（監修），pp.1-7，シーエムシー

出版（2010）

3) 大政健史：化学と生物，**45**, 9-11（2007）

4) Walsh, G. : *Nat. Biotechnol.*, **28**, 917-924（2010）

5) Puck, T. T., Cieciura, S. J., and Robinson, A. : *The Journal of experimental medicine*, **108**, 945-956（1958）

6) Kao, F. T. and Puck, T. T. : *Proc. Natl. Acad. Sci. U. S. A.*, **60**, 1275-1281（1968）

7) Urlaub, G., *et al.* : *Somat. Cell Mol. Genet.*, **12**, 555-566（1986）

8) Omasa, T. : *J. Biosci. Bioeng.*, **94**, 600-605（2002）

9) 大政健史：化学工学，**75**, 143-146（2011）

10) Goochee, C. F. and Monica, T. : *Biotechnology.*（*N. Y*）. **8**, 421-427（1990）

11) Hayter, P. M., *et al.* : *Biotechnol. Bioeng.*, **42**, 1077-1085（1993）

12) Hooker, A. D., *et al.* : *Biotechnol. Bioeng.*, **48**, 639-648（1995）

13) 大政健史，菅健一：動物細胞工学ハンドブック，日本動物細胞工学会編，pp.198-199, 朝倉書店（2000）

14) Kim, W. D., *et al.* : *Appl. Microbiol. Biotechnol.*, **85**, 535-542（2010）

15) Jenkins, N., Parekh, R. B., and James, D. C. : *Nat. Biotechnol.*, **14**, 975-981（1996）

16) Karg, S. R. and Kallio, P. T. : *Biotechnol. Adv.*, **27**, 879-894（2009）

17) Ghaderi, D., *et al.* : *Nat. Biotechnol.*, **28**, 863-867（2010）

18) Omasa, T., *et al.* : *J. Biosci. Bioeng.*, **106**, 168-173（2008）

19) Shinkawa, T., *et al.* : *The Journal of biological chemistry*, **278**, 3466-3473（2003）

20) Shields, R. L., *et al.* : *The Journal of biological chemistry*, **277**, 26733-26740（2002）

21) 大政健史，岸本通雅，片倉啓雄，菅健一，應田豊雄，小林薫，三木秀夫，CHO 由来 α 1, 6 フコース転移酵素遺伝子（2002）

22) Kanda, Y., *et al.* : *J. Biotechnol.*, **130**, 300-310（2007）

23) von Horsten, H. H., *et al.* : *Glycobiology*, **20**, 1607-1618（2010）

24) 高橋晶子，北本友佳，大政健史，片倉啓雄，岸本通雅，菅健一，三木秀夫，應田豊雄，小林薫：日本生物工学会 平成 12 年度大会．北海道大学，札幌（2000）

25) Hossler, P., Mulukutla, B. C., and Hu, W. S. : *PLoS One*, **2**, e713（2007）

26) Xu, X., *et al.* : *Nat. Biotechnol.*, **29**, 735-741（2011）

第4章　リソソーム病治療への応用を目指した糖鎖修飾型組換えリソソーム酵素の開発

伊藤孝司[*]

1　はじめに

　リソソームは，細胞内外の生体分子の分解代謝を営む細胞内小器官（オルガネラ）であり，その中には70種程度の酸性加水分解酵素（リソソーム酵素）とその補助タンパク因子が存在する。リソソーム病（別名：ライソゾーム病）は，これらのリソソーム酵素および関連因子をコードする遺伝子の変異が原因で発症する単一遺伝子疾患群であり，約40種の疾患が知られている[1]。これらの疾患では，当該酵素活性の著しい低下が起こり，本来分解されるべき糖脂質や糖タンパク質糖鎖などの生体内基質が患者組織中に過剰蓄積するため，患者は極めて多様な全身性の臨床症状を示すのが特徴である。個々の疾患の発生頻度は1〜数万人に1人程度と低く，リソソーム病はいわゆるオーファン疾患に属するが，小児科や内科をはじめ，様々な臨床領域で現れる重要な疾患群であり，わが国の厚生労働省では特定疾患の「難病」に指定されている[2]。

　近年の遺伝子工学の発展を背景に，以前は，有効な治療法がなかったリソソーム病に対し，各疾患の病因となる酵素の正常遺伝子を導入した哺乳類培養細胞株から生産される組換えヒトリソソーム酵素を製剤化して患者に投与する酵素補充療法（enzyme replacement therapy, ERT）が開発された。これまでに6種のリソソーム病に対するERT用の組換え酵素製剤が実用化されている（表1）。これらはバイオ医薬品の成功例として注目されるとともに，他の疾患への臨床応用に対する期待が高まっている。

　本稿では，現行のERTの特徴と問題点について解説し，筆者らの研究成果も含め，特にバイオベターとしての糖鎖機能改良型リソソーム病治療薬の開発を目指した最近の研究の動向について紹介したい。

2　リソソーム酵素に付加される糖鎖の生物機能を利用したリソソーム病の酵素補充療法

　1990年に，リソソーム病の一種であるゴーシェ病に対し，ヒト胎盤から精製したグルコセレブロシダーゼ製剤（一般名：alglucerase，商品名：Ceredase，製造元：Genzyme Co.）が世界初のERT用治療薬として上市された[3]。ゴーシェ病は，β-グルコセレブロシダーゼ（β-

---

＊　Kohji Itoh　徳島大学　大学院ヘルスバイオサイエンス研究部　創薬生命工学分野　教授

バイオ医薬品開発における糖鎖技術

表1　これまでに実用化されているリソソーム病治療薬

疾患名	責任リソソーム酵素 （別名）	発現系	製剤一般名 （商品名）	製造元
ゴーシェ病	グルコセレブロシダーゼ （酸性 β-グルコシダーゼ）	CHO	Imiglucerase (Ceredase)	Genzyme
ゴーシェ病	グルコセレブロシダーゼ （酸性 β-グルコシダーゼ）	ヒト繊維 肉腫細胞	Velagluserase-alfa (VPRIV)	Shire
ファブリー病	α-ガラクトシダーゼ	CHO	Agalsidase beta (Fabrazyme)	Genzyme
ファブリー病	α-ガラクトシダーゼ	ヒト繊維 肉腫細胞	Agalsidase alfa (Replagal)	Shire
ムコ多糖症 Ⅰ型	α-L-イズロニダーゼ	CHO	Laronidase (Aldurazyme)	BioMarin/ Genzyme
ポンペ病	α-グルコシダーゼ （酸性マルターゼ）	CHO	Aglucosidase alfa (Myozyme)	Genzyme
ムコ多糖症 Ⅵ型	N-アセチルガラクトサミン- 4-硫酸スルファターゼ （アリルスルファターゼB）	CHO	Galsulfase (Naglazyme)	BioMarin
ムコ多糖症 Ⅱ型	α-L-イズロン酸-2- スルファターゼ	CHO	Idursulfase (Elaprase)	Shire

glucocerebrosidase，別名：酸性 β-グルコシダーゼ，acid β-glucosidase，GBA）の欠損症で，GBA 遺伝子の変異に基づく常染色体劣性遺伝病である[4]。GBA 活性の著しい低下に基づき，糖脂質基質であるグルコセレブロシド（glucocerebroside）が患者の肝臓，脾臓，骨髄および骨組織などの細網内皮系（マクロファージ）に蓄積し，発育不全，肝脾腫，汎血球減少に基づく貧血や出血傾向あるいは病的骨折などの臨床症状が現れる。

　本酵素製剤は，マクロファージの細胞膜表面に存在する C 型レクチンの一種，マンノース受容体（mannose receptor，MR または CD206）をデリバリー標的分子としている。ヒト胎盤から精製した成熟型 GBA（分子量 65-kDa，497 アミノ酸 aa から構成）に付加される N-グリコシド型糖鎖（N-グリカン）は，順次シアリダーゼ，β-ガラクトシダーゼおよび β-ヘキソサミニダーゼなどのエキソグリコシダーゼでトリミングされている。この処理により露出した末端マンノース残基を含む GBA は，MR と結合後エンドサイトーシスにより取り込まれ，リソソームへと輸送（補充）される。

　神経症状を伴わない1型ゴーシェ病患者に対し，本酵素を一回投与量 60U/kg 体重，隔週で静脈内投与（点滴静注）を継続（半年〜1年）することにより，肝脾腫や貧血，血小板減少などの改善が認められた[3]。その後，本製剤の製造は，供給源であるヒト胎盤の確保の困難性や感染性病原体混入の危険性等の問題から中止となった。しかし，リソソーム病に対する ERT の実用化において，糖鎖受容体をデリバリー標的とし，糖鎖工学的に治療用酵素を加工する技術を確立した点で先駆的であった。

　一方，遺伝子工学技術の進歩に基づき，ヒト GBA cDNA をチャイニーズハムスター卵巣

第4章 リソソーム病治療への応用を目指した糖鎖修飾型組換えリソソーム酵素の開発

(Chinese hamster ovary, CHO) 細胞に導入して樹立された細胞株が産生する組換えヒト GBA (rhGBA) が新たな酵素製剤（一般名：imiglucerase，商品名：Cerezyme，製造元：Genzyme Corp.）として開発・上市された[5]。本製剤もマクロファージ細胞膜表面の MR をデリバリー標的とするため，糖鎖非還元末端のトリミングが施されており，胎盤由来の Ceredase と同じ一回投与量，隔週で静脈内投与（intravenous ERT，ivERT）が行われている。最近では，GBA 遺伝子の活性化操作を施したヒト繊維肉腫細胞（HT-1080）株が生産する rhGBA 製剤（一般名：velaglucerase-alfa，商品名：VPRIV，製造元：Shire）が，2010 年 2 月に米国 FDA により承認され，上市されている[6]。

3 マンノース 6-リン酸含有 N-グリカンが付加される組換えヒトリソソーム酵素とそのレセプターをデリバリー標的とした酵素補充療法

ゴーシェ病治療薬に続いて，α-ガラクトシダーゼ（α-galactosidase，GLA）欠損症であるファブリー病の ivERT 用治療薬が開発・実用化された。ファブリー病は，GLA の活性低下により，その糖脂質基質であるグロボトリアオシルセラミド（globotriaosylceramide, Gb3）が，腎臓，心臓，血管系や末梢神経系などの組織内に蓄積して多様な臨床症状を示す X 染色体劣性遺伝病である[7]。典型的な臨床経過をたどる古典型（従来，発生頻度 4 万人出生児に 1 人程度と推定）の男性患者は，少年期に四肢末端の疼痛で発症し，低汗症，被角血管腫（アンギオケラトーマ），角膜混濁などの症状を経て，腎不全，左心室肥大，不整脈，脳梗塞や難聴などの障害が現れる。一方，高年齢になって主に心症状が現れる亜型（または心型）患者やヘテロ接合体の女性が予想以上に多いことが明らかになり，現在ではファブリー病全般の発生頻度は，日本でも数千人に 1 人と考えられている。

ところで哺乳類のリソソーム酵素は，その生合成様式に従って，可溶性マトリクス酵素と膜結合型酵素（上述の GBA が含まれる）とに大別される。図 1A に示すように，可溶性マトリクス酵素は，分泌性や細胞膜性 N-型糖タンパクと同様に小胞体で合成され，高マンノース型 N-グリカンが付加された後，ゴルジ装置へと輸送される。しかしリソソームマトリクス酵素に対して，N-acetylglucosamine-1-phosphate transferase（3 種サブユニット $α_2β_2γ_2$ から構成）が特異的触媒作用を示し，まず高マンノース型糖鎖の非還元末端のマンノース残基の 6 位の水酸基には N-アセチルグルコサミン-1-リン酸（GlcNAc1P）が付加された後（図 1C ①），続いて N-acetylglucosamine-1-phosphodiesterase α-N-acetylglucosaminidase の作用により，GlcNAc 残基のみが切断され，その結果糖鎖非還元末端に露出したマンノース 6-リン酸（mannose 6-phophate, M6P）残基をもつ酵素が生成される（図 1C ②）[8,9]。ゴルジ装置には，この M6P 残基を特異的に認識して結合するカチオン依存性 M6P レセプター（cation-dependent M6P receptor, CD-M6PR，分子量 46-kDa，ホモ二量体）が存在し，リソソームマトリクス酵素をゴルジ装置からエンドソームへと輸送するシャトルとして機能している（図 1A）[10]。移行したリ

バイオ医薬品開発における糖鎖技術

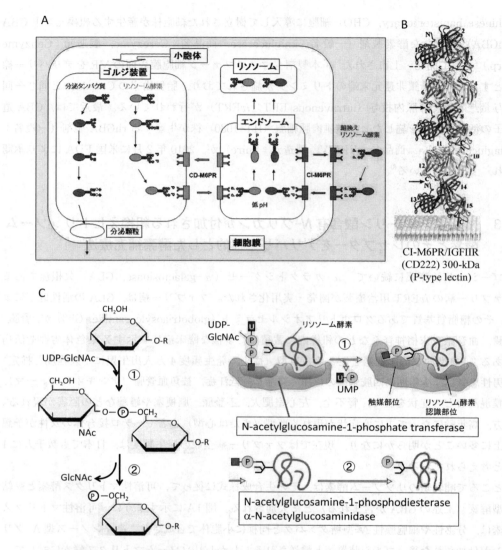

図1　マトリクス型リソソーム酵素の N-グリカンへのマンノース-6-リン酸残基の付加（二段階）反応とリソソームへの輸送経路

ソソーム酵素を含む後期エンドソームがリソソームと融合することにより，酵素は最終的にリソソームへと到達する．一方，多くの組織を構成する細胞の表面には，カチオン非依存性 M6P レセプター（cation-independent M6P receptor, CI-M6PR, 分子量 300-kDa）（本レセプターは，II型インスリン様増殖因子のレセプターでもある）が存在し，細胞外からの M6P 含有リソソーム酵素の取り込みと，エンドソームを経由したリソソームへの輸送に関与している（図1B）[10]．

ファブリー病の ERT では，標的組織である腎臓や皮膚の血管内皮細胞や心筋細胞などの表面に分布する CI-M6PR がデリバリー標的として利用されており，これまでに 2 種類の組換えヒト

第4章　リソソーム病治療への応用を目指した糖鎖修飾型組換えリソソーム酵素の開発

GLA（rhGLA）（分子量 49-kDa，398aa，ホモ二量体）が上市されている。一つは，ヒト GLA cDNA を導入した CHO 細胞株が産生する rhGLA 製剤（一般名：agalsidase beta，商品名：Fabrazyme，製造元：Genzyme）で，患者に対して一回投与量 1mg/kg 体重で 2 週に 1 回 *iv*ERT が行われる[11]。もう一つは，遺伝子活性化を施したヒト繊維肉腫細胞株で生産した rhGLA 製剤（一般名：agalsidase alfa，商品名：Replagal，製造元：Shire）で，一回投与量 0.2mg/kg 体重，隔週で *iv*ERT が行われる[12]。agalsidase beta を用いた臨床試験では，腎および皮膚の毛細血管内皮細胞に蓄積した糖脂質 Gb3 および血漿中 Gb3 含量の減少および患者の quality of life（QOL）の向上を指標に有効性が示されている[11]。また agalsidase alfa の臨床試験では，尿沈渣および血漿中の Gb3 含量の低下，四肢疼痛の軽減などの治療効果が報告されている[12]。いずれの rhGLA も付加される *N*-グリカンの本数は同じであるが，宿主細胞の違いにより付加される糖鎖構造が異なり，ヒト繊維芽細胞株由来の agalsidase alfa は，*N*-acetylneuraminic acid 残基を含むヒト型 *N*-グリカンをもつのに対し，げっ歯類 CHO 細胞由来の agalsidase beta は，*N*-glycolylneuraminic acid 残基を含む。一方，酵素分子当たりの M6P 含量に関しては，agalsidase beta の方がやや多いといわれている。

4　組換えリソソーム酵素に付加される *N*-グリカンの M6P 含量を増大させるための糖鎖工学的アプローチ

　ファブリー病の ERT の臨床応用を契機に，CI-M6PR をデリバリー標的とした組換えリソソーム酵素の *iv*ERT が，ポンペ病，ムコ多糖症 I，II および VI 型に対しても実用化に至っている。

　ポンペ病は，酸性 *α*-グルコシダーゼ（acid *α*-glucosidase，GAA，別名：酸性マルターゼ，acid maltase）の欠損に基づき，その基質であるグリコーゲン（glycogen）が肝臓，心臓や骨格筋などの組織に過剰蓄積する。肝腫，心肥大，筋緊張低下などの症状が現れ，心不全や呼吸不全を起こして死に至る，常染色体劣性遺伝病である[13]。

　ポンペ病に対する ERT 用組換え酵素の新たな供給源として，異種哺乳動物であるウサギの受精卵にヒト GAA の cDNA を導入してトランスジェニックウサギが作製され，その乳汁から精製した組換えヒト GAA（tgGAA）の臨床試験が実施された[14]が，実用化には至らなかった。一方，ヒト GAA の cDNA を導入した CHO 細胞株から得られる組換えヒト GAA（rhGAA）製剤（一般名：alglucosidase alfa，商品名：Myozyme，製造元：Genzyme）が臨床応用された[15]。この rhGAA（分子量 110-kDa，896aa 酵素前駆体）製剤を用い，一回投与量 20mg/kg 体重，隔週で *iv*ERT が行われている。乳児型ポンペ病患者に対する臨床試験の結果，予後や運動機能の改善，肥大した左心室容積の低下などの有効性が示された[15]。しかし骨格筋では，細胞表面の CI-M6PR の発現量が低いため取り込み効率が低く，rhGAA の一回投与量は，ゴーシェ病やファブリー病治療薬に比べ，数倍から十倍程度多い。

　ポンペ病患者の骨格筋内への rhGAA の取り込み効率を高める目的で，Genzyme 社の研究グ

ループは，rhGAA の M6P 含量を増大させるための糖鎖工学的な技術を開発している．同グループは，まず図 2A に示す M6P 含有糖鎖（還元末端をヒドラジン化）を化学合成し，過ヨウ素酸処理による酸化型 rhGAA とのコンジュゲート（neo-rhGAA）を作製した[16]．さらに図 2B に示すように，化学合成糖鎖の還元末端をオキシム化することで，より温和な条件で過ヨウ素酸酸化型 rhGAA とのコンジュゲート（oxime-neo-rhGAA）の作製に成功している[17]．得られた neo-rhGAA および oxime-neo-rhGAA と CI-M6PR との親和性は増大した．またマウス GAA 遺伝子破壊に基づき作製されたポンペ病モデルマウスに *iv*ERT を行った際に，これらの neo-rhGAA は骨格筋表面の CI-M6PR との結合を介して効率よく組織内に取り込まれ，CHO 由来 rhGAA よりも，数倍〜十倍程度高いグリコーゲン分解能を示したとともに，モデルマウスの運動機能を回復させたと報告している[16,17]．

　ムコ多糖症（Mucopolysaccharidoses）は，複合糖質のうち，プロテオグリカンと総称される生体分子に直列状に付加される 2 糖の繰り返し構造をもつグリコサミノグリカン（glycosaminoglycan, GAG）を分解するリソソーム酵素の欠損に基づき，GAG の患者組織内への過剰蓄積と尿中への排泄を伴って発症する一群のリソソーム病である[1,2]．

　I 型は，α-L-イズロニダーゼ（α-L-iduronidase, IDUA）の欠損により，GAG のデルマタン硫酸（dermatan sulfate, DS）とヘパラン硫酸（heparan sulfate, HS）の非還元末端に存在する α-L-イズロン酸（α-L-iduronic acid）を加水分解できず，DS と HS が蓄積する常染色体

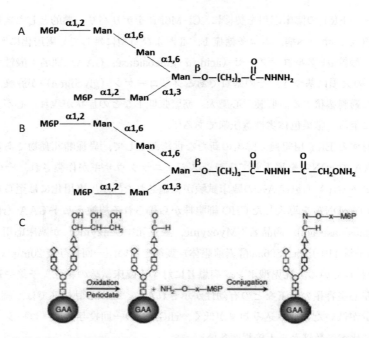

図 2　化学合成 M6P 含有 *N*-グリカンの付加に基づく組換えリソソーム酵素の機能改変
文献 16) および 17) から引用

第4章　リソソーム病治療への応用を目指した糖鎖修飾型組換えリソソーム酵素の開発

劣性遺伝病である[18]。本疾患は，多様な臨床型を示し，重症型のハーラー症候群（Hurler syndrome，MPS IH），軽症型のシャイエ症候群（Scheie syndrome，MPS IS）およびこれらの中間型であるハーラー・シャイエ症候群（Hurler-Scheie syndrome，MPS IH/IS）に分類されている。臨床症状としては，鼠径ヘルニア，関節硬縮，顔貌の異常，皮膚の肥厚，肝脾腫，心臓弁膜症，骨格の異常や角膜混濁などがみられ，重症型では頭囲拡大や突背，さらに精神運動発達の遅れが認められる。

　本疾患のivERT には，ヒト IDUA の cDNA を CHO 細胞に導入して生産される組換え IDUA 製剤（一般名：laronidase，商品名：Aldurazyme，製造元：BioMarin Pharmaceutical Inc./Genzyme）が臨床応用されている[19]。本酵素製剤（分子量 70-kDa，628aa）は，0.58mg/kg 体重で，週1回，静脈内投与され，患者組織内には CI-M6PR を介して取り込まれる。その臨床効果は，努力肺活量の予測正常値に対する割合（％努力肺活量）と6分間の歩行距離を指標に改善効果が示されている。

　ムコ多糖症Ⅱ型（MPS Ⅱ，別名：ハンター症候群，Hunter syndrome）は，イズロン酸-2-スルファターゼ（iduronate-2-sulfatase，I2S）をコードする遺伝子変異が原因で発症する X 染色体劣性遺伝病である[18]。酵素活性の著しい低下により，GAG のうち，DS および HS の構成糖のイズロン酸の C2 位に結合している硫酸基が分解されないため，結果として DS や HS が組織に蓄積し，また尿中に排泄される。本疾患の臨床像も重症型と軽症型に分類されるが，症状としては，低身長，精神運動発達遅滞，巨舌，顔貌異常，難聴，肝脾腫，心臓弁膜症，関節拘縮，骨変形が認められ，徐々に心肺機能が低下し，呼吸不全や心不全により死亡する。

　本疾患の ERT では，ヒトイズロン酸-2-スルファターゼ（I2S）の cDNA を導入したヒト繊維肉腫細胞が生産する組換え I2S（分子量 76-kDa，525aa）製剤（一般名：idursulfase，商品名：Elaprase，製造元：Shire）[20]が，一回投与量 0.5mg/kg 体重で1週に1回，静脈内投与されている。酵素は標的組織表面の CI-M6PR を介して取り込まれ，肝・脾臓の容積減少，尿中 GAG 排泄量の減少，歩行機能，心肥大や肺機能の改善が認められている。

　ムコ多糖症Ⅵ型（MPS Ⅵ，別名：マロトー・ラミー症候群，Maroteaux-Lamy syndrome）は，N-アセチルガラクトサミン-4-スルファターゼ（N-acetylgalactosamine-4-sulfatase，4S，別名：アリルスルファターゼ B，arylsulfatase B）の欠損に基き，DS の構成糖である N-アセチルガラクトサミン-4-硫酸の分解が起こらず，患者組織内に DS が蓄積するとともに，尿中に排泄される常染色体劣性遺伝病である[18]。本症も重症型と軽症型に分類され，成長の遅れ，顔貌異常，骨変形，上気道閉塞，肝脾腫，心臓弁膜症，呼吸器感染や関節の異常等が認められるが，精神障害を伴わない。

　本症のivERT では，ヒト N-アセチルガラクトサミン-4-スルファターゼ（4S）の cDNA を導入した CHO 細胞が産生する組換え 4S（分子量 66-kDa，495aa）製剤（一般名：galsulfase，商品名：Naglazyme，製造元：BioMarin Pharmaceutical Inc.）が用いられ，一回投与量 1mg/kg 体重，週1回の割合で静脈内投与が行われている。本酵素も CI-M6PR との結合を介して患者組

51

織には取り込まれ，その治療効果は，歩行距離の延長や尿中 DS の排泄量の低下により評価されている。

5　リソソーム酵素に関する構造生物学的情報を利用した M6P 含有糖鎖追加型リソソーム酵素のデザインと作製

上述のように，リソソームマトリクス酵素にはその N-グリカンに M6P 残基が付加されるが，酵素タンパクに付加されるすべての糖鎖が M6P を含有するわけではない。しかし，CI-M6PR をデリバリー標的とした ERT 効果は，酵素一分子に付加される M6P 含有 N-グリカン数が多いほど向上すると期待される。そこで筆者らは，リソソーム酵素の X 線結晶構造情報を利用して，人為的に M6P 含有 N-グリカンを追加する糖鎖工学技術を試みた。

テイ-サックス病とザンドホッフ病は，β-ヘキソサミニダーゼ（β-hexosaminidase，Hex）の欠損症で，Hex を構成する α および β 鎖を各々コードする HEXA および HEXB の遺伝子変異が原因で，糖脂質基質 GM2 ガングリオシド（GM2 ganglioside，GM2）の脳内過剰蓄積と中枢神経症状を伴って発症する常染色体劣性遺伝病である[21]。これらの発生頻度は，通常数十万人出生児あたり 1 人程度であるが，ユダヤ系人種ではテイ-サックス病が 3000 人に 1 人という高頻度で起こることが知られている。しかし現在これらの疾患に対する有効な治療法はない。α または β 鎖の二量体から構成される Hex は，それらの組み合わせにより HexS（α α），HexA（α β）および HexB（β β）の 3 種のアイソザイムとして存在する。このうち HexA のみが，GM2 分解の補助因子である GM2 アクチベータータンパクとの共同で GM2 の分解を行うことができる。テイ-サックス病とザンドホッフ病では，いずれも HexA が欠損するため GM2 蓄積症となる。従ってこれらの疾患の ERT を開発するためには，M6P 含有組換えヒト HexA（rhHexA）を大量生産し，患者の脳内へのデリバリー技術を確立する必要がある。

ところで，HexA を構成する α と β 鎖はアミノ酸配列上 57 ％ 程度の相同性を示し，既知の X 線結晶構造から，相互の立体構造は極めて類似していることが明らかにされている[22]。α 鎖には N-グリカン付加部位（N-X-S/T，X≠P）が 3ヶ所（N115，N157 および N295）あり，その内 N295 に付加される糖鎖が M6P 残基を含む。一方，β 鎖には 4ヶ所（N84，N142，N190 および N324）あり，その内，N84 と N324 に付加される糖鎖が M6P 残基をもつ。そこで筆者らは，ヒト Hex α 鎖に，β 鎖の N84 に相当する N-グリカン付加部位を遺伝子工学的に導入することを目的として，HEXA cDNA 上の該当位置に S51N および A53T のアミノ酸置換をコードする改変型 HEXA 遺伝子を構築し，野生型 HEXB と同時に CHO 細胞に導入した。同時発現株から得られた組換えヒト HexA（Ng-HexA）には，予想通り，M6P 含有 N-グリカンが追加されていた[23]。またマウス Hex β 鎖をコードする Hexb 遺伝子が人為的に破壊されたザンドホッフ病モデルマウスに Ng-HexA を脳室内投与（intracerebroventricular ERT，icvERT）した際に，野生型 rhHexA に比べ，脳実質内酵素活性の回復と蓄積糖脂質（GM2 および asialoGM2）の分解

第4章　リソソーム病治療への応用を目指した糖鎖修飾型組換えリソソーム酵素の開発

能の向上が認められた[23]。これらの結果は，M6P含有 N-グリカンを追加し，CI-M6PR を介した Ng-HexA の細胞内取り込み効率を増大させることにより脳内 ERT 効果が向上することを示唆している。

6　中枢神経障害を伴うリソソーム病に対する脳脊髄液内酵素補充療法の開発と治療的ポテンシャル

　現在実用化されている組換えヒトリソソーム酵素製剤を用いた ivERT は，従来有効な治療法がなかったリソソーム病に対する画期的な治療法であるが，いくつかの問題点も生じている。①哺乳類細胞の高密度培養が困難で，組換えヒト酵素の大量生産と安定供給が難しいこと，②哺乳類細胞の大量培養および酵素精製等に多額の費用がかかるため酵素製剤が高コストになり，年間患者一人の治療に必要な酵素量約 1g に対し，2000万～3000万円の医療費が発生すること，③ヒト感染性の病原体が製剤に混入する危険性があること，④患者に対し一回投与量 1mg/kg 体重以上で酵素製剤を継続投与するため，本来遺伝的に酵素タンパクが欠損している患者の体内では，免疫応答（抗酵素抗体産生）やアレルギー反応などの副作用が起こること[24]，⑤ivERT の有効性は末梢症状に対してのみ認められ，静脈内投与された組換え酵素は血液脳関門を通過できず脳実質内には移行しないため，中枢神経症状に対する治療効果はほとんどない。

　筆者らは，これらの問題点を克服するために，特に中枢神経系への酵素デリバリーを目的とした糖鎖改変型組換えヒトリソソーム酵素と脳内補充法の研究開発を進めている。

　メタノール資化性酵母 Ogataea minuta（Om）は，㈱産業技術総合研究所・糖鎖医工学研究センターの地神芳文・千葉靖典博士が樹立した糖鎖生合成に関する酵母変異株である。この Om 変異株では酵母特有の高マンナン型糖外鎖の合成が起こらず，この株が生産する糖タンパクには，図3左に示すような，比較的マンノース残基が少なく，かつマンノース-リン酸を含む糖鎖が付加される。この糖鎖構造は，非還元末端に露出した M6P 残基をもたないため，それ自体は CI-M6PR と結合することができない。しかし精製糖タンパクをバクテリア由来 α-マンノシダーゼでトリミングして末端 M6P 残基を露出させることにより，CI-M6PR との結合能をもつヒト型様糖鎖構造にリモデリングすることが可能である（図3右）。

　筆者らは，地神，千葉および明星博士らとの共同で，Om 株にヒト HEXA および HEXB の cDNA を同時に導入し，ヒト HexA を高発現する Om 株を樹立し，培養液中に分泌された組換えヒト HexA（Om-rhHexA）を精製した[25]。またこの Om-rhHexA に付加される M6P 含量を増大させるために，フォスフォマンノース転移酵素の活性化因子である MNN4 遺伝子を追加導入し，Om-rhHexA よりも M6P 含有量が3倍程度増大した Om4-rhHexA を生産・精製することに成功した[26]。これらの酵素を α-マンノシダーゼでトリミングした後，HexA 欠損症患者由来の培養皮膚線維芽細胞に投与したところ，いずれの酵素も CI-M6PR を介して細胞内に取り込まれ，欠損している酵素活性を回復させるとともに，細胞内に蓄積していた GM2 も分解した。

53

バイオ医薬品開発における糖鎖技術

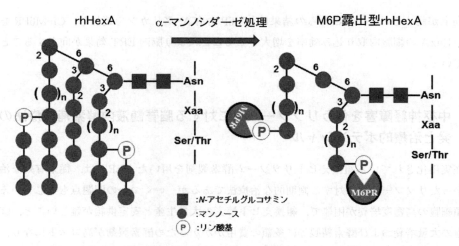

図3 メタノール資化酵母 *Ogataea minuta* 由来 HexA の α-マンノシダーゼによるトリミングと CI-M6PR との結合能の付与

しかも同じ添加量で，*Om*4-rhHexA は，*Om*-rhHexA に比べ7～10倍細胞内活性を増大させることが明らかになった[25, 26]。また筆者らは，ザンドホッフ病マウス（12～13週齢）に対して，*Om*-または*Om*4-rhHexA を 1.0mg/kg体重で脳室内（脳脊髄液内）に単回投与した。なお，本モデルマウスは生後9週頃から，振戦や驚愕反応などの中枢神経症状を示すようになり，以降，歩行障害や摂食障害などが進行して16～17週で死亡するというヒトと類似した臨床経過をたどる。酵母由来 rhHexA を用いて単回 *icv*ERT を行うと，24時間後には脳領域全体で脳実質内の Hex 活性が十分な治療域まで回復し，また7日後には神経系細胞に蓄積していた GM2 および GA2 などの糖脂質基質の減少が観察された。さらに10週齢マウスに0.8mg/kg体重で単回 *icv*ERT を行ったところ，生後14週以降に顕著となる，モデルマウスの運動機能や筋力の低下が有意に遅延し，寿命に関しても延長が認められた[27]。興味深いことに，いずれの治療効果も M6P 含量の高い *Om*4-rhHexA の方が *Om*-rhHexA よりも高く，脳室内投与された rhHexA の神経系細胞内への取り込みには，各細胞表面に分布する CI-M6PR が関与しており，補充酵素の M6P 含有量に依存した有効性の改善が期待された。これらの結果は，中枢神経障害を示すリソソーム病患者に対し，CI-M6PR をデリバリー標的とした脳脊髄液中への組換えリソソーム酵素の補充療法のポテンシャルを示唆するものである。

現在，MPS I および II 型の末梢症状の治療に臨床応用されている laronidase および idursulfase を患者の髄腔内（脳脊髄液内）に投与する Phase I および II の臨床試験が欧米で進行中であり，少なくとも重篤な副作用は現れていないようである[28, 29]。また前臨床試験として，疾患モデル動物を用いた laronidase および galsulfase の髄腔内投与（intrathecal ERT, *it*ERT）が行われており，その有効性と安全性が報告されている[30, 31]。今後，患者の中枢症状に対する治療効果の評価システムが確立するにつれて，脳内 ERT の有効性に対する正しい評価が可能になるものと期待

第4章　リソソーム病治療への応用を目指した糖鎖修飾型組換えリソソーム酵素の開発

される。

7　おわりに

　これまで，哺乳類培養細胞株で生産される組換えヒトリソソーム酵素とその糖鎖機能を改良した酵素補充療法（ERT）が，リソソーム病の根本治療法として確立され，その拡張応用が期待されている。しかし，遺伝子工学・糖鎖工学を利用したこの先端的治療法もすべてのリソソーム病に適用できるわけではなく，まだ克服しなければならない多くの問題点を抱えている。筆者らは，特に中枢神経症状を伴うリソソーム病の新たな治療法を開発する目的で，リソソーム酵素に付加されるM6P含量を高める技術を考案し，発症後の疾患モデル動物を用いてその有効性を実証してきた。また得られた知見は，従来全く治療法が確立されていない，中枢神経障害を伴うリソソーム病患者のQOLを改善できることを強く示唆している。今後は，リソソーム酵素やリソソーム病に関連する糖鎖生物学や糖鎖工学に関するバイオインフォメーションを集積・活用し，神経系細胞表面に存在するCI-M6PRを介した酵素の取り込み効率などのbioavailabilityをさらに向上させる技術，またできるだけ早期から開始でき，患者に対する副作用と負担が少ない製剤や投与法を開発する必要がある。これらを考慮した次世代型のバイオベターとしての糖鎖改変型の酵素のデザイン，生産系および新しい評価法の確立をさらに推進していきたい。

文　　　献

1)　衛藤義勝編集，「ライソゾーム病」―最新の病態，診断，治療の進歩―，診断と治療社，東京（2011）
2)　厚生労働省難治性疾患克服事業ライソゾーム病（ファブリー病を含む）に関する調査研究班サイト http://www.japan-lsd-mhlw.jp/
3)　N. W. Barton, F. S. Furbish, G. L. Murray, M. Garfield and R. O. Brady：*Proc. Natl. Acad. Sci. USA*, **87**, 1913-1916 (1990)
4)　E. Beutler and G. A. Grabowsky：The Metabolic and Molecular Bases of Inherited Disease, 8th ed., pp. 3635-3668, McGraw-Hill, New York (2001)
5)　G. A. Grabowski, N. W. Barton, G. Pastores, J. M. Dambrosia, T. K. Banerjee, M. A. McKee, C. Parker, R. Schiffmann, S. C. Hill and R. O. Brady：*Ann. Intern. Med.*, **122**, 33-39 (1995)
6)　A. Zimran, G. Altarescu, M. Philips, D. Attias, M. Jmoudiak, M. Deeb, N. Wang, K. Bhirangi, G. M. Cohn and D. Elstein：*Blood*, **115**, 4651-4656 (2010)
7)　R. J. Desnick, Y. A. Ioannou and C. M. Eng：The Metabolic and Molecular Bases of Inherited Disease, 8th ed., pp. 3733-3774, McGraw-Hill, New York (2001)

バイオ医薬品開発における糖鎖技術

8) R. Kornfeld, M. Bao, K. Brewer, C. Noll and W. M. Canfield : *J. Biol. Chem.*, **273**, 23203-23210 (1998)

9) M. Kudo and W. M. Canfield : *J. Biol. Chem.*, **281**, 11761-11768 (2006)

10) P. Ghosh, S. Dahms and S. Kornfeld : *Nat. Rev.*, **4**, 202-212 (2003)

11) C. M. Eng, N. Guffon, W. R. Wilcox, D. P. Germain, P. Lee, S. Waldek, Caplan. L, G. E. Linthorst and R. J. Desnick : *N. Engl. J. Med.*, **345**, 9-16 (2001)

12) R. Schiffmann, G. J. Murray, D. Treco, P. Daniel, M. Sellos-Moura, M. Myers, J. M. Quirk, G. C. Zirzow, M. Borowski, K. Loveday, T. Anderson, F. Gillespie, K. L. Oliver, N. O. Jeffries, E. Doo, T. J. Liang, C. Kreps, K. Gunter, K. Frei, K. Crutchfield, R. F. Selden and R. O. Brady : *Proc. Natl. Acad. Sci. USA*, **97**, 365-370 (2000)

13) R. Hirschhorn and A. J. J. Reuser : The Metabolic and Molecular Bases of Inherited Disease, 8th ed., pp. 3389-3420, McGraw-Hill, New York (2001)

14) J. M. van den Hout, J. H. Kamphoven, L. P. Winkel, W. F. Arts, J. B. de Klerk, M. C. Loonen, A. G. Vulto, A. Cromme-Dijkhuis, N. Weisglas-Kuperus, W. Hop, H. van Hirtum, O. P. van Diggelen, M. Boer, M. A. Kroos, P. A. van Doorn, E. van der Voot, B. Sibbles, E. J. van Corven, J. P. Brakenhoff, J. van Hove, J. A. Smeitink, G. de Jong, A. J. Reuser and A. T. van der Ploeg : *Pediatrics*, **113**, e448-e457 (2004)

15) L. Klinge, V. Straub, U. Neudorf, J. Schaper, T. Bosbach, K. Gorlinger, M. Wallot, S. Richards and T. Voit : *Neuromuscul. Disord.*, **15**, 24-31 (2005)

16) Y. Zhu, X. Li, A. McVie-Wylie, C. Jiang, B. L. Thurberg, N. Raven, R. J. Mattaliano and S. H. Cheng : *Biochem. J.*, **389**, 619-628 (2005)

17) Y. Zhu, J.-L. Jiang, N. K. Gumlaw, J. Zhang, S. D. Bercury, R. J. Ziegler, K. Lee, M. Kudo, W. M. Canfield, T. Edmunds, C. Jiang, R. J. Mattaliano and S. H. Cheng : *Mol. Ther.*, **17**, 954-963 (2009)

18) E. F. Neufeld and J. Muenzer : The Metabolic and Molecular Bases of Inherited Disease, 8th ed., pp. 3421-3452, McGraw-Hill, New York (2001)

19) J. E. Wraith, L. A. Clarke, M. Beck, E. H. Kolodny, G. M. Pastores, J. Muenzer, D. M. Rapoport, K. L. Berger, S. J. Swiedler, E. D. Kakkis, T. Braakman, E. Chadbourne, K. Walton-Bowen and G. F. Cox : *J. Pediatr.*, **144**, 581-588 (2004)

20) J. Muenzer, M. Gucsavas-Calikoglu, S. E. McCandless, T. J. Schuetz and A. Kimura : *Mol. Genet. Metab.*, **90**, 329-337 (2007)

21) A. Gravel, M. Kaback, R. L. Proia, K. Sandhoff and K. Suzuki : The Metabolic and Molecular Bases of Inherited Disease, 8th ed., pp. 3827-3877, McGraw-Hill, New York (2001)

22) M. J. Lemieux, B. L. Mark, M. M. Cherney, S. G. Withers, D. J. Mahuran and M. N. G. James : *J. Mol. Biol.*, **359**, 913-929 (2006)

23) K. Matsuoka, T. Tamura, D. Tsuji, S. Aikawa, F. Matsuzawa, H. Sakuraba and K. Itoh : *Mol. Ther.*, **19**, 1017-1024 (2011)

24) J. Wang, J. Lozier, G. Johnson, S. Kirshner, D. Verthelyi, A. Pariser, E. Shores and A. Rosenberg : *Nat. Biotechnol.*, **26**, 901-908 (2008)

25) H. Akeboshi,Y. Chiba, Y. Kasahara, M. Takashiba, Y. Takaoka, M. Ohsawa, Y. Tajima, I.

第4章　リソソーム病治療への応用を目指した糖鎖修飾型組換えリソソーム酵素の開発

Kawashima, D. Tsuji, K. Itoh, H. Sakuraba and Y. Jigami : *Appl. Environ. Microbiol.*, **73**, 4805-4812 (2007)

26) H. Akeboshi, Y. Kasahara, D. Tsuji, K. Itoh, H. Sakuraba, Y. Chiba and Y. Jigami : *Glycobiol.*, **19**, 1002-1009 (2009)

27) D. Tsuji, H. Akeboshi, K. Matsuoka, H. Yasuoka, E. Miyasaki, Y. Kasahara, I. Kawashima, Y. Chiba, Y. Jigami, T. Taki, H. Sakuraba and K. Itoh : *Ann. Neurol.*, **69**, 691-701 (2011)

28) G. M. Pastores : *Expert Opin. Biol. Ther.*, **8**, 1003-1009 (2008)

29) M.-V. Munoz-Rojas, T. Vieira, R. Costa, S. Fagondes, A. John, L. B. Jardim, L. M. Vedolin, M. Raymundo, P. I. Dickson, E. Kakkisand and R. Giugliani : *Am. J. Med. Genet. Part A*, **146A**, 2538-2544 (2008)

30) P. Dickson, M. McEntee, C. Vogler, S. Le, B. Levy, M. Peinovich, S. Hanson, M. Passage and E. Kakkis : *Mol. Genet. Metab.*, **91**, 61-68 (2007)

31) D. Auclair, J. Finnie, J. White, T. Nielsen, M. Fuller, E.Kakkis, A. Cheng, C. A. O' Neill and J. J. Hopwood : *Mol. Genet. Metab.*, **99**, 132-141 (2010)

【第3編　合成】

第5章　概論：ケミカルグライコバイオロジーと糖タンパク質合成

稲津敏行*

1　ケミカルグライコバイオロジーの時代

19世紀の終わりに E. Fischer がペプチドと糖の化学の礎を築いている。合成法もさることながら現代のように分析機器が発達しているわけではない当時，これらの天然物の構造を明らかにしたことは驚愕に値する。Fischer のエチルオキシカルボニル基を原型に，その後，約30年ごとにベンジルオキシカルボニル（Z）基，第三ブチルオキシカルボニル（Boc）基，9-フルオレニルメチルオキシカルボニル（Fmoc）基と優れたアミノ保護基を生み出したペプチド化学は順調に進展した。

一方，糖の化学は，Fischer のグリコシド化反応，同時代の Koenig と Knorr によるグリコシル化反応以来，ほとんど進展せず，1980年頃から漸く有機合成化学の標的として扱われる様になった。1990年代に入ると，糖の有機合成化学のルネッサンスが訪れ，堰を切ったように次々と新たな有用な方法論が開発された。Fischer から約一世紀を経てやっと糖の有機化学は近代化され，さらに現在のグライコバイオロジーの隆盛へと繋がっている。しかし，原理的には未だに前世紀初頭の Koenig-Knorr 法を凌駕する方法を見いだすには至っていないのが現状である。

1963年には R. Merrifield による固相ペプチド合成が報告され，今日の自動合成装置の基盤となった。ところが，同じ年に糖鎖とタンパク質が共有結合で結ばれていること（Asn(GlcNAc) 構造）が報告されている。今では糖とタンパク質の複合体，すなわち，糖タンパク質が一つの分子として当たり前のように議論されているが，一つの分子であることがわかって，まだわずか50年の歴史しかないことになる。如何に複合糖質のような境界領域の科学の進展が難しいかを如実に物語っている。しかし，こうした先人達のお陰で，我々は20世紀中に複合糖質の化学構造という恩恵を手に入れることができたのである。

21世紀に入り，こうした分子レベルの化学構造に裏付けられた様々な科学が成長をはじめている。化学と生物の境界領域では，従来の生物化学から，化学に重心を移した化学生物（ケミカルバイオロジー）に大きく変貌を遂げつつある。

2006年，日本化学会機関誌「化学と工業」に大学院教育の改革について野依氏の論説が掲載された。その中で，時代は生物化学（バイオケミストリー）から化学生物（ケミカルバイオロジー）へ移行していることに言及されている[1]。精密な分子構造を手に入れたことにより，化学

＊　Toshiyuki Inazu　東海大学　工学部　応用化学科　教授；東海大学　糖鎖科学研究所

の領域は生物や物性物理の領域に進出し，格段に拡大したことが述べられている。また，文部科学省は科学研究費補助金の分科細目表の中で，ケミカルバイオロジーを「化学の技術・方法論を駆使し生命現象を明らかにするポストゲノム時代の新学問領域」と位置づけた。こうした時代背景に伴い，糖鎖科学の分野でも化学構造に裏打ちされた『ケミカルグライコバイオロジー』が注目されてきている。「化学の技術・方法論」を主体的・能動的に用いて糖鎖生物学の現象を明らかにすることの重要性が再認識されていると言えよう。ケミカルグライコバイオロジーという新時代を迎え，化学の技術・方法論で設計・合成した化合物を利用し，糖鎖生物学の機能を如何に明らかにするのか？　我々は何をなすべきか，何ができるのか？　従来の生物や化学といった垣根を越えた議論・理解が重要になっていることは言うまでもない。

2　グライコバイオロジクスと化学構造

ケミカルグライコバイオロジーの基本は，明確な化学構造に立脚した合成と解析であると言える。一方，グライコバイオロジクスも全く同じであり，構造明確な糖タンパク質を合成する方法とその糖鎖構造解析に帰着できる。バイオ医薬，抗体医薬と呼ばれる医薬の多くは，糖タンパク質製剤である。バイオシミラーと呼ばれる後発薬の類似性も，新規性を有し特許戦略上の強みを有するバイオベターと言われる医薬も，いずれも糖タンパク質構造の単一性を議論することが必須である。

しかしながら，糖鎖構造の単一な糖タンパク質を合成することは，非常に難しい課題である。1990年代から始まった糖鎖に関する一連の国家プロジェクトでも，様々な挑戦が行われ，成果を挙げてきた。しかし，実用的に糖鎖を合成することは，化学的にも，糖転移酵素を利用する方法であっても，今なお未解決の課題のように思われる。こうした中にあって，次の二つの方法が天然の糖タンパク質を合成する方法として一定の成果を挙げている[2]。

一つは天然糖タンパク質由来の Fmoc-Asn(糖鎖)-OH を調製し，糖タンパク質を化学的に合成する方法である[3]。すでに糖鎖タンパク質を合成する方法として一定の評価が得られ，糖タンパク質のフォールディングまで有機化学的課題となっている[4]。こうした化学合成法で，巨大な糖タンパク質を合成する場合には，セグメント同士の縮合法が重要である。ライゲーションと呼ばれるペプチドチオエステルを用いる縮合法が種々報告され，化学的合成法の鍵となっている[5]。

もう一つの方法は，エンド型糖加水分解酵素の糖鎖転移活性を利用する糖鎖複合体の合成法である。特に，*Mucol hiemalis* 由来のエンド-β-N-アセチル-D-グルコサミニダーゼ（Endo-M）を用いる方法は，認識する天然の N-結合型糖鎖にほとんど制限がないことや様々な誘導体へ糖鎖転移できるなどの汎用性の高さから極めて実用的で有用な手法である[6]。Endo-M は，本来，N-結合型糖鎖の還元末端にある N,N-ジアセチルキトビオース構造を加水分解する酵素である。しかし，系内に GlcNAc 誘導体が存在すると，その4位水酸基へ加水分解された糖鎖を丸ごと転移し，天然の N-結合型糖鎖を再構築できる。このとき，天然糖鎖は糖鎖供与体，GlcNAc 誘導

第5章 概論：ケミカルグライコバイオロジーと糖タンパク質合成

体は糖鎖受容体と呼ばれている。

　最近のケミカルグライコバイオロジーの流れの中で，この糖鎖転移反応を支える個々の技術が飛躍的に改良され，進化している。Endo-M は，酵素の遺伝子レベルでの改変が進み，その改変体の中には加水分解酵素ではなく，糖鎖複合体合成酵素と言えるレベルに達したものまで報告され，市販される様になっている[7]。また，糖鎖供与体についても，オキサゾリン誘導体に変換することで，糖鎖転移反応（トランスグリコシレーション）の効率が飛躍的に高まることも明らかになっている[8]。また，市販の天然糖鎖の質的・量的拡大も日々進化を遂げているのが現状であろう[9]。加えて，我々はこの糖鎖転移反応が既存のタンパク質への修飾法としても利用できることを報告した。また，糖鎖受容体に着目し，Endo-M の糖鎖転移反応（トランスグリコシレーション）に必須の受容体最小構造を明らかにした。これらの結果については本章の後半で紹介したい。

　以上の様々な手法を合成戦略上見直すと，糖鎖アミノ酸や糖鎖を有する短鎖ペプチドを合成し，それらを収斂する形で合成する方法論と，GlcNAc を有する様々な誘導体を調製した後に，糖鎖を有する誘導体へ変換する方法に分けることができる。また，これらの手法は，そのほとんどが国産技術であることに勇気づけられる。このように，我が国の技術者や科学者の知恵や経験の結集が，グライコバイオロジクスの進展に必須であることがよくわかる。それぞれの詳細については，本編の他の章を参考にしていただきたい。

3　Sugaring Tag 法によるタンパク質の糖鎖修飾[10]

　前節で述べたように，糖鎖を有するタンパク質の合成法の中で，Endo-M を用いる糖鎖転移反応（トランスグリコシレーション）は，糖鎖を後から修飾できる方法である。すなわち，タンパク質に GlcNAc を付加する修飾法が確立できれば，天然型の糖タンパク質とは構造が異なるものの，人工的にタンパク質に糖鎖を導入できる方法になりうるものと考えられる。我々は，GlcNAc のカルボキシメチルグリコシドの対応するジメチルチオホスフィン酸混合酸無水物（Mpt MA）を，タンパク質のアミノ基修飾剤とする方法を検討した。この Mpt MA を "Sugaring

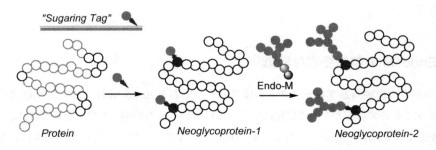

図1　Sugaring Tag 法によるタンパク質の糖鎖修飾

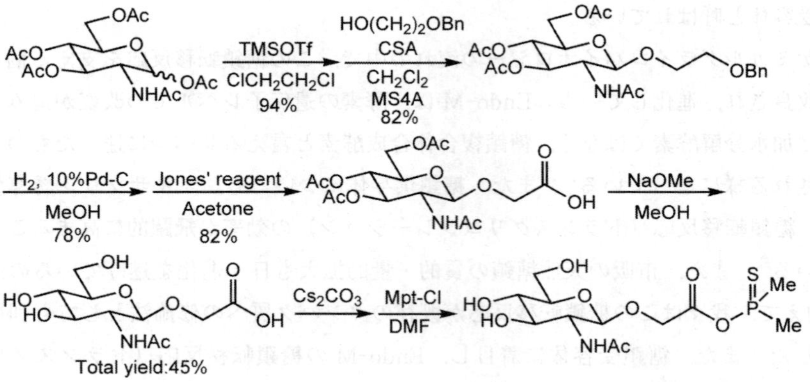

バイオ医薬品開発における糖鎖技術

図2 Sugaring Tag の合成

Tag" と名付けた。

　一分子中に A 鎖と B 鎖のそれぞれの N 末端と B 鎖中にあるリジン残基側鎖の3つのアミノ基が存在するウシインスリンをタンパク質の例として"Sugaring Tag"を用いる反応と糖鎖修飾について検討した。Mpt MA は，水酸基との反応性がほとんどなく，アミノ基への選択的な反応が期待される。しかし，あくまで無水物であり，緩衝液中では加水分解を受けるため，過剰量用いて検討した。

　その結果，Mpt MA を 10 当量用いると，3つのアミノ基すべてが GlcNAc により修飾できることがわかった。得られた GlcNAc 修飾インスリンに，二本鎖複合型糖鎖を有する卵黄由来のシアログリコペプチド（SGP）を糖鎖供与体とする Endo-M による糖鎖転移反応を行ったところ，3つの修飾 GlcNAc のうち，一カ所に天然糖鎖が導入されたことがわかった。化学的手法，酵素的手法により，分子をトリミングし，MALDI TOF 質量分析を行った。報告されているインスリンの結晶構造からもっとも自由度が高いと予測される B 鎖 N 末端に導入した GlcNAc 残基に天然糖鎖が伸長していることがわかった[10]。

　このように，糖鎖を持たないタンパク質を，GlcNAc で修飾し，糖鎖を付加できる"Sugaring Tag"法を開発することができた。合成されたタンパク質に後から糖鎖が付与される生合成過程を彷彿させるように，人為的にタンパク質に糖鎖をつけることができる方法として様々な展開が期待される。

4　Endo-M の糖鎖受容体認識[11]

　1990 年からの糖鎖関連プロジェクトの成果の一つである Endo-M は，酵素，糖鎖供与体の市販が始まっても必ずしも大きな実用化には至っていない。その原因として，糖鎖受容体に GlcNAc 誘導体が必要であることが挙げられる。糖の化学は，今でも研究者・技術者の経験に依存する部分が多い。従って，GlcNAc 誘導体を調製しようとしても，一般的な有機合成化学者・技術者か

62

第 5 章　概論：ケミカルグライコバイオロジーと糖タンパク質合成

ら敬遠されるため，Endo-M を用いる一連の技術が汎用性を示さないものと考えるに至った。そこで，Endo-M の糖鎖受容体認識を明らかにし，その最小単位で糖鎖受容体を合成できるようになれば，様々な分野で，様々な化合物に糖鎖の導入が可能になるものと計画した。

　Endo-M の糖鎖受容体構造特異性については初期の段階で山本らによってまとめられている[12]。それを見直すと，転移される 4 位のエカトリアル水酸基は必須であるものの，他の水酸基の構造や立体化学には依存していないように見える。ただし，6 位の一級水酸基の存在は少なからず糖鎖転移反応に影響していることも示唆されている。そこで我々は，6 位の水酸基の存在と，糖構造の本質とも言えるピラノース環を構成する 5 位の酸素原子に注目した。

　ピラノース環の酸素原子を炭素原子に置き換えたシクロヘキサノール誘導体を用いた。まず，GlcNAc の 4 位水酸基に相当する水酸基のみを有するシクロヘキサノール誘導体との反応を行っ

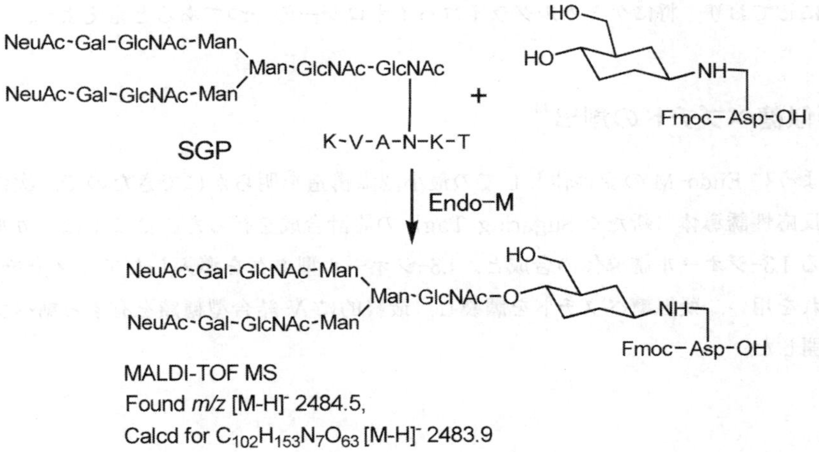

MALDI-TOF MS
Found m/z [M-H]$^-$ 2484.5,
Calcd for $C_{102}H_{153}N_7O_{63}$ [M-H]$^-$ 2483.9

図 3　シクロヘキサンジオール誘導体への糖鎖転移反応

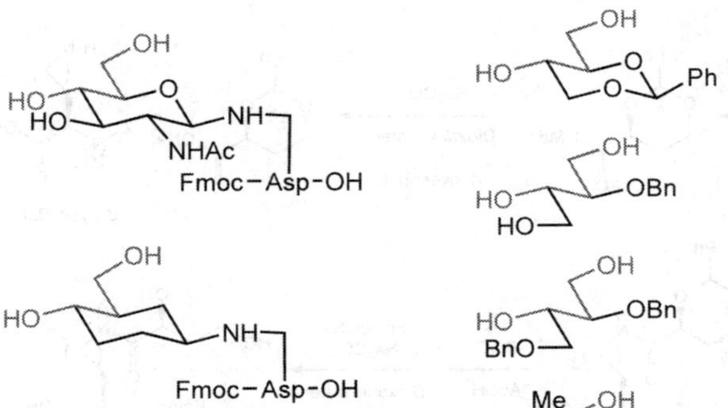

図 4　Endo-M によって糖鎖転移できる受容体構造

63

たが，全く糖鎖転移反応が進行しないことがわかった。次に，4位と6位に相当する二つの水酸基を有するシクロヘキサンジオール誘導体を設計合成し，反応を行ったところ，糖鎖転移反応が進行することを見いだした。すなわち，Endo-M は GlcNAc を糖と認識しているわけではなく，4位水酸基から6位水酸基にかけての狭い領域の構造を識別していることがわかった。

こうした結果を鑑みると，果たして環状構造が必要かどうかに疑問がわいてくる。そこで次に，1,3-ジオール構造を有する鎖状構造の化合物群を合成し，Endo-M を用いる糖鎖転移反応に供したところ，驚くべきことに鎖状構造でも天然糖鎖が転移できることを見いだした。まだまだ詳細には検討すべき点を残してはいるものの，これらの結果から Endo-M が，1級と2級水酸基からなり，GlcNAc の構造と同じ立体配置を有する 1,3-ジオール構造を認識し，その2級水酸基に糖鎖を転移することがわかった[11]。

この研究結果は，小さな分子を化学的に設計・合成し，その化合物を利用して酵素の認識部位を明らかにしており，将にケミカルグライコバイオロジーの一つであると言えよう。

5　疑似糖ペプチドの創出 [13]

前記のように Endo-M の受容体としての最小認識構造を明らかにできたので，次にその構造を有する反応性誘導体（新たな Sugaring Tag）の設計合成を行った。ここでは，カルボキシル基を有する 1,3-ジオール誘導体の合成と，1,3-ジオール型タグを導入したアミノ酸を合成した。さらにそれを用い，疑似糖ペプチドを調製し，最終的に N-結合型糖鎖を有する糖ペプチドの合成へと展開した。

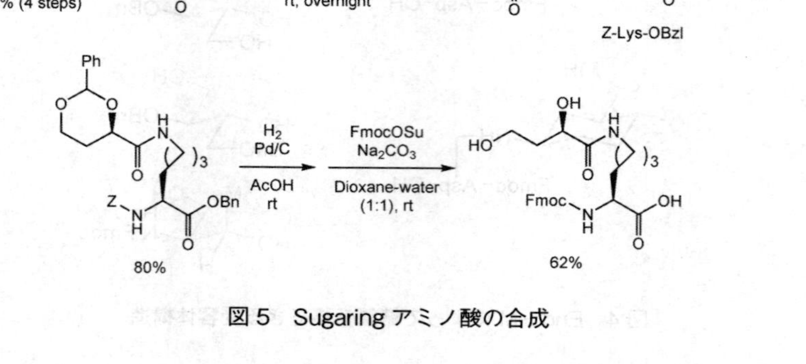

図5　Sugaring アミノ酸の合成

第5章 概論：ケミカルグライコバイオロジーと糖タンパク質合成

カルボキシル基を有する1,3-ジオール型タグは，幸いなことにD-リンゴ酸を出発物質として容易に合成することができた。そこで，リジンの側鎖にアミド結合で結合したSugaringアミノ酸を創出し，ペプチド合成へ応用した。アミノ酸8残基からなる生理活性ペプチドのバプレオチドを標的物質に選び，そのリジン残基に1,3-ジオールタグを導入した疑似糖ペプチドを常法により調製することができた。得られた1,3-ジオールタグを有するペプチド（疑似糖ペプチド）にEndo-Mを用いる糖鎖転移反応を行うと，疑似糖ペプチドは，あたかもGlcNAcペプチドのように糖鎖受容体として機能し，N-結合型糖鎖を有する人工的な糖鎖ペプチドを収率よく与えた[13]。

この結果は一つの例を示したにすぎない。目的とする化合物に何らかの方法で1,3-ジオールタグを導入するだけで，市販の天然糖鎖とEndo-M改変体を用い，誰にでも容易に，糖鎖化学を

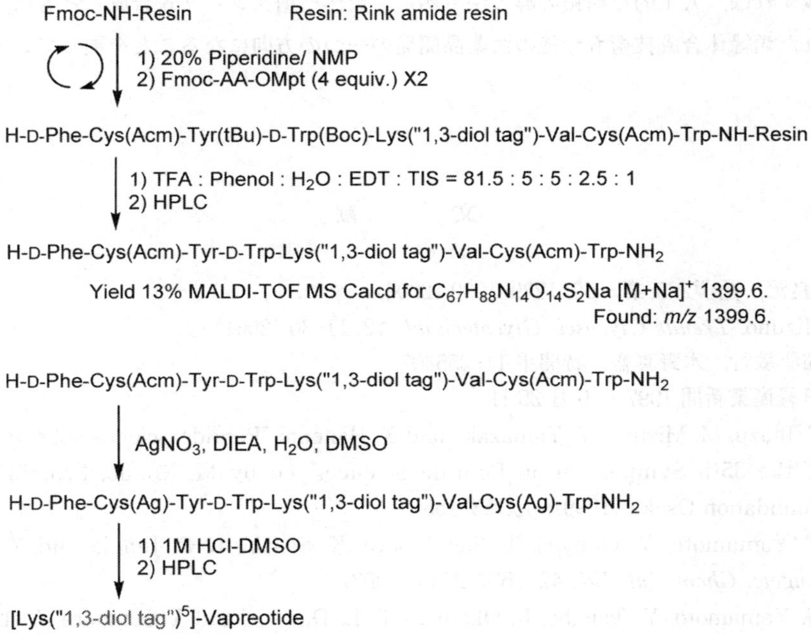

```
Fmoc-NH-Resin        Resin: Rink amide resin
   ↻  │ 1) 20% Piperidine/ NMP
      │ 2) Fmoc-AA-OMpt (4 equiv.) X2
      ↓
H-D-Phe-Cys(Acm)-Tyr(tBu)-D-Trp(Boc)-Lys("1,3-diol tag")-Val-Cys(Acm)-Trp-NH-Resin
      │ 1) TFA : Phenol : H₂O : EDT : TIS = 81.5 : 5 : 5 : 2.5 : 1
      │ 2) HPLC
      ↓
H-D-Phe-Cys(Acm)-Tyr-D-Trp-Lys("1,3-diol tag")-Val-Cys(Acm)-Trp-NH₂
```

Yield 13% MALDI-TOF MS Calcd for $C_{67}H_{88}N_{14}O_{14}S_2Na$ [M+Na]⁺ 1399.6.
Found: m/z 1399.6.

```
H-D-Phe-Cys(Acm)-Tyr-D-Trp-Lys("1,3-diol tag")-Val-Cys(Acm)-Trp-NH₂
      │ AgNO₃, DIEA, H₂O, DMSO
      ↓
H-D-Phe-Cys(Ag)-Tyr-D-Trp-Lys("1,3-diol tag")-Val-Cys(Ag)-Trp-NH₂
      │ 1) 1M HCl-DMSO
      │ 2) HPLC
      ↓
[Lys("1,3-diol tag")⁵]-Vapreotide
```

図6　[Lys(1,3-Diol Tag)5]-バプレオチドの合成

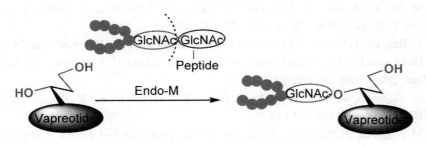

図7　糖鎖バプレオチドの合成

知らずして，糖鎖導入ができる技術を提供できたものと言え，今後の展開が大いに期待できる。

6 おわりに

　現代の化学では，分子レベルで構造が明確な誘導体を調製することが当然となり，ケミカルバイオロジーの推進に大きな原動力になっている。糖タンパク質であっても例外ではなく，構造明確な誘導体で考えられる時代となった。グライコバイオロジクスとケミカルグライコバイオロジーは，結局同じ観点に立っているように思える。本編で紹介する糖タンパク質合成技術は，いずれも世界を代表する研究者によるものである。バイオ医薬の単一性を分子レベルで考える際の大きな支えになるものと確信している。なお，本章でご紹介した我々の研究結果は，いずれも天然型と比較すれば，人工的な糖鎖の導入法である。天然型糖タンパク質合成とともに，こうした単純化された類縁体合成技術も今後の医薬品開発の一つの方向になることを願っている。

文　　献

1) 野依良治, *化学と工業*, **59**, 1229-1232 (2006)
2) M. Mizuno, *Trends Glycosci. Glycotechnol.*, **13**, 11-30 (2001)
3) a) 稲津敏行, 水野真盛, 特開平 11-255807.
   b) 日経産業新聞 1997 年 9 月 25 日.
   c) T. Inazu, M. Mizuno, T. Yamazaki, and K. Haneda, "Peptide Science 1998: Proceedings of the 35th Symposium on Peptide Science," ed by M. Kondo, Protein Research Foundation Osaka (1999), pp.153-156.
4) a) N. Yamamoto, Y. Ohmori, T. Sakakibara, K. Sasaki, L. R. Juneja and Y. Kajihara, *Angew. Chem. Int. Ed.*, **42**, 2537-2540 (2003)
   b) N. Yamamoto, Y. Tanabe, R. Okamoto, P. E. Dawson and Y. Kajihara, *J. Am. Chem. Soc.*, **130**, 501-510 (2008)
5) H. Hojo, *Trends Glycosci. Glycotechnol.*, **22**, 269-279 (2010)
6) a) M. Mizuno, K. Haneda, R. Iguchi, I. Muramoto, T. Kawakami, S. Aimoto, K. Yamamoto and T. Inazu, *J. Am. Chem. Soc.*, **121**, 284 (1999)
   b) K. Haneda, T. Inazu, M. Mizuno and K. Yamamoto, *Method Enzymol.*, **362**, 74-85 (2003)
7) M. Umekawa, C. Li, T. Higashiyama, W. Huang, H. Ashida, K. Yamamoto and L. X. Wang, *J. Biol. Chem.*, **285**, 511-521 (2010)
8) a) M. Fujita, S. Shoda, K. Haneda, T. Inazu, K. Takegawa and K. Yamamoto, *Biochim. Biophys. Acta*, **1528**, 9-14 (2001)
   b) M. Noguchi, T. Tanaka, H. Gyakushi, A. Kobayashi and S.-I. Shoda, *J. Org. Chem.*, **74**, 2210-2212 (2009)

第5章　概論：ケミカルグライコバイオロジーと糖タンパク質合成

9) 東京化成工業から入手できる。http://www.tokyokasei.co.jp/
10) Y. Tomabechi, R. Suzuki, K. Haneda and T. Inazu, *Bioorg. Med. Chem.*, **18**, 1259-1264 (2010)
11) Y. Tomabechi, Y. Odate, R. Izumi, K. Haneda and T. Inazu, *Carbohydr. Res.*, **345**, 2458-2463 (2010)
12) K. Yamamoto, "Endoglycosidase: Biochemistry, Biotechnology, Application," eds by M. Endo, S. Hase, K. Yamamoto and K. Takagaki, Kodansha, Tokyo (2006) pp.55-83.
13) Y. Tomabechi and T. Inazu, *Tetrahedron Lett.*, **52**, 6504-6507 (2011)

第6章　エンドM酵素による糖鎖の効率的な転移付加と均一化

梅川碧里[*1]、芦田　久[*2]、山本憲二[*3]

1　はじめに

　生体内のさまざまな生命現象において多彩な働きをする複合糖質の糖鎖は真核細胞内の小胞体やゴルジ体で生合成される。その生合成はATPなどの高エネルギー化合物の関与によって合成された糖ヌクレオチドを基質として、糖転移酵素の働きにより行われる。すなわち、糖鎖を構成する糖の並びに従って、それぞれの糖に対応する糖転移酵素がそれぞれの糖の供与体である糖ヌクレオチドを基質として順序良く働いて行く。このような糖鎖の生合成とタンパク質への転移付加反応には数十にもおよぶ酵素反応が関わっている。

　筆者らは土壌より単離同定した糸状菌 *Mucor hiemalis* が生産する特異なエンド型グリコシダーゼである endo-β-N-acetylglucosaminidase が加水分解活性のみならず、糖転移活性をも有することを見出し、その糖転移活性を活用することによって、さまざまな化合物に糖鎖を付加することが可能になった[1,2]。すなわち、その酵素源に因んで名付けられた本酵素 Endo-M は糖転移活性によって、水酸基を有する化合物に糖鎖供与体から糖鎖を付加することができるユニークな酵素である。筆者らは Endo-M のこの特徴的な活性を利用することにより、これまでに生理活性ペプチドに糖鎖を付加した生理活性糖ペプチド[3,4]やインフルエンザウイルス感染阻害剤[5]などの化学-酵素合成（chemo-enzymatic synthesis）に成功し、医薬品の製造を視野に入れた機能性糖鎖化合物を合成してきた[6]。筆者らは既に Endo-M の糖転移活性を用いた糖鎖の付加反応とその応用についてさまざまな著書で述べているが[7,8]、本稿では、Endo-M の遺伝子組換え酵素に部位特異的変異を行って得られた高い糖転移活性を有する改変型酵素を用いた糖鎖の実用的な付加方法とバイオシミラーに重要な糖鎖の均一化を Endo-M によって行う応用法について述べる。

2　糖加水分解酵素の糖転移活性

　多くの糖加水分解酵素（グリコシダーゼ）はグリコシド結合を分解して糖を遊離する加水分解

＊1　Midori Umekawa　University of Michigan　Life Sciences Institute　Research fellow

＊2　Hisashi Ashida　京都大学大学院　生命科学研究科　准教授

＊3　Kenji Yamamoto　石川県立大学　生物資源工学研究所　教授

第6章　エンドM酵素による糖鎖の効率的な転移付加と均一化

活性とともに，遊離した糖を水酸基を持つ化合物に転移付加する糖転移活性を有している。糖転移反応は糖の加水分解反応の特別な反応と考えられる[9]。すなわち，加水分解反応はグリコシダーゼの作用によって基質から遊離した糖が水に転移する反応と考えられ，一方，糖転移反応は基質から遊離した糖が水の替わりに水酸基を持つ化合物へ転移する反応である。グリコシダーゼはグリコシド結合を切断した後に生成される生成物の構造によって2つに分けられ，酵素がグリコシド結合を切断した後にアノマー（立体異性体）が保持されるretaining型酵素とアノマーが反転するinverting型酵素がある[10]。糖転移反応が可能な酵素はretaining型のグリコシダーゼであり，この型のエキソグリコシダーゼはさまざまなオリゴ糖の合成にその糖転移反応が利用されている。一方，エンドグリコシダーゼの糖転移活性は糖タンパク質や糖脂質から遊離させた糖鎖を，水酸基を持つ化合物に転移付加することができる活性であると考えられ，さまざまな化合物に糖鎖を付ける手段，すなわちグリコシレーションの手段として活用することができる。

Endo-β-N-acetylglucosaminidase（EC 3.2.1.96）は糖タンパク質のアスパラギン残基に結合したN-グリコシド結合糖鎖（アスパラギン結合糖鎖）のタンパク質との基部に存在するN,N'-ジアセチルキトビオース部位に作用して，タンパク質側に1残基のN-Acetylglucosamine（GlcNAc）を残して糖鎖を遊離させる特異なエンドグリコシダーゼである[11]。

　　N-型糖鎖-GlcNAc-GlcNAc-Asn-タンパク質（糖タンパク質）+ H$_2$O $\longrightarrow$

　　　　N-型糖鎖-GlcNAc + GlcNAc-Asn-タンパク質

本酵素は糖タンパク質の糖鎖を遊離することができるために糖鎖生物学や糖鎖工学の分野において糖鎖の構造や機能を明らかにするツールとして利用されている。しかし，一般に広く利用されている *Streptomyces plicatus* の Endo-β-N-acetylglucosaminidase（Endo-H）は糖転移活性を持たない。一方，筆者らは Endo-M が糖転移活性を有することを見出し，糖鎖を付加する手段として，糖ペプチドを初め，さまざまな機能性糖鎖化合物の合成に利用した。

3　Endo-M の変異酵素による糖転移反応

　通常，グリコシダーゼの糖転移反応は拮抗する加水分解反応が圧倒的に優先して起こるため，その生成物の量は非常に少ない。さらに，一度生成した糖転移生成物もグリコシダーゼの基質となるため，再び加水分解（Re-hydrolysis）され，糖転移生成物の収率はさらに減少する。すなわち，グリコシダーゼを用いた糖転移反応において糖転移生成物を高収率で得るためには，いかに糖転移反応を促進して糖転移生成物の加水分解反応を抑制するかが重要となる。そこで，アミノ酸残基に部位特異的変異あるいはランダム変異を導入することによって，糖転移生成物の生成量を向上させる試みがいくつかのグリコシダーゼで行われている。Endo-M についても加水分解活性が抑制され高い糖転移活性を有する変異体酵素を取得する目的で，同じ GH（glycoside hydrolase）family に属する類似タンパク質と比較して，触媒残基（Glu-177）周辺のアミノ酸残基の部位特異的変異を行った。得られた多くの部位特異的変異酵素についてシアロ糖ペプチドを

バイオ医薬品開発における糖鎖技術

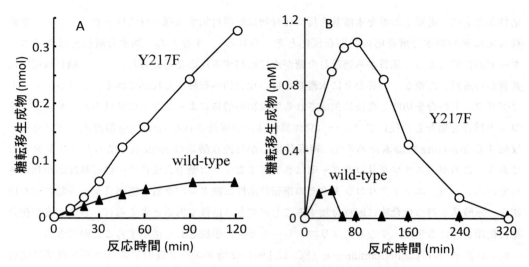

図1　Wild-type の酵素と Y217F 変異体による糖転移反応の経時的変化
A：4-Methylumbelliferyl-GlcNAc を受容体，シアロ糖ペプチドを供与体とした糖転移反応における糖転移生成物の経時的変化
B：エリスロポエチンの GlcNAc-pentapeptide を受容体，Man9-GlcNAc-Asn を供与体とした糖転移反応における糖転移生成物の経時的変化
▲：Wild-type の酵素，○：Y217F 変異体酵素

　糖鎖供与体，4-Methylumbelliferyl-GlcNAc を受容体として糖転移活性を測定し検索した結果，もとの組換え酵素（wild type の酵素）の1.5倍ほどの高い糖転移活性を有し，糖転移生成物の生成量は8倍ほどに達する一方，加水分解活性が60％程度までに抑制された Y217F 変異体を得た（図1A）[12]。Y217F 変異体の糖転移反応の k_{cat} 値は加水分解反応と同様に wild type の酵素の60％程度まで低下していたが，K_m 値も10分の1以下に低い値を示し，受容体に対する親和性が高くなった変異体酵素であることが示唆された。すなわち，チロシンをフェニールアラニンへ置換することによって水酸基が除去されたために受容体が活性中心のポケットに入りやすくなった可能性が考えられる。さらに，Y217F 変異体について，赤血球造血因子であるエリスロポエチンの部分ペプチド（Glu-Asn-Ile-Thr-Val，N-末端より37-41番目のアミノ酸からなるペプチド）のアスパラギン残基に GlcNAc を付加した GlcNAc-pentapeptide を受容体とし，高マンノース型糖鎖（Man9-GlcNAc-Asn）を糖鎖供与体とした糖転移反応を試みた結果，糖転移生成物の生成量は wild type の酵素に比べて，顕著に多くなることが示され，飛躍的に高い糖転移活性を有することが示された（図1B）。しかし，長時間反応をすると Y217F の加水分解活性により糖転移生成物は徐々に分解され，最終的には完全に分解された。

第6章　エンドM酵素による糖鎖の効率的な転移付加と均一化

4　Endo-M の反応機構を利用した効率的な糖鎖の付加反応

　一般にグリコシダーゼの触媒反応は酸塩基触媒残基（Acid/base catalytic residue），求核残基（Nucleophile residue）としてそれぞれ機能する2つの酸性アミノ酸残基を介して行われる[13]。一方，キチナーゼや Endo-H などが含まれる GH family 18 に属する酵素や GH family 20 に属する β-hexosaminidase は substrate-assisted catalysis と呼ばれるユニークな反応機構によって酵素反応が行われると考えられている[14, 15]。Substrate-assisted catalysis の機構により働く酵素は酸塩基触媒残基として機能する一つの触媒残基のみを有し，基質の GlcNAc の 2-アセトアミド基が求核残基として機能する。これらの酵素の反応では，通常のグリコシダーゼが糖-酵素反応中間体を形成するのに対してオキサゾリン反応中間体が形成される。オキサゾリン反応中間体は触媒残基の塩基性触媒によって活性化された水または受容体と結合することにより，それぞれ加水分解生成物または糖転移生成物が生成する[14]。このように他のグリコシダーゼとは異なった触媒反応を行う GH family 20 に属する β-hexosaminidase は触媒残基のグルタミン酸の N-末端側に1残基隣り合ったアスパラギン酸残基がホモログ間でよく保存されており，オキサゾリン反応中間体の形成とその安定化を担うことが示唆されている[16]。また，GH family 18 に属するキチナーゼや Endo-H なども触媒残基より2残基 N-末端側にあるアスパラギン酸残基がホモログ間でよく保存されており，同様の機能を担う可能性が示唆される[17, 18]。一方，Endo-M が含まれる GH family 85 のホモログにおいては，触媒残基であるグルタミン酸残基の2残基 N-末端側にアスパラギン残基（アスパラギン酸残基ではない）が保存されている。そこで，この残基がオキサゾリン反応中間体の形成に何らかの役割を果たしているのではないかと考えられ，Endo-M の相当するアスパラギン残基をアラニンに置換した変異体 N175A を作成して，オキサゾリン反応中間体を基質とした糖転移反応を行うことにより，糖転移生成物が分解されない変異体を開発することを企てた。図2は合成した高マンノース型糖鎖のオキサゾリン化合物（Man9-GlcNAc-oxazoline）を糖鎖供与体とし，前記の GlcNAc-pentapeptide を受容体として糖転移反応を行った結果である。wild type の酵素や高い糖転移活性を有する Y217F 変異体においては反応時間を長くするとともに糖転移生成物が加水分解されるが，N175A 変異体では反応時間を長くしても糖転移生成物はほとんど加水分解されずに増加の一途をたどる。すなわち，N175A 変異体は N-グリコシド結合糖鎖に対する加水分解活性が失われている一方，反応中間体である糖鎖のオキサゾリン化合物は糖転移反応の基質となり，その結果，糖転移反応によって生成した生成物は加水分解されず，「グライコシンターゼ」様に機能することが明らかになった[12]。グリコシダーゼのグライコシンターゼ化は，求核残基を部位特異的変異によって不活化し，反応中間体をミミックしたフッ化糖を基質として用いる方法によって行われる。しかし，substrate-assisted catalysis によって反応する GH family 85 に属する酵素は求核残基を有していないため，グライコシンターゼ化することは不可能であると考えられたが，オキサゾリン化合物を用いることによって，グライコシンターゼ様の反応を触媒することができることを明らかにした。

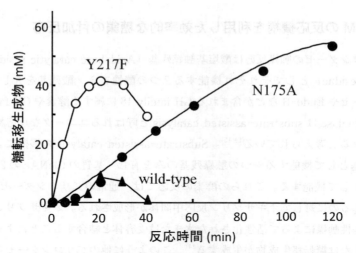

図2 オキサゾリン化合物を基質とした糖転移反応の経時的変化
高マンノース型糖鎖オキサゾリン化合物 (Man9-GlcNAc-oxazoline) を供与体, GlcNAc-pentapeptide を受容体とした糖転移反応における糖転移生成物の経時的変化
▲：Wild-type の酵素, ○：Y217F 変異体酵素, ●：N175A 変異体酵素

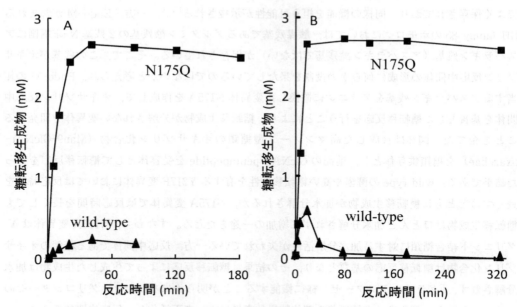

図3 オキサゾリン化合物を用いた N175Q 変異体酵素の糖転移反応の経時的変化
A：高マンノース型糖鎖オキサゾリン化合物 (Man9-GlcNAc-oxazoline) を供与体, GlcNAc-pentapeptide を受容体とした糖転移反応
B：シアロ糖鎖オキサゾリン化合物を供与体, GlcNAc-pentapeptide を受容体とした糖転移反応
▲：Wild-type の酵素, ■：N175Q 変異体酵素

第6章　エンドM酵素による糖鎖の効率的な転移付加と均一化

　さらに，アスパラギン残基についてさまざまなアミノ酸残基に置換した変異酵素を作成したところ，グルタミン残基に置換した変異酵素 N175Q は高マンノース型糖鎖およびシアロ複合型糖鎖のいずれのオキサゾリン化合物を基質として反応することによっても，極めて効率的な糖鎖の付加が可能であり，生成物の収率が高くなることが明らかになった（図3）[19]。

5　改変型 Endo-M を用いた機能性糖鎖複合体の合成

　Endo-M の N175Q 変異体を用いて，糖鎖のオキサゾリン化合物を基質とした糖転移反応を行い，糖鎖複合体の効率的な合成を行った。一般に，多くの生理活性ペプチドなどは水に難溶であることや血中半減期が短いなど臨床上好ましくない性質を有しているが，オリゴ糖の付加によってこれらの性質が緩和することが期待される。PAMP（Proadrenomedium）は血圧効果作用を有するペプチド性ホルモンであり[20]，その活性部分である N-末端から 9-20 の 12 残基からなるペプチド（PAMP12）にシアロ糖鎖を付加することによって血中半減期の延長効果が期待される。そこで，N175Q 変異体を用い，合成したシアロ複合型二本鎖糖鎖のオキサゾリン化合物（NeuAc-Gal-GlcNAc-Man）$_2$-Man-GlcNAc-oxazoline を供与体とし，PAMP12 の N-末端より 6 残基目のアスパラギン残基に GlcNAc を付加した合成化合物を受容体として糖転移反応を行った。その結果，95％（対糖鎖供与体）という高い収率で糖ペプチドが合成された[21]。同様にSubstance P の N-末端より 5 残基目のグルタミン残基に GlcNAc を付加したペプチドを合成して受容体とし，シアロ複合型二本鎖糖鎖のオキサゾリン化合物を供与体として N175Q 変異体による糖転移反応を行ったところ，98％という高い収率で非天然型のグルタミン結合糖鎖を有するSubstance P を得た[21]。さらにグルカゴンにもシアロ糖鎖を付加し，76％の高い収率でシアロ糖ペプチドを得た。これらの結果は，N175Q 変異体を用いる糖転移反応によってシアロ糖ペプチドを始めとする機能性糖鎖複合体を物質生産のレベルで多量生産が可能であることを示している。

6　改変型 Endo-M を用いた糖タンパク質糖鎖のすげ替えと糖鎖の均一化

　さまざまな糖タンパク質性医薬品や機能性糖タンパク質のほとんどは動物の培養細胞を用いて生産されているが，得られる糖タンパク質は糖鎖構造が不均一な混合物であるため，糖鎖構造の均一な糖タンパク質を効率的に生産する技術の開発が不可欠である。そこで，糖鎖構造が均一な糖タンパク質を得るためと糖鎖のすげ替えを試みるために高マンノース型糖鎖を有する糖タンパク質であるウシ膵臓 RNase B を用いて検討した。すなわち，RNase B に付加している 1 本の高マンノース型糖鎖を Endo-H を用いて切断し，1 残基の GlcNAc のみが付加した RNase B について，N175Q 変異体を用いて，複合型シアロ二本鎖糖鎖のオキサゾリン化合物による糖鎖付加を行ったところ，70％以上の高い収率で複合型シアロ二本鎖糖鎖のみを有する RNase B が得ら

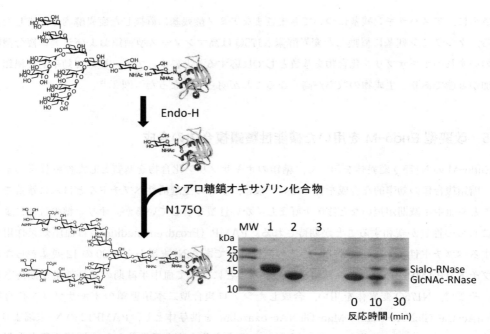

図4 オキサゾリン化合物を用いた N175Q 変異体酵素による糖タンパク質糖鎖のリモデリング
ウシ膵臓 RNase の糖鎖リモデリング。右下の SDS-PAGE は Lane 1：native の RNase，Lane 2：GlcNAc-RNase（Endo-H で酵素処理した RNase），Lane 3：N175Q，Sialo-RNase：シアロ糖鎖を有した RNase

れた（図4）[21]。この結果はヒト由来の糖タンパク質を遺伝子操作によって酵母を宿主として生産すると酵母特有の巨大な高マンノース型糖鎖を持つ組換え糖タンパク質を得ることができるが，これを Endo-M を用いることにより本来のヒト型の複合型糖鎖を持つ糖タンパク質にリモデリングすることが可能であることを示唆している。この事実は，これまで動物細胞を宿主として生産されていたヒト由来の糖タンパク質（エリスロポエチンなど）を，酵母を宿主として多量生産した後，改変型 Endo-M を用いて糖鎖をリモデリングすることによって，多量かつ均一な糖鎖を持つ高品質な糖タンパク質を得ることができることを意味している。この方法は先天的に代謝酵素の遺伝子が欠失しているような代謝異常症の患者に酵素を補充する治療などに適用することが可能である。

7 おわりに

本研究では Endo-M のさまざまなアミノ酸残基について部位特異的変異を行い，物質生産に有効な部位特異的変異体 Y217F および N175A，N175Q を得た。Y217F 変異体を用いれば，大量入手が可能な天然由来の糖ペプチドを供与体とした糖鎖付加を効率的に行うことができる。一

第6章　エンドM酵素による糖鎖の効率的な転移付加と均一化

方，N175A，N175Q 変異体についてはさまざまなオキサゾリン化合物を化学合成して，それら
を組み合わせて用いることにより，天然型から非天然型までさまざまな糖鎖を付加した化合物を
一様かつ多量に，しかも簡単に得ることが可能である。このような改変型エンド酵素を用いる方
法は糖タンパク質性医薬品などさまざまな糖鎖複合体を合成する画期的な手段となり得る。とり
わけ，変異体酵素とオキサゾリン化合物を用いた糖転移反応は簡便であり，多様な機能性糖鎖複
合体を酵素合成できることが期待される。しかし，オキサゾリン化合物の化学合成が煩雑である
ことがボトルネックであった。すなわち，従来法では水酸基の保護，オキサゾリン化，脱保護と
いう3ステップを経て合成されるが，脱離しやすいシアル酸を含む糖鎖の場合はさらに煩雑なス
テップが必要である。最近，正田らによって1ステップで糖鎖の還元末端の GlcNAc をオキサゾ
リン化する手法が開発された[22]。この方法はトリエチルアミン存在下で DMC（2-chloro-1,3-
dimethylimidazolinium chloride）による縮合反応を行うことにより糖鎖の水酸基の保護，脱保
護を要することなく，糖鎖の還元末端の GlcNAc を効率的にオキサゾリン化できる。Endo-M は
シアル酸を有するヒト型のシアロ複合型糖鎖を転移付加することができる唯一のエンドグリコシ
ダーゼである。この特性は産業的に有用な「シアロ糖鎖を有する機能性化合物の合成」を実用化
することができる最大の利点である。

文　　献

1) 山本憲二，糖鎖化学の最先端技術，シーエムシー出版，p31（2005）
2) K. Yamamoto *et al.*, Endoglycosidases, KODANSHA Springer, p129（2006）
3) K. Yamamoto *et al., Carbohydr. Res.*, **305**, 415（1998）
4) K. Haneda *et al., Biochim. Biophys. Acta*, **1526**, 242（2001）
5) M. Umemura *et al., J. Med. Chem.*, **51**, 4496（2008）
6) K. Haneda *et al., Methods in Enzymol.*, **362**, 74（2005）
7) 山本憲二，バイオサイエンスとインダストリー，**63**, 11（2005）
8) 山本憲二，糖鎖を知る，科学技術振興機構，p18（2010）
9) J. Edelman, *Adv. Enzymol.*, **17**, 189（1956）
10) C. S. Rye and S. G. Withers, *Curr. Opin. Chem. Biol.*, **4**, 573（2000）
11) A. L. Tarentino *et al., J. Biol. Chem.*, **247**, 2629（1972）
12) M. Umekawa *et al., J. Biol. Chem.*, **283**, 4469（2008）
13) B. Henrissat *et al., Proc. Natl. Acad. Sci. USA*, **92**, 7090（1995）
14) M. Fujita *et al., Biochim. Biophys. Acta*, **1528**, 9（2001）
15) B. L. Mark *et al., J. Biol. Chem.*, **276**, 10330（2001）
16) S. J. Williams *et al., J. Biol. Chem.*, **277**, 40055（2002）
17) A. C. T. Scheltinga *et al., Biochemistry*, **34**, 15619（1995）

18) V. Rao *et al., Structure,* **3**, 449 (1995)
19) M. Umekawa *et al., J. Biol. Chem.,* **285**, 511 (2010)
20) K. Kuwasako *et al., FEBS Lett.,* **414**, 105 (1997)
21) M. Umekawa *et al., Biochim. Biophys. Acta.,* **1800**, 1203 (2010)
22) M. Noguchi *et al., J. Org. Chem.,* **74**, 2210 (2009)

第7章　エンドAの構造から糖タンパク質合成の最適条件を探る

竹川　薫[*1]，藤田清貴[*2]

1　はじめに

エンド-β-N-アセチルグルコサミニダーゼ（endo-β-N-acetylglucosaminidase, EC3.2.1.96；以下 ENGase と略）は N-結合型糖鎖の基本骨格を構成する N,N'-ジアセチルキトビオース構造（GlcNAcβ1,4 GlcNAc）を切断する酵素であり，N-結合型糖鎖を酵素的に遊離できることから，これまで糖タンパク質糖鎖部分の構造と機能解析に多く用いられてきた。現在，ENGase は糖質加水分解酵素（GH）のファミリー18 と 85 に分類されている（http://www.cazy.org/）。キチナーゼと共に GH18 に分類される ENGase には，糖タンパク質から N-結合型糖鎖を遊離させる試薬として広く用いられている Endo-H（*Streptomyces plicatus* 由来）や Endo-F1, F2, F3（*Elizabethkingia meningosepticum* 由来），IgG の糖鎖を切断する Endo-S（*Streptococcus pyrogenes* 由来）などが含まれている[1]。一方，GH85 は ENGase 単独のファミリーであり，Endo-A（*Arthrobacter protophormiae* 由来）[2]や Endo-M（*Mucor hiemalis* 由来）[3]，Endo-D（*Streptococcus pneumoniae* 由来）[4]等の微生物だけでなく，植物（トマト[5]，シロイヌナズナ[6]）や動物（線虫[7]，ヒト[8]）に至るまで，生物界に広く分布している。

　筆者らは GH85 に属する Endo-A が糖鎖を他の糖類へ転移する糖転移活性を持つことを発見し[9]，本酵素を用いてヘテロな糖鎖構造を有する糖タンパク質を均一な糖鎖へとすげ替えることに成功した[10]。この技術の優れた点は，タンパク部分の構造を損なうことなく，オリジナルの糖タンパク質と全く同じ糖鎖付加部位に構造の均一な N-結合型糖鎖を転移可能であり，糖タンパク質の新しい合成方法を提案するものである。しかしながら Endo-A はオリゴマンノース型の N-結合型糖鎖に特異的に作用する酵素であること，加水分解活性の方が糖転移活性よりも高いこと，またタンパク部分に近い GlcNAc へ糖鎖を付加するためにネイティブなタンパク質への糖転移効率が低いこと，などが問題であった。しかし最近になって，糖転移効率を飛躍的に高める糖鎖のオキサゾリン誘導体が合成されたこと，加水分解活性の低下した ENGase 変異体が取得できたこと，さらに ENGase の立体構造が明らかになったことなど，多くの研究の進展が見られた。

　本章ではまず GH85 ファミリーの酵素反応機構とアミノ酸配列および立体構造から見た

＊1　Kaoru Takegawa　九州大学　大学院農学研究院　生命機能科学部門　教授
＊2　Kiyotaka Fujita　鹿児島大学　農学部　生物資源化学科　助教

バイオ医薬品開発における糖鎖技術

ENGase の特徴についてまとめた。さらに糖タンパク質糖鎖リモデリングのツールとしてどのような ENGase が望まれるのか今後の展望について述べたい。

2 Endo-A，Endo-M の反応機構

2001 年に正田らの研究グループは，N-結合型糖鎖の部分構造 Manβ1,4-GlcNAc のオキサゾリン誘導体が Endo-A や Endo-M の基質となり糖転移反応することを報告し[11]，GH85 ENGase が「substrate-assisted catalysis」メカニズムをもつ酵素であることを明らかにした。この反応はまず，GlcNAc の N-アセチル基が求核基として働き，オキサゾリン中間体を形成した後，酸性アミノ酸（Asp もしくは Glu）が酸塩基触媒として働き加水分解反応が成立する（図 1）。2007年に筆者らは Endo-A の酸塩基触媒残基 E173 を「chemical rescue」と呼ばれる変異酵素の低分子化合物を用いた活性回復手法により同定した[12]。興味深いことに，GH18 と GH85 は共通の配

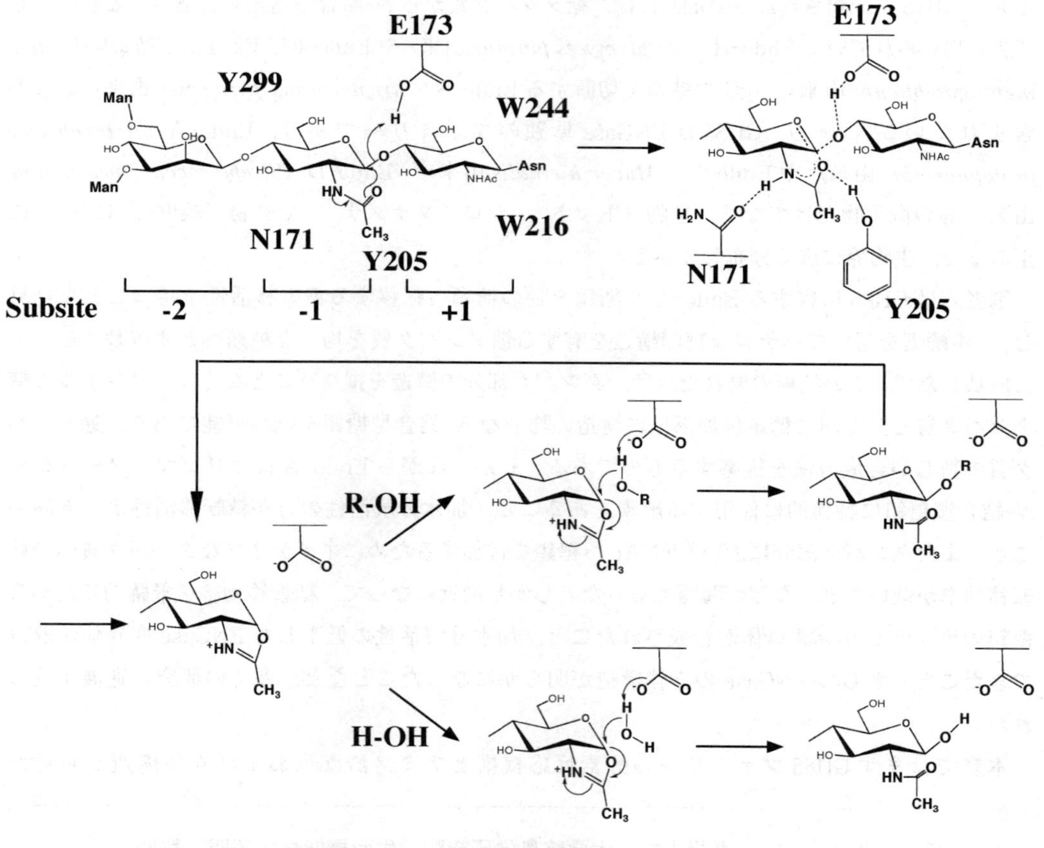

図 1　GH85 ENGase の触媒反応メカニズム
R-OH は糖受容体を表し，各アミノ酸残基には Endo-A のアミノ酸番号を記載した。

第7章　エンドAの構造から糖タンパク質合成の最適条件を探る

列モチーフ（LIVMFY）（DNEH）G（LIVMFW）（DNLF）（LIVMF）（DN）XE（アンダーラインで示した Glu（E）が触媒残基）を有していた[3]。さらに，同じ反応機構を持つ GH20 ヘキソサミニダーゼ，GH56 ヒアルロニダーゼ（GlcNAc β 1,4GlcUA 結合を切断する），GH84 β-N-アセチルグルコサミニダーゼも，触媒残基付近の構造及び配列に共通性が見られた[13]。

　GH18 と GH85 に属する ENGase の大きな相違点は糖転移活性の有無である。一般的に糖転移反応とは，図1に示すように基質のグリコシド結合を水（H-OH）のかわりに糖（R-OH）に転移する反応であり，多くの糖質加水分解酵素に見られる現象である。特に，GH85 の Endo-A や Endo-M は，単糖やオリゴ糖への糖鎖の転移だけではなく，GlcNAc-ペプチドや GlcNAc-タンパク質にも糖鎖が転移できるという優れた能力を有している。GH18 については，Endo-F（Endo-F1 〜 F3 のアイソザイムを含む）を用いたグリセロールへの糖鎖の転移は報告されているが[14]，糖タンパク質への転移に関する報告はない。

3　ENGase のアミノ酸配列から探る GH85 ファミリーの進化

　Endo-A の結晶構造解析は，2002 年に Van Roey らの研究グループにより部分構造が報告された後[15]，2009 年に論文として複数のグループから発表された[16, 17]。Endo-A の立体構造は（β / α）8-バレル構造を有する触媒領域と β-サンドイッチ構造を有する糖質結合モジュール（CBM）と Fn3 領域からなる三つのドメインで構成されていた。また，環状オキサゾリン中間体アナログ（GlcNAc-thiazoline）との共結晶の解析から，Endo-A の E173 残基が酸塩基触媒として働いていることが裏付けられた。また，N171 残基がオキサゾリンアナログのアミド基と水素結合を形成してオキサゾリン中間体の形成に関わる重要なアミノ酸残基であることが報告された。同時期に発表された Endo-D の結晶構造解析の結果も，これらの残基の重要性を示している[18]。

　これまでにデータベースに登録されている GH18 と GH85 に属する ENGase（酵素活性が確認されていないものも含む）について系統樹を作成して図2にまとめた。GH18 の ENGase は細菌と一部の真菌類のみが有するのに対して，GH85 は細菌，真菌類，昆虫，植物，動物（線虫，昆虫，両生類，鳥類，魚類，哺乳類）まで幅広く保存されていることが分かる。この系統樹から筆者は，「ENGase は立体構造と反応メカニズムを保持したまま高等動物との接触を繰り返して，基質認識をキチンから N-結合型糖鎖に変化させ，さらに各サブファミリーに分化した」と推定している。GH85 をコードする遺伝子は腸内細菌や口腔細菌，皮膚の常在菌に比較的多く存在している。*Bifidobacterium longum* は GH85 と共に α-マンノシダーゼ3遺伝子を含む遺伝子クラスターを有し，バクテロイデス類似の口腔細菌である *Prevotella melaninogenica* では GH85 が3遺伝子並んでいる。また，*Clostridium perfringens* は基質特異性の異なる2種類の酵素を持つことが報告されていたが[19]，ゲノム配列上からも GH85 をコードする2遺伝子が確認できる（図2）。一方，動物や植物では GH85 酵素は広く存在しているが，植物の GH85 ENGase を破壊しても同じ N-結合型糖鎖をエンド型に分解するペプチド N-グリカナーゼ（PNGase）が代わりを担って糖鎖を

79

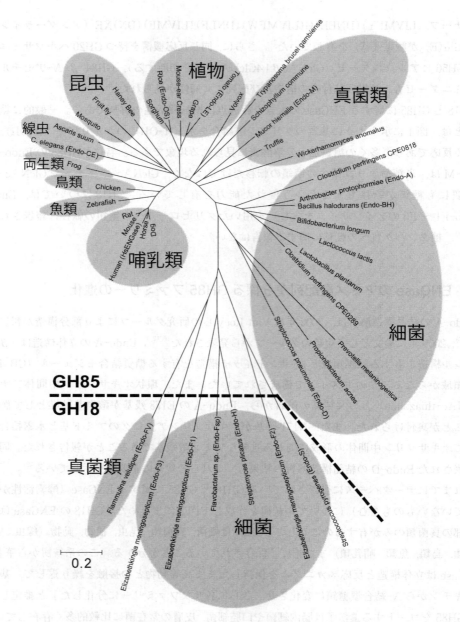

図2　GH85 と GH18 ENGase の系統樹
無根系統樹は MEGA5 プログラムを用いて近接結合法により作成した。

遊離し[6]，線虫の GH85 を破壊しても寿命がわずかに短くなるだけで明確な表現型は確認されていない[20]。GH85 ENGase は生育に必須ではないようだが，生体内で PNGase と共に生命活動を支えていることは間違いない。基質特異性に関しては，細菌由来の GH85 酵素は高マンノース型を主に切断し複合型糖鎖には作用しない。また，動物（鶏及び線虫）や植物でも，高マンノース

第 7 章　エンド A の構造から糖タンパク質合成の最適条件を探る

型が主要なターゲットである[7, 21, 22]。動植物の ENGase は粗面小胞体におけるタンパク質の品質管理機構に関与することが示唆されているが，粗面小胞体において切断する必要がある糖鎖は高マンノース型糖鎖であるため，動物や植物で複合型糖鎖を切断する必要性は無いのであろう。

4　Endo-A の立体構造解析から同定された重要なアミノ酸

　Endo-A において 171 番目の Asn 残基は GH85 の全てのメンバーで保存されているオキサゾリン中間体の形成に関わる重要なアミノ酸であり，Asn → Asp 残基への変異により酵素活性が大幅に低下する[3]。山本らと Wang らの研究グループは，Endo-M の N175A と N175Q（Endo-A の N171 に相当）でオリジナルの Endo-M に比べてそれぞれ 0.12％と 0.64％の加水分解活性，Endo-A の N171A で検出限界以下であると報告した[17, 23]。彼らは Endo-A の N171A 変異体と Endo-M の N175A 及び N175Q をオキサゾリン基質に作用させることにより糖転移効率を高め加水分解活性を抑制した「glycosynthase」の構築に成功した[23~25]。これは，N171A の変異導入によりオキサゾリン環の形成が大幅に抑制されて，通常の糖鎖は基質とならず転移物の分解も起こらない性質を利用した成果である。さらに，山本らはオキサゾリン環形成に重要な働きを担う残基である Y217 の変異体 Y217F（Endo-A では Y205F に相当）が糖転移活性を高めることを明らかにした[24]。

　数多くの糖質分解酵素において，芳香族アミノ酸が糖との疎水性によるスタッキング効果により基質を所定の位置に取り込むことが知られている。Endo-A の活性中心付近には数多くの芳香族アミノ酸（W93，F125，Y205，W216，F243，W244，Y299）が配置されており，図 3 に示したような溝（サブサイト構造）を構成している。糖鎖がこの溝にはまり込むことで酵素反応は進行するため，溝の形が基質特異性を決める重要な要素になる。高マンノース型糖鎖に作用する Endo-A に対して複合型糖鎖にも作用する Endo-M は，N-結合型糖鎖のコア構造（$Man_3GlcNAc_2$）以外の基質認識が甘いと考えられる。Endo-A は酸塩基触媒残基である E173 とオキサゾリン形成に関わる N171 と Y205 の働きにより，サブサイト−1 と ＋1 に取り込まれた GlcNAc の間のグリコシド結合を切断する。また，W216 と W244 はサブサイト ＋1 から ＋2 付近に位置し，基質の取り込みを担うゲートとして機能している[17]。Endo-A や Endo-M はこのゲートを開閉させることにより，加水分解反応のための基質の取り込みだけでなく，糖転移反応のためのアクセプター基質の取り込み効率を高めて単糖やオリゴ糖だけでなく糖ペプチドや糖タンパク質にも糖鎖が転移できる仕組みを構築している。このため，W216 を正の電荷を持つ Arg へ変換するとアクセプター基質の取り込みが抑制され，糖転移活性が消失する。さらに，Endo-A の Y299F 変異体は疎水性を高めることで，糖転移効率を 3 倍に高めることができる[17]。

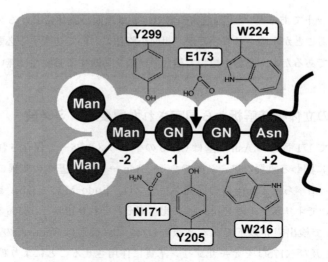

図3　Endo-A のサブサイト構造と基質認識及び触媒反応を担うアミノ酸残基

5　ENGase の糖転移効率を高めるための戦略—究極の酵素を目指して—

　一般的にグリコシダーゼの糖転移効率を上げるためには，糖転移物を再び加水分解させないことが重要である。通常，糖転移反応においては転移物も基質となり糖転移反応を繰り返す中で加水分解を受け収率の低下をもたらす（図1）。グリコシダーゼの糖転移効率を上昇させる三つの方法が考えられる。一つ目の方法は，加水分解反応が起こらないように触媒残基付近に水を近づけさせないことである。Endo-A は，DMSO 等の水溶性有機溶媒を添加により水の存在比率を下げることで糖転移効率を高めることができる[26]。また，活性中心付近のアミノ酸残基の変異導入を行うことにより，疎水性を高めて糖転移効率を向上させることが可能である。より高い転移効率を求めるためには，変異を組み合わせる他，有機溶媒との組み合わせも有効である。二つ目の方法は，糖転移と加水分解の反応速度差を最大限に高める事である。筆者らは Endo-A の N171G 変異体が加水分解活性を10％程度に抑える一方，高い転移効率を示すことを見いだしている。さらに，N171G に Y299F 変異体を組み合わせることで，高い糖転移効率を示す変異酵素の実現が期待できる。しかし，基質認識に重要なアミノ酸を複数変えることにより基質の取り込みや基質認識に悪影響を与えることもある。変異体が活性を維持するためにはタンパク質の安定性も重要な要素である。より高い糖転移効率を示す変異体を取得するためには，結晶構造を基に変異体を組み合わせ，pH や水溶性有機溶媒存在下での影響を地道に調べることが重要であろう。三つ目の方法は活性化させたオキサゾリン基質と変異体を組み合わせた「glycosynthase」を構築し，転移物の加水分解を完全に止める方法である。正田らの研究グループにより開発された方法により，オキサゾリン基質は簡便に効率よく調製できるようになった[27]。興味深いことに Wang らは Endo-A もオキサゾリン基質を用いることにより複合型糖鎖に作用できることを報

第 7 章　エンド A の構造から糖タンパク質合成の最適条件を探る

告した[28]。これは，Endo-A の潜在能力の高さを示すものであり，Endo-A に対する変異導入を工夫することにより基質特異性の改変も期待できる。また，これまで糖転移活性の報告がなかった GH85 の Endo-D や GH18 の Endo-F2 や Endo-F3 も活性化させたオキサゾリン基質を用いることで糖転移可能であることが示された[29,30]。今後は，Endo-A や Endo-M と共に，これまで活用されてこなかった ENGase を利用した新しい糖転移酵素の開発も期待される。

文　　　献

1) Collin, M., and Olsen, A., *EMBO J.* **20**, 3046-3055 (2001)

2) Takegawa, K., Yamabe, K., Fujita, K., Tabuchi, M., Mita, M., Izu, H., Watanabe, A., Asada, Y., Sano, M., Kondo, A., Kato, I., and Iwahara, S., *Arch. Biochem. Biophys.* **338**, 22-28 (1997)

3) Fujita, K., Kobayashi, K., Iwamatsu, A., Takeuchi, M., Kumagai, H., and Yamamoto, K., *Arch. Biochem. Biophys.* **432**, 41-49 (2004)

4) Muramatsu, H., Tachikui, H., Ushida, H., Song, X., Qiu, Y., Yamamoto, S., and Muramatsu, T., *J. Biochem.* **129**, 923-928 (2001)

5) Nakamura, K., Inoue, M., Maeda, M., Nakano, R., Hosoi, K., Fujiyama, K., and Kimura, Y., *Biosci. Biotechnol. Biochem.* **73**, 461-464 (2009)

6) Kimura, Y., Takeoka, Y., Inoue, M., Maeda, M., and Fujiyama, K., *Biosci. Biotechnol. Biochem.* **75**, 1019-1021 (2011)

7) Kato, T., Fujita, K., Takeuchi, M., Kobayashi, K., Natsuka, S., Ikura, K., Kumagai, H., and Yamamoto, K., *Glycobiology* **12**, 581-587 (2002)

8) Suzuki, T., Yano, K., Sugimoto, S., Kitajima, K., Lennarz, W. J., Inoue, S., Inoue, Y., and Emori, Y., *Proc. Natl. Acad. Sci. USA* **99**, 9691-9696 (2002)

9) Takegawa, K., Yamaguchi, S., Kondo, A., Iwamoto, H., Nakoshi, M., Kato, I., and Iwahara, S., *Biochem. Int.* **24**, 849-855 (1991)

10) Takegawa, K., Tabuchi, M., Yamaguchi, S., Kondo, A., Kato, I., and Iwahara, S., *J. Biol. Chem.* **270**, 3094-3099 (1995)

11) Fujita, M., Shoda, S., Haneda, K., Inazu, T., Takegawa, K., and Yamamoto, K., *Biochem. Biophys. Acta* **1528**, 9-14 (2001)

12) Fujita, K., Sato, R., Toma, K., Kitahara, K., Suganuma, T., Yamamoto, K., and Takegawa, K., *J. Biochem.* **142**, 301-306 (2007)

13) Sumida, T., Fujimoto, K., and Ito, M., *J. Biol. Chem.* **286**, 14065-14072 (2011)

14) Trimble, R. B., Atkinson, P. H., Tarentino, A. L., Plummer, T. H., Jr., Maley, F., and Tomer, K. B., *J. Biol. Chem.* **261**, 12000-12005 (1986)

15) Li, H., Li, Z., Takegawa, K., and Van Roey, P., *Acta. Cryst.* **A58** (2002)

16) Ling, Z., Suits, M. D., Bingham, R. J., Bruce, N. C., Davies, G. J., Fairbanks, A. J., Moir, J. W.,

and Taylor, E. J., *J. Mol. Biol.* **389**, 1-9 (2009)

17) Yin, J., Li, L., Shaw, N., Li, Y., Song, J. K., Zhang, W., Xia, C., Zhang, R., Joachimiak, A., Zhang, H. C., Wang, L. X., Liu, Z. J., and Wang, P., *PloS one* **4**, e4658 (2009)

18) Abbott, D. W., Macauley, M. S., Vocadlo, D. J., and Boraston, A. B., *J. Biol. Chem.* **284**, 11676-11689 (2009)

19) Ito, S., Muramatsu, T., and Kobata, A., *Arch. Biochem. Biophys.* **171**, 78-86 (1975)

20) Kato, T., Kitamura, K., Maeda, M., Kimura, Y., Katayama, T., Ashida, H., and Yamamoto, K., *J. Biol. Chem.* **282**, 22080-22088 (2007)

21) Maeda, M., and Kimura, Y., *Trends Glycosci. Glycotechnol.* **17**, 205-214 (2005)

22) Kato, T., Hatanaka, K., Mega, T., and Hase, S., *J. Biochem.* **122**, 1167-1173 (1997)

23) Umekawa, M., Li, C., Higashiyama, T., Huang, W., Ashida, H., Yamamoto, K., and Wang, L. X., *J. Biol. Chem.* **285**, 511-521 (2010)

24) Umekawa, M., Huang, W., Li, B., Fujita, K., Ashida, H., Wang, L. X., and Yamamoto, K., *J. Biol. Chem.* **283**, 4469-4479 (2008)

25) Huang, W., Li, C., Li, B., Umekawa, M., Yamamoto, K., Zhang, X., and Wang, L. X., *J. Am. Chem. Soc.* **131**, 2214-2223 (2009)

26) Fan, J. Q., Takegawa, K., Iwahara, S., Kondo, A., Kato, I., Abeygunawardana, C., and Lee, Y. C., *J. Biol. Chem.* **270**, 17723-17729 (1995)

27) Noguchi, M., Tanaka, T., Gyakushi, H., Kobayashi, A., and Shoda, S., *J. Org. Chem.* **74**, 2210-2212 (2009)

28) Huang, W., Yang, Q., Umekawa, M., Yamamoto, K., and Wang, L. X., *Chembiochem* **11**, 1350-1355 (2010)

29) Huang, W., Li, J., and Wang, L. X., *Chembiochem* **12**, 932-941 (2011)

30) Parsons, T. B., Patel, M. K., Boraston, A. B., Vocadlo, D. J., and Fairbanks, A. J., *Org. Biomol. chem.* **8**, 1861-1869 (2010)

第8章　酵素化学合成法による糖鎖生産技術

長島　生[*1]，清水弘樹[*2]

1　はじめに

　ゲノム情報を司る核酸，それにより合成されるタンパク質に続き，近年，糖鎖は第3の生命情報分子として注目されている。その生化学的な働きについての解説は他に譲るが[1]，糖鎖機能解析研究の推進のためには，糖鎖を自在に合成し，研究に供与することが鍵となることは論を待たない。

　糖鎖の構造的特徴として，異性体の多さがある。例えば，乳児には不可欠な栄養素であり，母乳に約7%，牛乳に約5%の割合で含まれているラクトース（乳糖）を例に考察する。ラクトースはグルコース（ブドウ糖）とガラクトースが結合した2糖類オリゴ糖であるが，ガラクトースの1位がグルコースの4位とβ結合しているもののみがラクトースであり，その特有の活性や機能を有する。例えば，ガラクトースの1位がグルコースの3位とβ結合しているもの，ガラクトースの1位がグルコースの4位とα結合しているものは，ラクトースと構成単糖が同じであるにもかかわらずラクトース活性を有さない。では，ガラクトースとグルコースが結合した2単類にはいくつの異性体が存在するのか。6員環単糖とし還元末端側をグルコースに固定したとしても，2つのグリコシル結合種（α結合とβ結合）と4つのグルコース側の結合位置の組み合わせで8種類の位置異性体が存在する。1-1結合のトレハロース型も考慮するとさらに4種類増え，グルコースとガラクトースの順番を問わなければさらに倍増し，また単糖構造を6員環と限らなくするとさらに数倍増え…，と何十種類にもなる。この異性体の多さが糖鎖合成を複雑にする一因となる。

2　糖鎖合成

　糖鎖合成の最大のポイントは，単糖と単糖をいかに制御して結合させるか，つまりグリコシル化反応をいかに立体選択的にかつ位置選択的に進めるかに尽きる，と言っても決して過言ではない。糖鎖合成方法には主に，化合物を分子レベルで構築する有機合成化学法の他，細胞に原料となる糖鎖プライマーを投与し細胞内で糖鎖伸長させる細胞法，また微生物やヒト由来の酵素を利用した酵素法がある。その他に，糖鎖を天然から分離精製操作で得ることも可能であり，その発

＊1　Izuru Nagashima　㈱産業技術総合研究所　生物プロセス研究部門　テクニカルスタッフ

＊2　Hiroki Shimizu　㈱産業技術総合研究所　生物プロセス研究部門　主任研究員

展型として天然由来の糖鎖をトリミングすることで合成しにくい糖鎖を得る方法も研究されている。

2.1 3つの糖鎖合成法

糖鎖合成の主な手法である有機合成法，細胞法，酵素法について述べる。

糖鎖の有機合成法は1980年代以降，非常に盛んに研究され，現在ではオリゴ糖レベルではほとんどのものが合成可能と言えるまでに至っている。利点として，異性体や官能基変換した誘導体を合成することも可能であり，そうして得られた非天然型糖鎖は新薬開発にも重要な役割を担っている。例えば，抗インフルエンザウイルス薬のオセルタミビル（商品名：タミフル）は，シアリダーゼ阻害活性を持つ（糖鎖ではなく単糖体の）シアル酸の誘導体として開発されたものである。また，有機合成法はmg〜g，場合によってはkg〜tスケールでの合成が可能であるが，一般にヒドロキシル基の選択的保護・脱保護やグリコシル化反応の制御などテクニカルな面で熟練を要し，また工程数が多くなるため手間と時間がかかる。加えて，グリコシル化反応は禁水反応系であることから有機溶剤の使用が必要不可欠であり，21世紀のグリーンケミストリーの流れを考えると決して好ましい手段ではないのかもしれない。

細胞法は，操作としては水系 *in vivo* で細胞を培養するので，有機溶媒を利用しない。また，合成産物は細胞の種類に依るが，多くの細胞は多種の糖鎖を生産するので，一度の操作で複数の糖鎖を得ることができる。しかしこれは諸刃の剣で，一般に多種糖鎖混合物を分離精製するのは容易でないため，GM3などの生産性が高い糖鎖をターゲットとした生産，細胞を遺伝子レベルで事前操作する等以外，単一糖鎖を大量に得るに適した方法とは言いがたい。また，原料とする糖鎖プライマーには細胞毒性が無いことが必須で，その上ドデシルグリコシド体など糖部分の水溶性とアグリコン部の脂溶性を兼ね備えたものが好ましいとされており，さらに合成されうる糖鎖構造は基本的に天然型糖鎖のみとなるなど，これらの点における自由度は有機合成法より劣る。

酵素法は，細胞法と同様に水系バッファー中で反応を進行させるので環境負荷の低い合成法であるといえよう。酵素反応は一般に高い基質特異性を有する。糖転移酵素による反応では，高い立体選択性と位置選択性を保持しつつグリコシル化反応が進行し，副産物はほとんど得られない。結果，オリゴ糖を簡便な操作にて，かつ短工程で得ることが可能となる。細胞は多種の酵素を保有することから細胞法では多種の糖鎖を同時に合成しうるが，酵素法は精製された1種の酵素を利用して *in vitro* で合成するため，基本的にデザインした糖鎖のみを得ることができる。イメージとして，「細胞法は合成して（糖鎖を）取り出す，酵素法は（酵素を）取り出してから糖鎖を得る」と言え，両者は生体分子を利用した合成法として基本的なシステムは同じであるが，その操作手順の違いから各々の特長が生まれる。欠点としては，市販されている糖転移酵素と糖供与体は一般に高価であり，酵素の活性もgやkg単位で合成できるほど高いものは少なく，基本的にμg〜mgレベルの合成向きの手法である。そこで，比較的安価に得られる糖加水分解酵

第8章 酵素化学合成法による糖鎖生産技術

表1 糖鎖合成の3手法

	利点	欠点
有機合成法	大量合成可能 非天然型類縁体合成可能	テクニカル面で熟練が必要 工程数が多い（Step wise） 有機溶剤を使用
細胞法	水系（環境・安全面） 多種合成可能	分離精製が困難 基質により細胞毒性を誘発 一般に天然型糖鎖のみ合成可
酵素法	水系（環境・安全面） 単一化合物合成 高選択性 工程数が少なくてよい 操作が簡便	糖転移酵素・糖供与体が高価 基質，生成物が限定 一般に少量合成（〜mg） 一般に天然型糖鎖のみ生産

素の逆反応を利用してグリコシル化反応を進行させる研究も盛んに行われている。しかしこの糖加水分解酵素による反応は可逆反応であることから，高収率でグリコシル化反応を進めることは容易ではなく，反応を適度なところで停止させないと，形成されたグリコシド結合が再び加水分解され切断される恐れがある。また，高い基質特異性を有するという利点と裏腹に，酵素基質がある程度限定されてしまうので，天然型糖鎖合成には向いているが，非天然型糖鎖誘導体を合成するのは容易ではない。

2.2 酵素を利用した糖鎖ケモエンザイム合成法（酵素化学合成法）

　前項で酵素法による糖鎖合成における特徴をあげたが，実際に分子を構築し分離精製して純粋な化合物を手にするという「合成」レベルでは他にも考慮すべき事項がある。

　まずは基質特異性について考える。糖鎖合成，糖鎖生産という面を考えたとき，単に天然型基質に酵素を作用させ天然型糖鎖を作るだけでは産業的な汎用性に乏しくなる。そこで合成後の糖鎖が利用されやすい様，化学変換された基質を使うことが多い。この化学的手法と酵素合成を組み合わせた合成法は，一般に糖鎖ケモエンザイム合成法（酵素化学合成法）と呼ばれる。これは糖鎖合成に留まらず天然物合成研究分野などに広く用いられる手法で，酵素反応によって不斉中心を構築後さらなる化学合成に供する，などがその一例となる。

　酵素反応において，基質は水溶性を有し，酵素との親和性が高いことが必須条件である。原料を化学合成し，酵素法によって糖鎖構築するといったケモエンザイム合成法では化学変換した化合物を基質とするが，このとき化合物が基質になりうるかどうかがポイントとなる。では，どの程度手を加えても基質となりうるのか？　糖転移酵素による反応では，一般に還元末端側のアグリコン部には比較的自由度がある。例えば，天然体におけるセラミド部を，メチルグリコシド体やヘミアセタール体としても反応は進行する。しかし，糖環部のヒドロキシル基の一部がデオキシ化されたり，他置換基に置き換えられた誘導体は基質とはならず，反応が進行しない場合もあ

る。反応本質とは関係のないところ，つまり1-3転移酵素反応における6位などでも影響を及ぼす例もみられる。これは，疎水基，親水基の導入で酵素との親和性が変わるほか，構造的に酵素の反応ポケット部に入らなくなるため，と考えられている。

3　糖転移酵素の活用

これまで，糖鎖合成に利用する酵素として，糖転移酵素と糖加水分解酵素の2つの可能性を挙げた。反応自体の見地からでは，可逆反応をコントロールすることは，ある程度の技術と手間を必要とすることから，糖転移酵素により不可逆的に糖鎖を伸長する方が簡便である。現在，様々な生物種由来のリコンビナント糖転移酵素が多数報告されまた市販もされているが，糖鎖生産という観点からは，糖転移酵素の活性の低さ，酵素や反応シントンである糖供与体の価格などの面で，これまではmgスケールでの合成も容易ではなかった。本書ではmg〜スケールでの合成のための解説をすすめることにする。

3.1　酵素活性

酵素の比活性とは「タンパク質量あたりの活性」として定義される。市販されている酵素についてはある程度，画一的な比活性を有するが，それでも製造ロットによって差が生じる。それ以上に自前で調製した場合，タンパク精製度によって大きく異なることがあるからより注意が必要である。また，活性測定をおこなう基準となる物質についての一義的なルールは無い。例えば同じラクトース誘導体であっても，ヘミアセタール体や短鎖グリコシド体，長短鎖グリコシド体で大きく活性が変わることが多い。これは酵素がアグリコン部の一部を認識しているからという考察もありうるが，筆者は基質の溶液中での存在状態，つまり疎水性部を有するグリコシド体は分子単独で存在せずにクラスター状態で存在しており，エントロピー効果によって反応速度が変わるためではないか，と考えている。さらに比活性は，「基準基質における反応初速度」で検討されたものである。しかし，酵素を利用して化合物を合成生産したい我々にとっては，「基準物質ではなく実際の基質に対する活性と，反応初速度よりも反応が最終的に高収率で進行するかどうか」が重要となる。そこで，自分が実際に使う基質に対する反応終了時間と必要酵素量の関係を予備実験で事前に把握しておくことが望ましい。特に，糖加水分解酵素反応の場合は反応が可逆的であるので，糖転移活性の初速度データだけでは糖伸長反応最高収率や最適反応時間を予測するのは困難である。

3.2　糖転移酵素反応

L（リットル）スケールでの糖転移酵素反応は，ハンドリングやコストの面であまり実用的ではない。失活を懸念して反応溶液を撹拌しないこともあり，実験室レベルでは数mL〜，バルクスケールでもせいぜい100mL程度のスケールで反応を進行させるのが妥当であろう。この場合，

第8章　酵素化学合成法による糖鎖生産技術

基質濃度を 1mM とすると，基質量は数 μ mol〜0.1mmol。分子量が 500 の場合，1〜50mg スケールの合成となる。基質濃度 1mM というのは決して低い値ではなく，界面活性剤などを添加し基質の溶解性を向上させることで可能となるものでもあるが，糖鎖の生産という観点からさらに反応基質濃度を上げることができれば，より大量合成が可能となり好ましいと考えられる。筆者らは，シクロデキストリンを添加することで分子認識機構を基盤として基質の溶解性向上に成功した例を報告している[2]。この場合，難水溶性基質を用いても最高で 10mM 濃度での糖転移酵素反応に成功しており，より大量合成が可能となる。

　反応基質濃度を上げた場合，必要酵素量も多くなる。酵素反応は一般に触媒反応のひとつであり，触媒反応ではスケールを大きくした場合に，触媒量を増やさずとも反応時間を延長することで反応を完結させることも可能であるが，糖転移酵素反応の場合，反応至適温度（20〜36℃など）でも失活が進行し，長時間反応に向いていないものも多々ある。

　また，糖転移酵素による反応は基本的には不可逆反応であるが，α 2,3-シアル酸転移酵素などは由来により，同時に加水分解活性も有しているので注意が必要である。

3.3　ラクトサミン骨格に作用する高活性糖転移酵素群

　前項で考察した様に，糖転移酵素は現在までに多数報告され，市販されているものも多くあるが，糖鎖"生産"に利用できるという観点から見ると，利用に適している酵素は非常に限られる。その中で，ラクトサミン骨格を修飾する糖転移酵素には，比較的高活性を有するものがいくつか存在する。日本たばこ産業株式会社（JT）からはラクトースやラクトサミンのガラクトース部にシアル酸を導入する α 2,3-シアル酸転移酵素，α 2,6-シアル酸転移酵素が市販されている。これらの酵素は主に海洋微生物由来の酵素で，下等生物由来ゆえに活性が高く基質特異性の適度な甘さがあり，非常に利用しやすい糖転移酵素の一つである。かつて同様の活性を有する由来の異なった酵素が，Calbiochem や TOYOBO からも市販されていたが，販売（製造）中止となってしまった様である。また，ラクトサミンユニットのグルコサミン 3 位にフコースを導入する α 1,3-フコース転移酵素は，成地らが *Helicobacter pylori* 由来の高活性酵素の調製に成功している[3,4]。これらの酵素を利用し，ラクトサミンを基質とすると，ルイス X やシアリルルイス X の合成が可能である。

　また，SIGMA からは高活性な β 1,3-ガラクトース転移酵素が市販されており，成地らはナイセリア属髄膜炎菌由来の活性の高い β 1,4-グルコサミン転移酵素の調製に成功している[5]。これらを利用すると，ラクトサミン骨格の伸長が可能となり，ポリラクトサミンの合成が可能である。但し，酵素によるラクトサミン骨格の繰り返し伸長は無限という訳ではない様である。我々の行った実験の限りでは，長鎖ポリラクトサミン合成で 8 糖体以上になると，反応性が急激に低下した。これは基質の溶解性の変化，2 次構造の形成などにより，酵素とのアフィニティーに大きな影響が生じるため，と考えている。

バイオ医薬品開発における糖鎖技術

表2 糖鎖大量合成に適した糖転移酵素例

Entry	Supplier	Enzyme	Source	Host
1	JT	α2,3-sialyltransferase	*Photobacterium* sp. JT-ISH-224	*E.coli*
2	JT	α2,6-sialyltransferase	*Photobacterium dameslae* JT160	*E.coli*
3	TOYOBO/ in house	β1,4-galactosyltransferase	human	*E.coli*
4	SIGMA	β1,4-galactosyltransferase	bovine milk	*E.coli*
5	in house	β1,3-*N*-acetylglucosaminyl- transferase（GnT）	*Neisseria meningitidis* MC58	*E.coli*
6	in house	α1,3-fucosyltransferase とその固定化酵素	*Helicobacter pylori* J99B	*E.coli*

3.4 実際の高活性糖転移酵素の反応例

図1に示したスキームの反応①〜④の具体的な反応条件を紹介する。反応①では，ラクトサミンの4-メトキシフェニルグリコシド体を基質として，TOYOBOで市販されていたα2,6-シアル酸転移酵素によって，α2,6-シアリルラクトサミン誘導体を合成した。この反応では基質濃度を2mMとしたとき，反応容量を1〜10mLとすることで約1〜10mgスケールの目的糖鎖が得られる。例として，糖供与体CMP-NANAを5mM，α2,6-シアル酸転移酵素を25mU/mL，50mM MnCl$_2$と0.1% BSA存在下，50mM HEPESバッファー（pH 7.0）中25℃で反応させると，1日で〜53%反応が進行した。さらに3〜4日経過後，逆相HPLC精製し，〜95%収率で目的化合物を得た。

反応②ではより活性の高い酵素を利用したため，比較的迅速に反応が進んだ。基本反応条件は反応①と同様だが，Calbiochemから市販されているα2,3-シアル酸転移酵素で1日反応させ，96%収率でα2,3-シアリルラクトサミン誘導体を合成した。

このα2,3-シアリルラクトサミン誘導体の合成では，原料として4-メトキシフェニルグリコシド体（9.8mg）を用い，UDP-Galとβ1,4-ガラクトース転移酵素（SIGMA）でまずガラクトースを導入し，引き続きそのままα2,3-シアル酸転移酵素などを加えることで，2段階反応をワンポットで進めることができる（反応③）。

反応④は，ラクトサミン誘導体にフコースを導入して，ルイスX3糖体を合成する経路である。利用したα1,3-フコース転移酵素は，*Helicobacter pylori*由来のリコンビナントの酵素で，50mM MgCl$_2$と0.01% Triton X-100存在下50mM Trisバッファー（pH 8.0）中で，基質濃度を1mMとし，2.5mM GDP-Fucとフコース転移酵素100mU/mLを加えると，25℃，2時間で84%，1晩で定量的に反応が進行した。

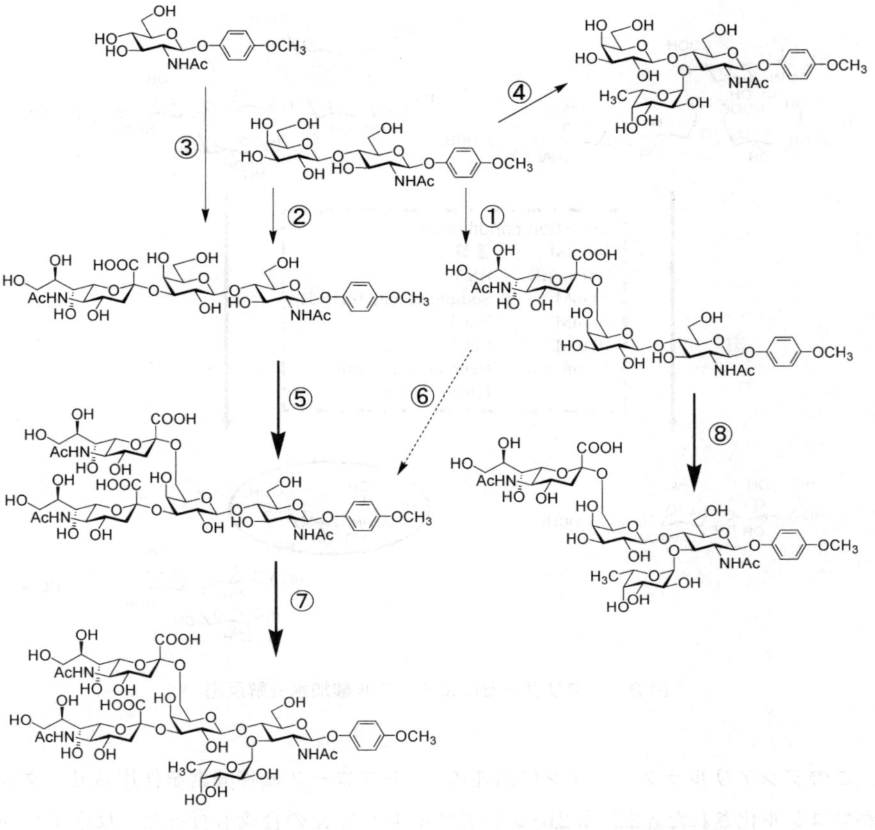

第 8 章　酵素化学合成法による糖鎖生産技術

図 1　ラクトサミンを骨格とした糖転移酵素による糖鎖伸長

3.5　非天然型糖鎖の合成[6]

　天然由来の生物より得た糖転移酵素を用いた場合，合成される糖鎖も通常は従来から知られている天然型糖鎖となる。しかし筆者らは，ラクトサミンを骨格とした新規な機能性糖鎖の合成に成功した。

　我々は反応⑤の様に，α2,3-シアリルラクトサミンに JT より市販されている α2,6-シアル酸転移酵素を作用させ，ガラクトースの6位にシアル酸が導入された α2,3：α2,6-ジシアリルラクトサミンを得ることができた。この反応は，同作用活性を有する human 由来の α2,6-シアル酸転移酵素（TOYOBO や Calbiochem で市販されていた）では進行しなかった。一方，先にラクトサミン6位がシアル酸修飾された基質 α2,6-シアリルラクトサミンに，α2,3-シアル酸転移酵素を作用させジシアリル化することも試みたが，これも反応は進行しなかった（反応⑥）。これらのことから，本ジシアリルラクトサミン合成は，海洋微生物という下等生物由来の酵素ゆえに，必要な反応特異性を有しつつ基質特異性が適度に甘いからこそ可能であった酵素法による糖鎖合成の例と言える。

バイオ医薬品開発における糖鎖技術

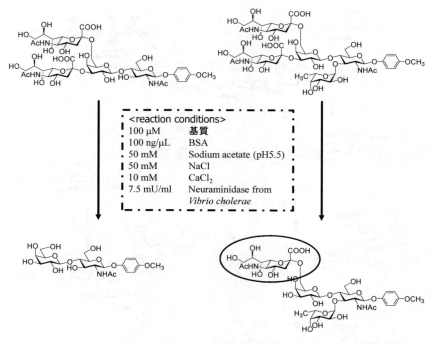

図2　シアリダーゼによるシアル酸加水分解反応

　また，このジシアリルラクトサミンに前述のα1,3-フコース転移酵素を作用させ，グルコサミン3位がフコシル化されたα2,3：α2,6-ジシアリルルイスXの合成も行った（反応⑦）。同様に，α2,6-シアリルラクトサミンを基質としたα1,3-フコース転移酵素による反応も進行し，α2,6-シアリルルイスXを得た（反応⑧）。但し，これらの反応は，日〜週かけて〜40％でしか反応が進行しなかったことから，このα1,3-フコース転移酵素にとってこれらの化合物は基質となるが決して好ましい基質ではない，とも言えよう。

　合成したこれら新規糖鎖は興味深い活性を有することが分かっている。コレラ菌由来のシアリダーゼは，シアリル結合を加水分解する機能を有し，その活性も比較的高い。実際，今回合成したα2,3-シアリルラクトサミン，α2,6-シアリルラクトサミン，α2,3：α2,6-ジシアリルラクトサミンを基質とした反応では，全てのシアル酸が脱離した。しかし，α2,3：α2,6-ジシアリルルイスXにこのシアリダーゼを作用させたとき，α2,3結合のシアル酸のみ加水分解を受け，α2,6結合しているシアル酸は安定に存在し加水分解を受けなかった。α2,3結合は加水分解されていることから，本シアリダーゼはこの化合物を基質として認識しているがα2,6結合には作用しない，つまり言い換えると，グルコサミン3位に導入されたフコースがα2,6シアル酸を安定化したことになる。ちなみに，このシアリダーゼはα2,6-シアリルルイスXのα2,6結合も加水分解しなかった。そして，まだプレリミナリーな結果ではあるが，これらのα2,3：α2,6-ジシアリルルイスX，α2,6-シアリルルイスXはインフルエンザ増殖阻害活性を有することがわかってい

第8章　酵素化学合成法による糖鎖生産技術

る。α2,6 シアル酸はインフルエンザのヘマグルチニンの作用に関与していると言われており，今後，これらの化合物の生理活性や，生理活性発現機構などの研究も期待される。

3.6　固定化酵素の利用

　糖転移酵素を利用した糖鎖生産の問題点のひとつに，酵素が比較的高価である，ということを挙げた。そのため，糖転移酵素による糖鎖生産においては，高活性酵素を利用し必要酵素量をできるだけ少なくすることが鍵のひとつであると述べた。その他に，糖転位酵素を固定化し繰り返し使用可能とすることで，相対的に酵素にかかる費用を抑える研究も行われている。例えば，成地らは，3.3 で紹介した α1,3-フコース転移酵素をビーズ上に固定化し，実際に繰り返し使用することが可能であると報告している[4]。そして，3.4 で紹介したフコシル化反応も，この固定化酵素によって進行する。固定化酵素の利用は，酵素にかかる費用を抑えることだけではなく，合成後の精製を簡便にすることも期待できるので，今後のさらなる研究が期待される。

4　糖ペプチド合成への応用

　近年，糖ペプチドは癌抗原エピトープの解明といった生化学研究分野で[7]，またアジア新興国が強化するバイオシミラーへの対抗策のひとつとして製薬企業の関心の高い糖鎖改良型のバイオ医薬品（バイオベター）開発のターゲットとして等，多方面で注目されている化合物群のひとつである。そのような流れを汲み，糖ペプチドやペプチドの合成研究も盛んであり，最近ではマイクロ波の利用[8~10]なども行われ，その効果の解明研究[11]が進み，（糖）ペプチド合成仕様に特化した装置[12]も開発・市販されている。実際に，このマイクロ波利用合成技術を駆使すれば，40~50 残基程度のペプチドは困難なく合成可能と言っても過言ではないであろう。

　糖ペプチドは，糖導入箇所に糖アミノ酸を用いてペプチド鎖伸長することで合成できる。O-グリカンの場合はセリンやトレオニンの，N-グリカンの場合はアスパラギンの側鎖にあらかじめ適当な糖鎖を導入しておき，これらを適宜利用してペプチド鎖を伸長するのだが，この糖ペプチド合成においても糖転移酵素反応は非常に有効である。ペプチド固相合成において固相からの切り出しや保護基の脱保護操作に TFA などの強酸を用いる場合があるが，この酸性条件は糖鎖を不安定にする。つまり，グリコシド結合が加水分解されやすくなる。そこで糖ペプチド合成段階では糖鎖部分は単糖などできるだけ最小単位に留めておき，ペプチド鎖合成後に糖鎖伸長を行うことで，より複雑な糖ペプチドの精密化学合成が可能となる[13]。

　また，polypeptide α-N-acetylgalactosaminyltransferases（ppGalNAcTs）はムチン型 O-グリカン合成酵素で，セリン，トレオニン側鎖にガラクトサミンを導入する働きを有する。これを用いると，まずペプチド鎖を合成し，それに本酵素によってガラクトサミン単糖を導入し，さらに糖転移酵素によって糖鎖伸長させることで糖ペプチドを得ることも可能である[14]。

　Endo M は糖タンパク質のアスパラギン結合糖鎖のジアセチルキトビオース結合を加水分解

93

し，タンパク質側に糖1つ残して糖鎖を遊離させ，適当な受容体存在下では，その遊離糖鎖を転移する働きを有する[15]。この Endo M を利用して，糖鎖単位で単糖ペプチド（単糖タンパク）に導入する方法もある。

5 おわりに

　糖転移酵素による糖鎖合成，糖鎖生産について述べた。糖鎖合成において酵素法やケモエンザイム法がベストである，というつもりは全くない。ただ，一頃の様に全ての糖転移酵素による合成はコスト的に難しいということはないということ，また反応収率も高く，原料回収を考慮するとほぼ定量的に進行することなどを認識いただければと思う。さらに，今回，糖転移酵素を利用した糖鎖合成手法で，非天然型の糖鎖の合成に成功したことや，これが近年の糖ペプチド合成には強力な手法のひとつとなり得，創薬やバイオシミラー生産工程に今後寄与できる可能性があることを特に記したいと思う。

謝辞

　今回紹介した研究成果は，北海道大学の西村紳一郎教授，成地健太郎博士らの協力をいただき，筆者らの他に産業技術総合研究所の作田智美氏，八須匡和博士（現，理研・ERATO），松下隆彦博士（現，北海道大学）らによって遂行されたものである。また一部は，新エネルギー・産業技術総合開発機構（NEDO）健康安心プログラム糖鎖機能活用技術開発プロジェクト（畑中研一プロジェクトリーダー）や科学研究費補助金の予算を受けて遂行された。ここに記して関係各位に感謝の念を表したい。

文　献

1)　A. Varki, *Glycobiology*, **3**, 97 (1993) 等
2)　I. Nagashima *et al.*, *Tetrahedron*, **49**, 3413 (2008)
3)　Z. Ge *et al.*, *J. Biol. Chem.*, **272**, 21357 (1997)
4)　K. Naruchi *et al.*, *Angew. Chem. Int. Ed.*, **50**, 1328 (2011)
5)　K. Naruchi *et al.*, *J. Org. Chem.*, **71**, 9609 (2006)
6)　H. Shimizu *et al.*, PCT/JP2010/067614；WO/2011/046057
7)　N. Ohyabu *et al.*, *J. Am. Chem. Soc.*, **131**, 17102 (2009)
8)　T. Matsushita *et al.*, *Org. Lett.*, **7**, 877 (2005)
9)　T. Matsushita *et al.*, *J. Org. Chem.*, **71**, 3051 (2006)
10)　清水弘樹ほか，高分子論文集，**64** (12), 883 (2007)
11)　K. Yamada *et al.*, *Tetrahedron Lett.*, submitted
12)　EYELA MWS-1000 等

第 8 章　酵素化学合成法による糖鎖生産技術

13)　T. Matsushita *et al., Biochemistry*, **48**, 11117 (2009)
14)　Y. Yoshimura *et al., Biochemistry*, **49**, 5929 (2010)
15)　http://www.tokyokasei.co.jp/useful-info/product-lit/L3005.pdf

第9章 オキサゾリン基質中間体と糖タンパク質医薬品

正田晋一郎[*1], 野口真人[*2]

1 はじめに

　糖タンパク質は，オリゴ糖の還元末端にタンパク質が結合した，ハイブリッド型の天然高分子である。オリゴ糖部分は大変重要な働きをしており，その部分構造のわずかな違いが，糖タンパク質全体の機能を精密にコントロールすることが知られている。一般に，天然の糖タンパク質は，オリゴ糖部分が均一ではなく，様々な大きさの糖鎖を有するタンパク質の混合物として存在する。そしてこのことが，糖タンパク質を医薬品として実用化する際の大きな障壁となっている。本章では，均一なオリゴ糖鎖をもつ糖タンパク質を，酵素触媒を用いて合成するプロセスにおいて，オキサゾリン基質中間体が担う役割を，その反応性の高さと合成の簡便性という二つの観点から解説する。

2 オキサゾリンを用いるグリコシル化反応の基本原理

2.1 今なぜオキサゾリン基質なのか

　N-結合型糖タンパク質は，オリゴ糖部分の還元末端側に位置するキトビオース（GlcNAc-GlcNAc）部位に，タンパク質のアスパラギン側鎖が結合している。しかし，アスパラギン側鎖の比較的求核性の低いアミド窒素原子を，直接キトビオースに結合させるのは，有機合成化学的な見地から大変不利である。そこで，キトビオース部位の GlcNAc と GlcNAc を連結している β1,4-グリコシド結合を形成して，ハイブリッド構造を構築する戦略が一般的にとられている。

　まず，この β1,4-グリコシド結合を，「逆合成」の考え方[1]にしたがって切断してみよう（図1A）。N-アセチルグルコサミニドに対して，矢印表示のように電子を動かしていくと，合成素子としてオキサゾリニウムイオンとアルコキシドができあがる。したがって，実際にフラスコ内で N-アセチルグルコサミニドを合成する反応は，糖オキサゾリンの1位へ，GlcNAc の4位ヒドロキシ基をアルコールとして付加させる反応となる（図1B）。付加反応の特徴は，縮合反応のように酸や水などの副生物が生じないことである。したがって，平衡を目的物の方向に大きく傾けることができる。ここで注目したいのは，先に述べた「逆合成」によって得られた糖オキサゾリンは，1位ヒドロキシ基と2位アセタミドから，分子内で水が一分子とれた構造を有するとい

　＊1　Shin-ichiro Shoda　東北大学　大学院工学研究科　バイオ工学専攻　教授
　＊2　Masato Noguchi　東北大学　大学院工学研究科　バイオ工学専攻　助教

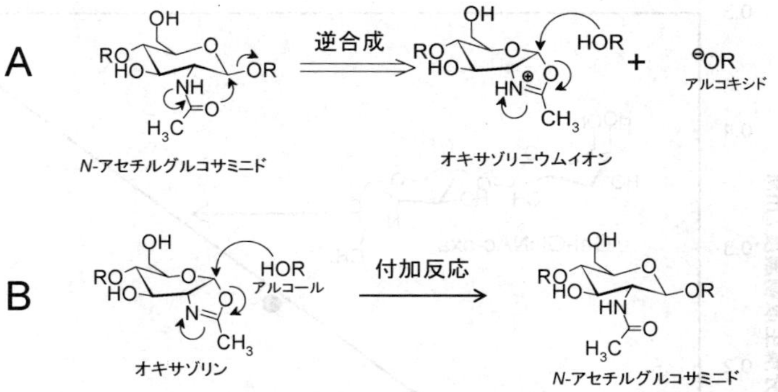

第9章　オキサゾリン基質中間体と糖タンパク質医薬品

図1　キトビオース骨格の逆合成的解析　A：β1,4 結合の切断と分子内脱水を伴うオキサ
ゾリン合成素子への変換　B：オキサゾリンへの付加反応による β1,4 結合の形成

うこと，換言すれば，逆合成操作の中に脱水反応が包含されている，ということである。そのた
めに，実際の合成において，副生物を伴わない付加反応を利用することができるのである。

　以上，反応の平衡という視点に立ち，糖オキサゾリンの使用が，グリコシル化促進のため非常
に有利であることを述べた。一方，速度論的な観点からも糖オキサゾリンを用いるメリットは大
きい。糖オキサゾリンは，6員環と5員環が縮環した構造をしており，その歪んだ構造により，
反応の遷移状態に近い高エネルギー状態にある。その結果，グリコシル化反応の活性化エネル
ギーが減少し，歪みをもたない通常の糖誘導体に比べ，反応速度の向上が期待できる[2]。このよ
うに，糖オキサゾリンは，熱力学的にも速度論的にも，グリコシル化に有利な供与体であること
を論理的に導くことができ，N-結合型糖タンパク質合成における最も有力な糖供与体候補の一
つと考えられる。

2.2　糖オキサゾリンを供与体とするグリコシル化反応

　糖オキサゾリンは，付加反応によりグリコシル化を行えることから，化学的グリコシル化の
ツールとして古くから用いられてきた。酸触媒存在下，ヒドロキシ基を保護したオキサゾリン誘
導体に各種アルコールを作用させる N-アセチルアミノ糖のグリコシル化が一般的合成法として
すでに確立されている[3]。一方，糖オキサゾリンが酵素基質として用いられたのは，比較的最近
のことであり，キトビオースのオキサゾリン誘導体をキチナーゼ触媒で重付加させ人工キチンを
合成したのが初めての例である[4]。この報告を契機に糖オキサゾリンをモノマーとする多糖類の
酵素合成やグリコシル化が報告されている[5]。ここでは，N-アセチルラクトサミン（Gal-GlcNAc）
のオキサゾリンという人工基質が，天然キチンの分解酵素であるキチナーゼに認識されることを
利用した酵素的グリコシル化の例を紹介しよう。

97

バイオ医薬品開発における糖鎖技術

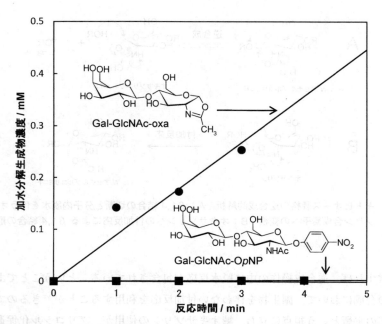

図2 N-アセチルラクトサミンのオキサゾリン誘導体（Gal-GlcNAc-oxa）とp-ニトロフェニル誘導体（Gal-GlcNAc-OpNP）のキチナーゼによる加水分解速度の比較

2.3 糖オキサゾリンは遷移状態アナログ基質である

　N-アセチルラクトサミンのオキサゾリン誘導体（Gal-GlcNAc-oxa）が，糖供与体として振る舞うためには，この化合物が少なくとも酵素に認識されなければならない。そこでまず，そのことを検証するため，Gal-GlcNAc-oxa がキチナーゼにより加水分解されるかどうかを調べた（図2）。Gal-GlcNAc-oxa を重水中に溶解し，バチルス由来のキチナーゼを添加したところ，速やかに水の付加が起こり，オキサゾリン環が開環して，対応する1-ヒドロキシ糖（Gal-GlcNAc）へと定量的に加水分解された。この実験事実は，歪んだ構造をもつオキサゾリンが酵素に認識され，酵素-基質複合体が形成されたことを示している。興味深いことに，これまで酵素基質として汎用されてきたp-ニトロフェニル誘導体（Gal-GlcNAc-OpNP）に比べ，加水分解速度が格段に大きいことも分かった。これらの結果は，糖オキサゾリンが，キチナーゼ触媒の遷移状態アナログ基質として認識されたことを強く示唆するものである。

2.4 遷移状態アナログ基質と低活性酵素の組み合わせによる高効率グリコシル化

　一般に，糖加水分解酵素を用いるグリコシル化反応では，一旦生成したグリコシドは，長時間反応を行っている間に，酵素触媒の作用で加水分解され1-ヒドロキシ糖を副生してしまうことが多い。これは，考えてみれば当たり前のことで，加水分解酵素はそもそもグリコシドを加水分解するための酵素であるので，生成グリコシド濃度が時間の経過とともに上昇すれば，加水分解

第9章 オキサゾリン基質中間体と糖タンパク質医薬品

を受けるのは当然である。そこで、グリコシル化収率を向上させるため、一旦できた生成物を加水分解しないような仕組みを考える必要がある。一つの解決策は、遺伝子工学的な手法により、生成物を加水分解しないような低活性酵素を人工的につくり出すことである。

キチナーゼの触媒中心には、キチンのGlcNAc単位を認識する－5から＋2までの合計7個のサブサイトが存在し、そこに基質であるキチンが一列に配向して認識されることが分かっている（図3）。－2サブサイト近傍には、トリプトファンというアミノ酸が存在し、キチンを触媒中心にうまく誘導する役目を担っている。我々は、このトリプトファンを他のアミノ酸に置換すれば、加水分解活性が低下するものと考え、変異型キチナーゼを調製した。

各種変異体キチナーゼの存在下、Gal-GlcNAc-oxaを糖供与体に、キトビオース（GlcNAc-GlcNAc）を糖受容体に用いて酵素的グリコシル化を行い、野生型酵素を用いた場合の結果と比較した（図4）。野生型キチナーゼを用いた場合、予期したとおり、生成物は時間の経過とともに分解されたのに対し、変異体を用いたグリコシル化においては、一旦生成した4糖（Gal-GlcNAc-GlcNAc-GlcNAc）の加水分解が抑制された。特に、トリプトファンをアラニンで置換した変異体（W433A）を用いた場合は、長時間反応を続けても、生成物の加水分解はほとんど観察されず、ほぼ定量的に4糖を合成することができた[6]。

糖オキサゾリンへの付加反応が、生成物の加水分解を伴うことなく、高効率で進行するのは以下の理由による（図5）。キチナーゼ酵素の触媒中心における－1サブサイトは、糖のイス型コンホメーションに対してでなく、反応の遷移状態のコンホメーションに対して強い認識能を示す。本グリコシル化の糖供与体であるオキサゾリンは、キチナーゼが触媒する加水分解反応の遷移状態に近いコンホメーションを有している。したがって、オキサゾリンからの反応の活性化エネルギーは、イス型コンホメーションをもつ通常の基質を基準にした活性化エネルギーに比べ小さくなる。一方、変異体キチナーゼは、生成オリゴ糖に対して、ほとんど加水分解酵素活性を示さな

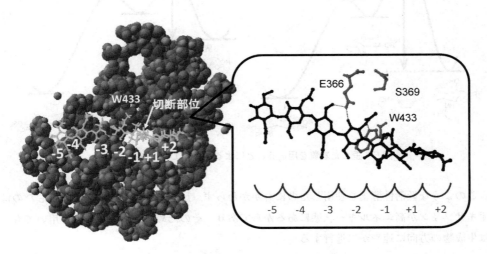

図3 キチナーゼ活性中心におけるアミノ酸の役割

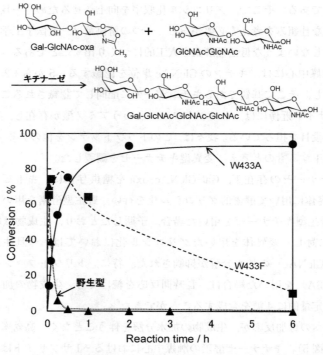

図4 糖オキサゾリンと変異型酵素を組み合わせて用いる高効率グリコシル化

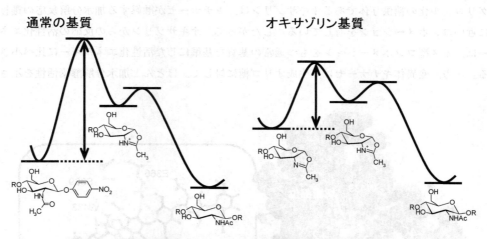

図5 歪んだ基質を用いることによる活性化エネルギーの低下

い。このような低活性酵素を使用したのにもかかわらず，反応が極めて効率よく進行したのは，糖オキサゾリンが高エネルギー状態にあるからであり，そのため，低活性の酵素を用いても，反応は生成物の方向に速やかに進行する。

第9章　オキサゾリン基質中間体と糖タンパク質医薬品

3　オキサゾリンを鍵物質とする糖タンパク質合成への展開

3.1　エンド-M の発見と Substrate Assisted Catalysis

　前節において，加水分解酵素を用いる N-アセタミド糖のグリコシル化反応を効率よく行うため，「高活性供与体である糖オキサゾリンと，低活性加水分解酵素を組み合わせる」という，新しいコンセプトを紹介した。このコンセプトに従えば，糖タンパク質合成の反応設計も同様に可能となる。すなわち，N-結合型オリゴ糖のオキサゾリンを糖供与体として，また，GlcNAc 一残基を残したタンパク質を糖受容体として用意すればよい。これらの糖供与体と糖受容体の間で付加反応を行うことができれば，目的とする糖タンパク質が得られるはずである。問題は，いかにして糖受容体4位のヒドロキシ基のみを選択的に反応させるか（位置選択性），また，いかにしてヒドロキシ基を β 側からのみ攻撃させるか（立体選択性），という選択性に関わる難所をどう乗り切るかである。この問題の解決には，以下に述べるエンド-M 酵素触媒の登場を待たねばならなかった。

　1994 年，山本らは N-結合型糖タンパク質糖鎖の糖鎖とタンパク質の結合部にあるキトビオース骨格の内部グリコシド結合を切断するエンド-β-N-アセチルグルコサミニダーゼを糸状菌 *Mucor hiemalis* より見出し，エンド-M と命名した[7]。エンド型酵素ならびにそれらを用いる糖転移反応については，6，7章に詳しいので，そちらを参照されたい。

　ここで少し話題は変わるが，最近，ファミリー18 に属するある種のキチナーゼには，加水分

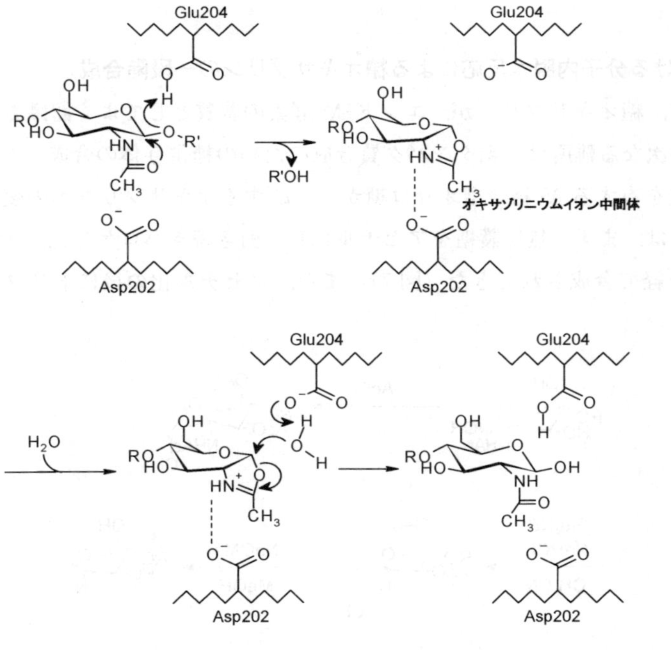

図6　Substrate Assisted Catalysis としてのバチルス由来キチナーゼ

解反応の中間体であるオキソカルベニウムイオン中間体を安定化するためのカルボン酸が存在しないことが明らかにされ，その事実を基に新しい加水分解機構として，substrate assisted catalysis という考え方が提唱された（図6）[8]。これは，触媒中心の−1サブサイトに取り込まれた N−アセチルグルコサミンの2位アセチル基が，活性化された1位炭素原子を分子内攻撃し，オキサゾリニウムイオン中間体が生成するというものである。2.4項で述べたキチナーゼ触媒によるグリコシル化反応も，この機構に沿って進行したと推測できる。それでは，エンド−M酵素の場合はどうであろうか。はたして，オキサゾリン骨格を認識することができるであろうか。それを明らかにすることは，オキサゾリン誘導体が，エンド−M酵素を触媒とするグリコシル化の糖供与体となりうるかどうかを判断する上で極めて重要であった。

3.2 エンド−M酵素による加水分解もオキサゾリニウムイオン中間体を経由する

　N−結合型オリゴ糖のコア5糖のモデル化合物として，非還元末端側がマンノース，還元末端側が N−アセチルグルコサミンである2糖のオキサゾリン誘導体を合成し，エンド−M酵素による加水分解挙動を調べた。通常，エンド−M酵素は糖鎖の長さが短くなるにつれ，認識能が急激に低下することが知られている。しかし，ここで合成した2糖オキサゾリンは，エンド−Mの作用により速やかに加水分解されオキサゾリン環が開環することが分かった。また，適当な糖受容体の存在下で反応を行うと，糖転移生成物が得られることも明らかになった。この研究は，エンド−M酵素が，オキサゾリニウムイオン中間体を経由する substrate assisted catalysis であることを初めて明らかにした点で非常に意義深い[9]。

3.3 水中における分子内脱水反応による糖オキサゾリンの一段階合成

　前項において，糖オキサゾリンが，エンド−M酵素の基質としてよく認識されることを明らかにした。合成の次なる難所は，糖タンパク質合成のための糖供与体の合成，つまり，シアル酸を含む複雑な構造を有する N−結合型オリゴ糖から対応するオキサゾリンへの変換である。従来，糖オキサゾリンは，まず，無保護糖をアセチル化し，引き続きハロゲン化，オキサゾリン環化，脱アセチル化を経て合成されてきた（図7）。また，アセチル化の後にトリフルオロメタンスル

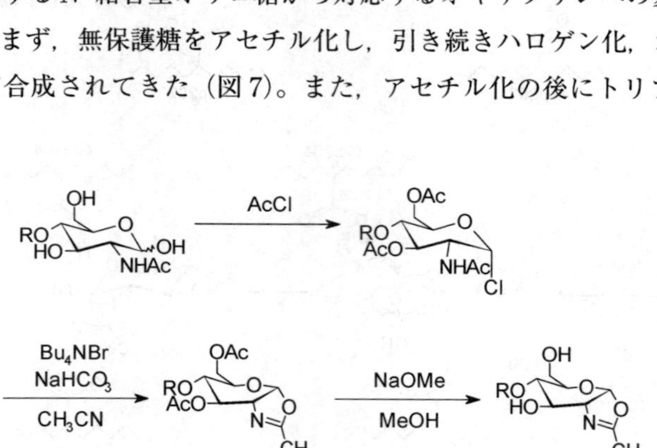

図7　従来の糖オキサゾリン合成：有機溶媒中4工程

第9章　オキサゾリン基質中間体と糖タンパク質医薬品

ホン酸トリメチルシリルなどの強Lewis酸を用いて環化し，その後脱アセチル化する方法によっても合成することができる[10,11]。しかし，これらの方法では酸によるグリコシド結合の開裂などにより収率が低下するといった問題点がある。最近，ハロゲン化グリコシルからフッ化カリウムを用いる糖オキサゾリン誘導体の合成が報告された[12]。この方法においては，固体塩基を用いるため，反応の後処理が大幅に簡素化される。一方，アセチル化されたオリゴ糖を出発物質とし，臭化トリメチルシリルと2,6-ルチジンを用いて環化させる方法も頻繁に用いられている[13]。例えば，糖タンパク質糖鎖のコア4糖，高マンノース型糖鎖，およびアシアロ複合型糖鎖のオキサゾリン化反応が報告されている[14~16]。

　最近我々は，水溶液中，無保護糖から一段階でオキサゾリン誘導体を合成する手法を開発した（図8）。糖オキサゾリン誘導体は，還元末端のヒドロキシ基とアセトアミド基との間の脱水縮合生成物とみなすことができるため，水溶液中での分子内脱水縮合反応の検討を行った。水溶性カルボジイミドである1-エチル-3-ジメチルアミノプロピルカルボジイミドを用いて反応を試みたところ，収率40％程度で目的とする糖オキサゾリン誘導体が生成するものの，長時間の反応を必要とすることや，収率の低さに問題があった[17]。そこで，より高活性な脱水縮合剤である塩化2-クロロ-1,3-ジメチルイミダゾリニウム（DMC）を用いたところ，高収率で目的とする糖オキサゾリン誘導体が短時間で調製できることが分かった（図8）[18]。この方法は以下に述べる特色を有している。

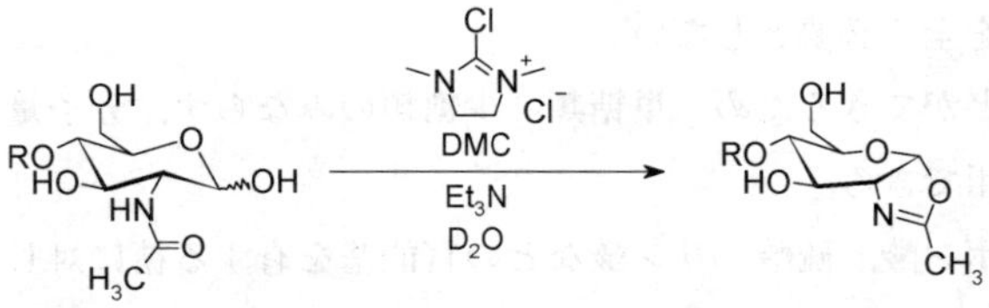

原料 (濃度)		DMC(eq.)	収率 (%)
GlcNAc	(250mM)	3	90
GalNAc	(50 mM)	10	47
ManNAc	(50 mM)	10	76
LacNAc	(50 mM)	10	90
(GlcNAc)$_2$	(50 mM)	10	77
(GlcNAc)$_3$	(10 mM)	15	75
(GlcNAc)$_4$	(10 mM)	15	83
(GlcNAc)$_5$	(10 mM)	15	69
(GlcNAc)$_6$	(10 mM)	15	81
GlcNAc-6-sulfate	(125 mM)	3	84
GlcNAc-6-phosphate	(125 mM)	3	79
Man$_{5-7}$GlcNAc	(45 mM)	10	64
Disialooligo saccharide	(50 mM)	15	92

図8　DMC を脱水縮合剤とする糖オキサゾリンの一段階合成：水溶液中1工程

バイオ医薬品開発における糖鎖技術

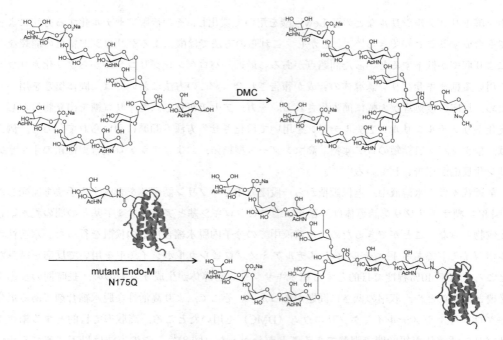

図9　N-結合型オリゴ糖オキサゾリンを供与体とする糖タンパク質の合成例

① 保護・脱保護を全く必要としない。
② 水中で行うことができるため，単糖類，少糖類のみならず，分子量の大きいオリゴ糖や水溶性多糖にも適用できる。
③ 分子内にカルボン酸，硫酸，リン酸などの官能基を有する糖に対しても適用できる。
④ 反応時間が短い。

本手法が開発されたことにより，これまで合成が困難とされてきたシアル酸含有 N-結合型オリゴ糖のオキサゾリン誘導体を簡便に合成することが可能となった。これらの結果を踏まえ，現在，シアル酸含有オリゴ糖のオキサゾリンと低活性エンド-M酵素を組み合わせて用いることにより，医薬品としての糖タンパク質の高効率的合成法の確立に向けて活発な研究がなされている（図9）[19]。

4　おわりに

化学-酵素グリコシル化法は，大変魅力的な合成ツールである。しかし，ともすれば酵素による糖転移反応の段階にのみ関心が向けられがちである。糖鎖工学に携わる研究者は，酵素的糖転移反応だけでなく，無保護糖から糖供与体をいかに効率よく合成するか，という問題にも関心を示し，合成プロセス全体を見直す必要があるだろう。「グライコプロセスケミストリー」という

第9章　オキサゾリン基質中間体と糖タンパク質医薬品

新たな視座に立って，簡便で低コストかつ環境に負荷を与えない合成法を目指すことにより，均一なオリゴ糖鎖をもつ糖タンパク質合成における真に力量ある一般的手法が生み出されることを期待したい。

文　　献

1) P. Laszlo, 有機合成のロジック，p.187, 化学同人（2004）
2) P. Laszlo, 有機合成のロジック，p.88, 化学同人（2004）
3) A. F. Bochkov, G. E. Zaikov, "Chemistry of the O-Glycosidic Bond", p.48, C. Schuerch ed, Pergamon Press, Oxford（1979）
4) S. Kobayashi, T. Kiyosada, S. Shoda, *J. Am. Chem. Soc.*, **118**, 13113（1996）
5) 例えば，S. Kobayashi, H. Morii, R. Itoh, S. Kimura, M. Ohmae, *J. Am. Chem.. Soc.*, **123**, 11825（2001）
6) M. Kohri, A. Kobayashi, M. Noguchi, S. Kawaida, T. Watanabe, S. Shoda, *Holzforschung*, **60**, 485（2006）
7) K. Yamamoto, S. Kadowaki, M. Fujisaki, H. Kumagai, T. Tochikura, *Biosci. Biotech. Biochem.*, **58**, 72（1994）
8) A. C. Terwisscha van Scheltinga, S. Armand, K. H. Kalk, A. Isogai, B. Henrissat, B. W. Dijkistra, *Biochemistry*, **34**, 15619（1995）
9) M. Fujita, S. Shoda, K. Haneda, T. Inazu, K. Takegawa, K. Yamamoto, *Biochim. Biophys. Acta*, **1528**, 9（2001）
10) R. U. Lemieux, H. Driguez, *J. Am. Chem. Soc.*, **97**, 4063（1975）
11) S. Nakabayashi, C. D. Warren, R. W. Jeanloz, *Carbohydr. Res.*, **150**, C7（1986）
12) S. Shoda, R. Izumi, M. Suenaga, K. Saito, M. Fujita, *Chem. Lett.*, **31**, 150（2001）
13) M. Colon, M. M. Staveski, J. T. Davis, *Tetrahedron Lett.*, **32**, 4447（1991）
14) B. Li, Y. Zeng, S. Hauser, H. J. Song, L. X. Wang, *J. Am. Chem. Soc.*, **127**, 9692（2005）
15) C. S. Li, W. Huang, L. X. Wang, *Bioorg. Med. Chem.*, **16**, 8366（2008）
16) W. Huang, C. Li, B. Li, M. Umekawa, K. Yamamoto, X. Zhang, L. X. Wang, *J. Am. Chem. Soc.*, **131**, 2214（2009）
17) J. Kadokawa, M. Mito, S. Takahashi, M. Noguchi, S. Shoda, *Heterocycles* **63**, 1531（2004）
18) M. Noguchi, T. Tanaka, H. Gyakushi, A. Kobayashi, S. Shoda, *J. Org. Chem.*, **74**, 2210（2009）
19) M. Umekawa, T. Higashiyama, Y. Koga, T. Tanaka, M. Noguchi, A. Kobayashi, S. Shoda, W. Huang, L. X. Wang, H. Ashida, K. Yamamoto, *Biochem. Biophys. Acta*, **1800**, 1203（2010）

第10章　微生物を利用した糖鎖モデリング技術の開発

千葉靖典*

1　はじめに

21世紀に入り，日本を含む世界中の製薬企業のターゲットは，従来の低分子医薬品からバイオ医薬品へとシフトしつつある（広義のバイオ医薬品には，再生医療用の細胞や組織，遺伝子治療用の核酸なども含まれるが，ここでは単純タンパク質，さらには糖鎖修飾などの翻訳後修飾やポリエチレングリコールで修飾を受けたタンパク質をバイオ医薬品と呼ぶ）。これまでのバイオ医薬品といえば，エリスロポエチンをはじめとしたサイトカイン類や各種ホルモンなどであり，これらを投与することで造血活性を更新させる，またホルモンを補充することで治療するといった用途で使われてきた。しかし近年では，生体の免疫システムを利用して，患部の細胞に発現する標的抗原をピンポイントで狙い撃ちする抗体医薬にその注目が集まっている。特にがん細胞を狙った標的療法として，がん細胞特異的な標的分子の探索とその標的分子に結合する抗体の開発が進められている。さらに抗体に付加する *N*-型糖鎖において，その還元末端側のGlcNAcに α1,6結合するFuc残基が付加するかどうかで抗体の抗体依存性細胞傷害（ADCC）活性が大幅に変換することが報告されてから[1,2]，バイオ医薬品における糖鎖構造の機能に注目が集まっている。

我々は出芽酵母 *Saccharomyces cerevisiae* 株とメタノール資化性酵母 *Ogataea minuta* 株を用いて，バイオ医薬品生産を行うことを検討してきた。ここでは我々が開発してきた糖鎖リモデリング技術について概説する。

2　なぜ酵母を利用するのか？

現状のバイオ医薬品はそのほとんどが動物細胞で生産されている。動物細胞を使うメリットとしては，①生産性が高い，②翻訳後修飾がヒト体内などで見られる修飾とほぼ同じである，③動物細胞で生産されたバイオ医薬品はFDAでの承認において実績がある，などが挙げられる。①については，CHO細胞などで1Lあたり数十グラム程度の抗体が生産できるという報告[3]もあり，非常に優れた生産宿主であると言える。

一方で，動物細胞を生産宿主として利用する場合，目的とするタンパク質の遺伝子導入と安定な生産細胞の選抜を行い，最終的なマスターセルを確立するまでには非常に時間がかかる。さら

---

*　Yasunori Chiba　㈱産業技術総合研究所　糖鎖医工学研究センター　主任研究員

第 10 章　微生物を利用した糖鎖モデリング技術の開発

に物質生産の際の実培養も数週間必要とする。加えて動物細胞の場合，ヒトや各種動物由来の外来性ウイルス感染，また宿主細胞の内在性ウイルスによる放出のリスクがあり，製造現場におけるウイルス汚染により製剤の供給が停止するなどの問題もおきている。このような観点から，「動物細胞以外の宿主」を利用してバイオ医薬品を生産する研究が行われており，その範囲は大腸菌，酵母，昆虫，藻類，植物，トランスジェニック動物等，非常に幅広い。一般的に微生物は増殖が早いというメリットがある一方で，高等生物を宿主とした場合では，ヒトのタンパク質と同様に翻訳後修飾が起こり，正しい構造を取りやすいと考えられる。

　酵母は古代より発酵食品の生産において利用されてきたが，近年では真核生物で初めてゲノム配列が解析され，モデル生物としての役割も果たしてきた。また遺伝学的な情報の蓄積と，宿主・ベクターなどのツールが数多くそろっており，宿主の改変も比較的容易である。その多くは出芽酵母 *S. cerevisiae* を材料として研究されてきたが，近年では分裂酵母 *Schizosaccharomyces pombe*，メタノール資化性酵母 *Pichia pastoris*，*Hansenula polymorpha*，*Pichia methanolica*，*Candida boidinii* なども研究対象となっている。*Candida albicans* などのいくつかの酵母株は真菌症の原因となることが知られているが，これまでに研究されている酵母においてはヒトなどの外来性ウイルス感染は起こらない。増殖速度は倍加時間が 2 〜 4 時間であり，動物細胞よりもはるかに早い。また遺伝子を導入した酵母株はそのままマスターセルになるため，株を選抜する必要がないのも特徴である（表 1）。

　メタノール資化性酵母は，メタノールを炭素減として生育できる酵母株である。メタノールは非常に強力なプロモーターにより誘導される酵素群により代謝され，炭素減として利用される。したがってこのプロモーターの下流に目的タンパク質の遺伝子をつなぎ，細胞内に導入，メタノールにより誘導発現を行うことで，タンパク質の大量発現ができる。加えて，出芽酵母では凝集がおこるが，*P. pastoris* は高密度培養が可能であり，培養液あたりの菌数が数十倍異なる。従って菌体当たりの生産量が同一であっても，培養液あたりのタンパク質量は数十倍となる。

　以上の観点から，酵母の生産系がバイオ医薬品生産の有用な宿主となる可能性を秘めていると言える。しかし，「糖鎖は細胞の顔である」といわれるように，酵母には酵母特有の糖鎖構造がある。例えば，*C. albicans* の細胞壁糖鎖中にはヒトには見られない β 結合のマンナン構造が報

表 1　酵母細胞と動物細胞の比較

酵母細胞		動物細胞
2 〜 4 時間	倍加速度	12 時間〜
容易	株の育種	スクリーニングが必要
なし	ウイルス混入	コンタミの可能性
改変が必要	糖鎖付加	ヒトと酷似
〜 2 グラム /L[b]	タンパク質の発現量[a]	〜十数グラム /L
精製が必要	不純物の混入	精製が必要

a　発現するタンパク質に依存するが，ここでは治療用抗体で比較

b　T. I. Potgieter *et al.*, *Biotechnol. Bioeng.*, **106**, 918 (2010)

バイオ医薬品開発における糖鎖技術

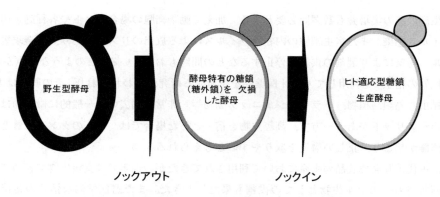

図1　ヒト適応型糖鎖生産酵母を作製するためのストラテジー
宿主酵母によって遺伝子は異なる。またヒト型に変換するためには，ヒト以外の種であっても同等の活性があればよく，動物以外にも，植物，昆虫，酵母，カビ，細菌由来の酵素も利用できる。

告されており，その部分構造の違いに対する抗体の種類でselotypeを区別している[4,5]。従って酵母でバイオ医薬品を生産する場合には，抗原性を排除するため，その糖鎖構造をヒト適応型に変換する必要がある。

酵母におけるヒト型糖鎖への改変については世界中のグループが取り組んでいる。その多くがN-型糖鎖の改変であり，手法としては酵母特異的に発現している糖鎖関連遺伝子を破壊し，ヒト型糖鎖の合成に必要な糖鎖関連遺伝子を導入する方法である（図1）。

3　ヒト適応可能なN-型糖鎖改変技術の開発

酵母においてN-型糖鎖をヒト型に改変しようと考えられたのは，1990年代初頭である。当時行われていた経済産業省の「複合糖質生産利用技術」プロジェクトに参加していたキリンビール㈱基盤技術研究所の竹内誠博士のグループと，工業技術院・生命工学工業技術研究所の地神芳文博士のグループにより出芽酵母の糖鎖改変が始められた[6]。

出芽酵母の糖鎖合成遺伝子については，1970年代から米国のBallouのグループにより糖鎖に欠損がある変異株の取得が行われた[7]。その後，いくつかの遺伝子取得が行われたが，出芽酵母特有の糖外鎖（マンナン）を合成する初発の酵素は見い出されていなかった。地神グループはトリチウムでラベルされたマンノースを利用して，糖外鎖が短くなることで生育が可能な変異株を単離し*och1*株と命名した[8]。さらにこの変異を相補する*OCH1*遺伝子が取得された[9]。*OCH1*遺伝子にコードされるタンパク質はα1,6-マンノース転移酵素で，ヒトと共通の糖鎖中間体（Man$_8$GlcNAc$_2$）構造にα1,6-結合でマンノースを転移する。このマンノースにさらに新たなマ

第10章　微生物を利用した糖鎖モデリング技術の開発

ンノースが付加され，酵母特有の糖外鎖が形成される。この *OCH1* 遺伝子は *S. pombe*[10]や *P. pastoris*[11]も見い出され，ヒト適応型糖鎖の生産にはこの遺伝子を破壊することが必須となっている。

　出芽酵母の場合には，さらに末端修飾に関わる α1,3-マンノース転移酵素をコードする *MNN1* 遺伝子[12]，糖鎖のリン酸化に関与する *MNN4* 遺伝子[13]を欠損した三重破壊株を作製することにより，Man$_8$GlcNAc$_2$ 型糖鎖が生合成されることが確認された[14]。ヒトではこの糖鎖を有するタンパク質がゴルジ体に運ばれた後，マンノシダーゼ I，GlcNAc 転移酵素（GnT）-I，マンノシダーゼ II，GnT-II の順に作用して，複合型糖鎖が形成される（図2）。我々は，カビ由来の α1,2-マンノシダーゼをコードする遺伝子（*msdS*）[15]を Man$_8$GlcNAc$_2$ 型糖鎖生産酵母株に導入し，部分的ではあるが，Man$_5$GlcNAc$_2$ 型糖鎖を生合成することを確認した[16]。

　一方，アメリカダートマス大の Dr. Gerngross のグループは，酵母の小胞体やゴルジ体に局在する様々なタンパク質から N 末端側の疎水性領域を単離し，動物や線虫などの糖鎖関連酵素の触媒領域などを融合させ，コンビナトリアルライブラリーを構築した[11,17]。そしてこれらをメタノール資化性酵母 *P. pastoris* の細胞内で発現させ，レポータータンパク質の糖鎖を MADLDI-TOF/MS でハイスループット解析を行い，最もよいと思われる組み合わせを見い出した。そしてこれらを組み合わせることにより，酵母細胞で複合型糖鎖の合成に成功した[18]。さらにシアル酸合成系を細胞内に構築し，シアル酸付加も可能にした[19]。なお，*P. pastoris* の場合には出芽酵母のような α1,3-マンノース転移酵素はないと考えられており，リン酸化糖鎖合成に関わる遺伝子と β マンノース転移酵素の遺伝子を破壊した宿主を用いている[11,18,19]。同じようなメタノール資化性酵母での糖鎖改変の試みは，ベルギーの Dr. Callewaert のグループ[20,21]や韓国の Dr. Kang[22]のグループ，また中国の Dr. Wu[23]のグループが行っている。日本においても我々のグループの他に，九州大学の竹川薫博士のグループが分裂酵母での改変を試みている[24]。

4　*Ogataea minuta* 株を用いた物質生産と糖鎖改変

　我々は出芽酵母のほかに *O. minuta* 株を宿主として用いている。*P. pastoris* と同様，*O. minuta* 株はメタノール資化性酵母であり，メタノールを炭素源として生育できる酵母である。NMR による細胞壁の糖鎖構造解析の結果から，その糖鎖構造は *S. cerevisiae* と類似しており，出芽酵母の糖鎖改変と類似したストラテジーを取ることが可能であると考えられた。細胞壁の *N*-型糖鎖を単離し，*in vitro* で α1,2-マンノシダーゼ処理を行ったところ，HPLC 上で Man$_5$GlcNAc$_2$ 構造のみが観察された[25]。さらに α1,2-マンノシダーゼ（*msdS*）遺伝子を *O. minuta* の Δ*och1* 株に導入し，細胞壁の *N*-型糖鎖を解析した結果，*in vitro* の結果と同様，Man$_5$GlcNAc$_2$ 構造のみが確認された[25]。このことから *O. minuta* はヒト適応型糖鎖の生産に有望な酵母宿主の一つであるといえる。さらに *O. minuta* でのヒト化抗体発現系について検討を進めているが，その際に酵母特有の *O*-型糖鎖修飾が問題となることがわかった。

109

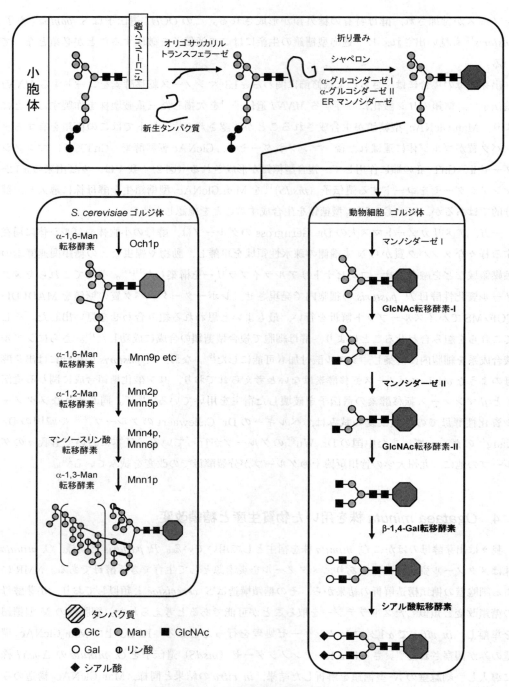

図2 出芽酵母と動物細胞のN-型糖鎖修飾の比較
小胞体内腔で作られる糖鎖構造は酵母でも動物細胞でも同じであり，ゴルジ体内での修飾が異なる。従って，ゴルジ体で作用する酵母特有の糖鎖関連酵素の遺伝子を破壊し，ヒト適応型に変換する酵素遺伝子を導入すればよい。

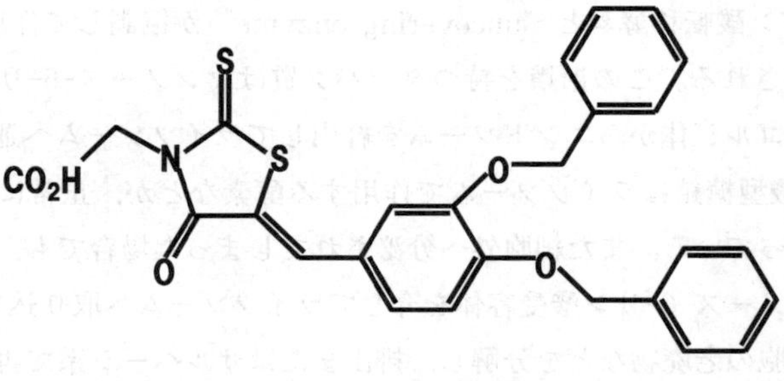

第 10 章　微生物を利用した糖鎖モデリング技術の開発

図3　ローダニン-3-酢酸誘導体 1c の構造

　医療用抗体の生産は動物細胞を用いて行われているが，抗体に O-型糖鎖の付加についてはあまり報告例がない[26,27]。つまり動物細胞で生産された抗体には O-型糖鎖はほとんど付加されないか，抗体スクリーニングの段階で除かれているものと考えられる。しかし，我々が酵母を用いて抗体を発現させ，SDS-ポリアクリルアミドゲル電気泳動とウエスタンブロット解析を行ったところ，予想分子量よりも高分子側にスメアなシグナルが観察された。このことから，$O. minuta$ で生産された抗体は高次構造形成が不完全であるか，抗原結合部位に何らかの修飾等が起きていて，抗原との結合活性が低下している可能性が考えられた。実際に N-型糖鎖を酵素的に除去すると抗体長鎖のメインシグナルは低分子側にシフトしたが，高分子側に見られるスメアなシグナルは依然として観察されることから，O-型糖鎖修飾が起こっていると予想された[28]。

　出芽酵母の例ではプロテイン：O-マンノース転移酵素をコードする $PMT1 \sim 6$ の遺伝子のうち，いくつかの遺伝子を破壊すると致死性を示すことが知られている[29]。$S. pombe$ や $C. albicans$ の PMT 遺伝子群でもその遺伝子破壊は致死であることから[30,31]，$O. minuta$ でも同様のことが考えられた。そこで，$C. albicans$ の生育阻害剤として開発され，プロテイン：O-マンノース転移酵素の阻害剤として報告のあったローダニン-3-酢酸の誘導体（R3AD）[32]（図3）を使用し，O-型糖鎖修飾の抑制を試みた。生育には影響しない条件で R3AD を抗体生産時に添加した結果，高分子側のスメアなシグナルは減少するとともに，目的の分子量に相当する位置のシグナル強度が増加した。また H2L2 会合体の発現量が3倍程度増加していることが示された。精製した抗体標品は動物細胞の生産する抗体にほぼ同等の結合活性を示したことから，酵母の O-型糖鎖修飾を抑制することで正しい高次構造を形成した抗体生産が行われ，結果として分泌量も増加したものと考えている[28]。O-型糖鎖付加を完全に抑制できているわけではないため，さらに PMT 破壊株を組み合わせて使用することなどを検討しているところである。

5　酵母リン酸化糖鎖とライソゾーム病治療薬の生産

　出芽酵母やメタノール資化性酵母は主にマンノース残基からなる中性糖鎖の多くはリン酸化糖鎖を有するため，これらを改変して医薬品応用することが検討されている。動物細胞では，ゴル

ジ体内で GlcNAc-リン酸転移酵素と"uncovering enzyme"が協調して作用し，マンノース-6-リン酸型糖鎖が合成される。この糖鎖を持つタンパク質はマンノース-6-リン酸型糖鎖を認識する受容体によって，ゴルジ体からエンドソームを経由してライソゾームへ運ばれる[33]。つまり，マンノース-6-リン酸型糖鎖はライソゾームで作用する酵素などが，正常に目的地へ輸送されるためのシグナルとなっている。また細胞外へ分泌されてしまった場合でも，細胞膜上にあるカチオン非要求性のマンノース-6-リン酸受容体を介してライソゾームへ取り込まれる。

ライソゾームは細胞の老廃物などを分解し，排出またはサルベージ系で再利用するために必要な小器官である。ヒトでは，このライソゾーム内で分解するための酵素が欠損あるいは活性が低下していると老廃物が蓄積し，様々な病態を示すことが知られている。これがライソゾーム病である。このライソゾーム病の治療法の一つとして，不足する酵素活性を細胞外から補う酵素補充療法が提唱されており，いくつかのライソゾーム病で既に利用されている[34]。ライソゾーム内に効率よく取り込ませるためには，前出のマンノース-6-リン酸受容体を介した取り込みを活用することが重要となる。

我々のグループはマンノース-6-リン酸型糖鎖を有するライソゾーム酵素を出芽酵母で生産させることを行い，実際に細胞内に蓄積した糖脂質などを効率よく分解させることに成功した（図4)[35]。またライソゾーム病の一つであるファブリー病の病態モデルマウスに，酵母組換え型マンノース-6-リン酸型糖鎖を含有したα-ガラクトシダーゼAを投与した実験では，肝臓や腎臓に蓄積した糖脂質が分解されていることが確認された[36]。このことから酵母で生産した組換えライソゾーム酵素は酵素補充療法に実用できる可能性があることが示された。しかしながら出芽酵母でのα-ガラクトシダーゼA生産量はあまり高くないため，前述の O. minuta 株で同様の戦略

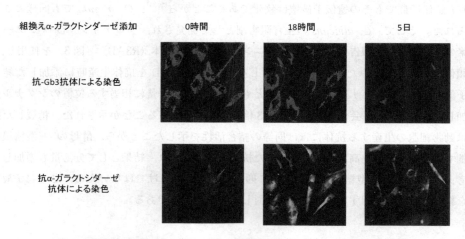

図4 酵母で生産されたライソゾーム酵素（α-ガラクトシダーゼ）の効果
上段：抗Gb3抗体による染色　下段：抗α-ガラクトシダーゼ抗体による染色
ファブリー病患者さん由来線維芽細胞を培養し，培養液に組換え α-ガラクトシダーゼを添加した。18時間後には酵素は細胞内のライソゾームに取り込まれ，5日後には蓄積した糖脂質（Gb3）を分解している様子が確認された。

第10章　微生物を利用した糖鎖モデリング技術の開発

を用いてマンノース-6-リン酸型糖鎖を生産することを検討した。

　酵母のリン酸化糖鎖の生合成機構については依然不明な点が多いが，GDP-マンノースを基質供与体として，中性糖鎖のマンノースの6位にリン酸マンノースが転移されることが明らかにされている。またこの反応には*MNN4*遺伝子の産物が関与していることが報告されている[13]。*MNN4*遺伝子がマンノースリン酸転移酵素そのものか，活性化因子かは依然はっきりとはしていない[37,38]。*O. minuta*の遺伝子検索の結果，出芽酵母の*MNN4*と相同性の高い遺伝子が4つ見い出された。このうち*MNN4-1*と命名した遺伝子を過剰発現した株を用い，ライソゾーム酵素の生産を行った。うち，GM2ガングリオシドーシスで欠損が見られる*β-N*-アセチルヘキソサミニダーゼについては，糖鎖全体に占めるリン酸化糖鎖の割合が45%と非常に高く[39]，GM2ガングリオシドーシスの病態モデルマウスの脳内に酵母で発現した*β-N*-アセチルヘキソサミニダーゼを投与した際には，マウスの運動能の改善や寿命の延長など病態が改善していた[40]。また別のライソゾームタンパク質を酵母で発現した際には，糖鎖全体の90%以上がリン酸化糖鎖であるという驚くべき結果であった（投稿準備中）。

　ヒトと酵母のマンノース-6-リン酸型の糖鎖構造は，リン酸残基の付加位置などが若干異なっているほか，酵母の場合は複合型糖鎖や混成型糖鎖が混在しない点が特徴である。これらの差がどのように体内動態や薬効に反映しているか興味深い。

6　ヒト適応*O*-型糖鎖の改変

　4節でも述べたように，酵母の場合にはセリン／トレオニン残基にマンノースが付加した*O*-Man型の糖鎖修飾が起こる。出芽酵母の場合，このマンノースにさらに数残基のマンノースが延長し，*O*-型糖鎖が形成される。*S. pombe*の場合には*O*-型糖鎖の非還元末端側はガラクトースで修飾されている[41]。酵母における*O*-型糖鎖の付加位置についての特徴的なコンセンサス配列は見い出されておらず，*O*-型糖鎖が付加されるかどうかをタンパク質のアミノ酸配列から推定することは困難である。ヒトではジストログリカンなどで*O*-Man型糖鎖が見い出されているものの，その構造は酵母とは異なり，*O*-Man-GlcNAc-Gal-Siaのように非還元末端側がシアル酸で修飾された構造である[42]。

　酵母*O*-型糖鎖の改変については，我々はムチン型糖鎖（*O*-GalNAc-Gal）の合成例を報告している[43]。この方法としては，①ムチン型糖鎖合成に必要なUDP-GalやUDP-GalNAcなどの糖ヌクレオチド合成遺伝子（*GalE*）の導入，②細胞質からゴルジ体内腔への糖ヌクレオチドの輸送に関わる遺伝子（UGTrel2）の導入，③糖転移酵素（ppGalNAc-T1，C1GalT）の導入と受容体の発現によりムチン型糖鎖を持つ糖ペプチド，糖タンパク質の生産系が確立された（図5）。酵母の*O*-Man型糖鎖による修飾との競合が懸念されたが，少なくともMUC1のタンデムリピート配列をコードするペプチドを発現した場合には競合は確認されなかった[43]。また血小板凝集活性能を有するポドプラニンは，がん細胞の転移能とも関係があるといわれているが，ムチン型糖

バイオ医薬品開発における糖鎖技術

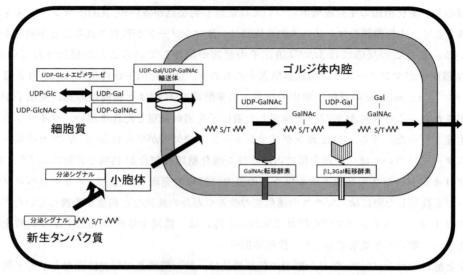

図5　ムチン型糖鎖生産酵母の概略
UDP-Glc 4-エピメラーゼ遺伝子：*Bacillus subtilis GalE*，UDP-Gal/UDP-GalNAc 輸送体遺伝子：ヒト　*UGT2*，GalNAc 転移酵素遺伝子：ヒト　ppGalNAc-T1，β1,3Gal 転移酵素（C1GalT）遺伝子：ショウジョウバエ core1 合成酵素遺伝子を用いた。

鎖生産酵母細胞を用いてこの分子を可溶型で発現し，*in vitro* で活性測定を行ったところ，PLAG ドメインと呼ばれる領域に存在する Thr にシアル酸を含むムチン型糖鎖を付加したポドプラニンのみが活性を示した。このことは過去に報告された金子らの報告[44]を再現する結果であり，糖鎖改変酵母が *O*-型糖鎖の機能解明のツールとなりうることを示すものである。

　O-型糖鎖の改変例が少ないのは，その機能が未知であるところが多く，産業的に利用される例が少ないためと思われる。例えば，治療用抗体などには *O*-型糖鎖の付加はほとんど見られない。またエリスロポエチンには *O*-型糖鎖が1カ所だけ付加されているが，この *O*-型糖鎖を酵素的に除去したエリスロポエチンでも *in vitro*, *in vivo* 共にその活性に変化はないという報告がされている[45]。だが，*O*-型糖鎖については，ムチンタンパク質のようにセリン／トレオニンがクラスターを形成している部位に付加される場合が多く，糖鎖構造と付加位置を同時に決めることが難しい状況であった。現在，質量分析装置による *O*-型糖鎖の構造解析手法が確立しつつあり，実際に我々が作製した *O*-型糖鎖を含む糖ペプチドは，分析機器の標準サンプルとして利用することが可能である。今後，糖鎖構造とその機能との関係がさらに解明されれば，*O*-型糖鎖の改変酵母の使用用途も多くなると考えられる。

第 10 章　微生物を利用した糖鎖モデリング技術の開発

7　まとめ

20年ほど前に開始された当時は，酵母にヒト型の糖鎖生合成系を持たせようという計画のことを話すと，世界中の研究者に「火星に行こうと言っているようなものだ」といわれたそうだが[6]，酵母の遺伝学的研究と糖転移酵素の網羅的なクローニングなどの技術開発にも支えられ，酵母でのヒト型糖タンパク質生産は現実のものとなりつつある。実際に酵母の N-型糖鎖改変技術については，一部で産業に活用すべく検討が行われている。今後さらに改良を進め，多品種の糖鎖，また多量に糖タンパク質を生産できる酵母の開発が望まれる。

謝辞

本研究は，㈱新エネルギー・産業技術総合開発機構（NEDO）の「複合糖質生産利用技術」，「糖鎖機能活用技術開発」，JST・CREST「糖鎖の生物機能の解明と利用技術」，医薬基盤研究所・基礎研究推進事業等のサポートを受け実施されたものである。また本研究を実施するにあたり，ご協力やご助言を頂いた多くの共同研究者の皆様に深謝いたします。

文　献

1) R. L. Shields *et al.*, *J. Biol. Chem.*, **277**, 26733 (2002)
2) T. Shinkawa *et al.*, *J. Biol. Chem.*, **278**, 3466 (2003)
3) T. Schirrmann *et al.*, *Front. Biosci.*, **13**, 4576 (2008)
4) M. Suzuki *et al.*, *Microbiol. Immunol.*, **26**, 387 (1982)
5) H. Kobayashi *et al.*, *Arch. Biochem. Biophys.*, **278**, 195 (1990)
6) M. Takeuchi, *Trends in Glycoscience Glycotechnology*, **13**, 371 (2001)
7) W. C. Raschke *et al.*, *J. Biol. Chem.*, **248**, 4655 (1973)
8) T. Nagasu *et al.*, *Yeast*, **8**, 535 (1992)
9) K. Nakayama *et al.*, *EMBO J.*, **11**, 2511 (1992)
10) T. Yoko-o *et al.*, *FEBS Lett.*, **489**, 75 (2001)
11) B. K. Choi *et al.*, *Proc. Natl. Acad. Sci. U. S. A.*, **100**, 5022 (2003)
12) C. L. Yip *et al.*, *Proc. Natl. Acad. Sci. U. S. A.*, **91**, 2723 (1994)
13) T. Odani *et al.*, *Glycobiology*, **6**, 805 (1996)
14) Y. Nakanishi-Shindo *et al.*, *J. Biol. Chem.*, **268**, 26338 (1993)
15) T. Inoue *et al.*, *Biochim. Biophys. Acta*, **1253**, 141 (1995)
16) Y. Chiba *et al.*, *J. Biol. Chem.*, **273**, 26298 (1998)
17) J. H. Nett *et al.*, *Yeast*, **28**, 237 (2011)
18) S. R. Hamilton *et al.*, *Science*, **301**, 1244 (2003)
19) S. R. Hamilton *et al.*, *Science*, **313**, 1441 (2006)

バイオ医薬品開発における糖鎖技術

20) N. Callewaert *et al., FEBS Lett.*, **503**, 173 (2001)

21) W. Vervecken *et al., Appl. Environ. Microbiol.*, **70**, 2639 (2004)

22) D. B. Oh *et al., Biotechnol. J.*, **3**, 659 (2008)

23) X. Yang *et al., Sheng Wu Gong Cheng Xue Bao*, **27**, 108 (2011)

24) T. Ohashi *et al., J. Biotechnol.*, **150**, 348 (2010)

25) K. Kuroda *et al., FEMS Yeast Res.*, **6**, 1052 (2006)

26) T. Martinez *et al., J. Chromatogr. A.*, **1156**, 183 (2007)

27) J. F. Valliere-Douglass *et al., Glycobiology*, **19**, 144 (2009)

28) K. Kuroda *et al., Appl. Environ. Microbiol.*, **74**, 446 (2008)

29) M. Gentzsch *et al., EMBO J*, **15**, 5752 (1996)

30) T. Willer *et al., Mol. Microbiol.*, **57**, 156 (2005)

31) S. K. Prill *et al., Mol. Microbiol.*, **55**, 546 (2005)

32) M. G. Orchard *et al., Bioorg. Med. Chem. Lett.*, **14**, 3975 (2004)

33) S. Kornfeld, *FASEB J.*, **1**, 462 (1987)

34) H. Sakuraba *et al., CNS Neurol. Disord. Drug Targets.*, **5**, 401 (2006)

35) Y. Chiba *et al., Glycobiology*, **12**, 821 (2002)

36) H. Sakuraba *et al., J. Hum. Genet.*, **51**, 341 (2006)

37) Y. Jigami *et al., Biochim. Biophys. Acta*, **1426**, 335 (1999)

38) J. N. Park *et al., Appl. Environ. Microbiol.*, **77**, 1187 (2011)

39) H. Akeboshi *et al., Glycobiology*, **19**, 1002 (2009)

40) D. Tsuji *et al., Ann. Neurol.*, **69**, 691 (2011)

41) L. Ballou *et al., Proc. Natl. Acad. Sci. U. S. A.*, **92**, 2790 (1995)

42) A. Chiba *et al., J. Biol. Chem.*, **272**, 13904 (1997)

43) K. Amano *et al., Proc. Natl. Acad. Sci. U. S. A.*, **105**, 3232 (2008)

44) M. K. Kaneko *et al., FEBS Lett.*, **581**, 331 (2007)

45) M. Higuchi i, *J. Biol. Chem.*, **267**, 7703 (1992)

第11章　植物生産系を利用した糖タンパク質合成技術

三﨑　亮[*1]，藤山和仁[*2]

　糖鎖修飾（特に N-結合型糖鎖について）は主として，細胞質，小胞体，ゴルジ体の3つのオルガネラで行われる（図1）。糖鎖合成原料（供与体基質）である糖ヌクレオチド UDP-GlcNAc, GDP-Man, UDP-Glc は細胞質で合成される。小胞体膜に存在するドリコール（Dol）が細胞質側でリン酸化されて P-Dol となり，一連の糖鎖合成の足場となる。P-Dol は，ALG7（DPAGT1 ともいう），ALG13/ALG14 複合体の作用で UDP-GlcNAc より GlcNAc を受け取り，GlcNAc2-PP-Dol となる。その後，GDP-Man を基質として3種のマンノース転移酵素により Man5GlcNAc2-

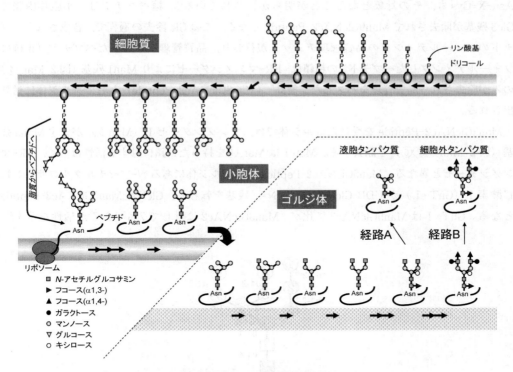

図1　植物 N-結合型糖鎖修飾経路
糖鎖の合成は，細胞質，小胞体，ゴルジ体へと進む。脂質（ドリコール）上で合成された糖質部は，糖転移酵素複合体により新生ペプチドへ転移され，糖ペプチドが誕生する。

---

*1　Ryo Misaki　大阪大学　生物工学国際交流センター　助教
*2　Kazuhito Fujiyama　大阪大学　生物工学国際交流センター　教授

バイオ医薬品開発における糖鎖技術

PP-Dol が合成され，細胞質における合成が完了する。フリッパーゼが Man5GlcNAc2-PP-Dol の糖質部を小胞体内腔に転移させ，小胞体内での合成が始まる。小胞体内での合成原料は，GDP-Man，UDP-Glc の Man や Glc により修飾を受けた Man-P-Dol や Glc-P-Dol で（細胞質とは異なる），糖質部は内腔側にある。小胞体内で最初に関与する酵素はマンノース転移酵素 ALG3 で，その後 ALG9，ALG12 が，Man-P-Dol を Man 残基の供与体基質として Man9GlcNAc2-PP-Dol を合成する。引続き，グルコース転移酵素 ALG6，ALG8，ALG10 が Glc-P-Dol を基質として Glc 残基を転移する。その結果，Dol を足場とした糖鎖前駆体最終型 Glc3Man9GlcNAc2-PP-Dol が小胞体内で合成される。

ペプチドはリボソーム上で合成され，小胞体内腔に輸送される。そこで，糖鎖前駆体最終型 Glc3Man9GlcNAc2-PP-Dol より糖鎖転移酵素複合体により co-translational に新生ペプチド鎖に糖質部が転移され，糖ペプチド（糖タンパク質）Glc3Man9GlcNAc2-Peptide ができる。N-結合型糖鎖修飾は，ペプチド上の Asn-X-Ser/Thr 配列の Asn 残基で起こる。最近の知見では，Asn-X-Cys も，その対象となることが明らかにされている[1]。糖ペプチドは，小胞体内腔で Glc3 残基が除去されて Man9GlcNAc2-Peptide となる。この Glc 除去の過程で，合成されたペプチドのフォールディングの品質管理チェックが行われ，品質管理をパスしたペプチド（正確にフォールディングしたペプチド）の糖鎖は，ER-マンノシダーゼにより Man1 残基（図2 Man ④）のみが除去され，品質管理をパスした"製品"（Man8GlcNAc2-Peptide）としてゴルジ体に送り出される。

Man8GlcNAc2-Peptide を受けたゴルジ体では，マンノシダーゼⅠ（ManⅠ）がまず Man3 残基（図2 Man ①②⑥）を除去する。ManⅠは Man④を持った糖鎖に対する活性は低く，ER-マンノシダーゼと異なる。Man5GlcNAc2-Peptide は，ゴルジ体にある N-アセチルグルコサミン転移酵素Ⅰ（GnT-Ⅰ）が UDP-GlcNAc の GlcNAc 残基を転移し，GlcNAcMan5GlcNAc2-Peptide となる。GnT-Ⅰは Man5GlcNAc2 に比べ，Man3GlcNAc2 に対して7％であるが活性を示す[2]。

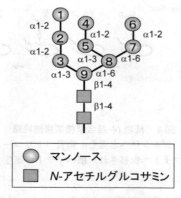

図2 Man9GlcNAc2 構造
マンノース（Man）各残基について，番号を付した。

第11章　植物生産系を利用した糖タンパク質合成技術

表1　植物で単離・解析された N-結合型糖鎖修飾関連酵素

	対応する Arabidopsis の遺伝子	文献
細胞質		
ドリコールキナーゼ（SEC59）	AT3G45040	
α1,2-マンノース転移酵素（ALG7）	AT2G41490	
	AT3G57220	
α1,6-マンノース転移酵素（ALG13）	AT4G16710	
α1,6-マンノース転移酵素（ALG14）	AT4G18230	
α1,3-マンノース転移酵素（ALG1）	AT1G16570	
α1,3-マンノース転移酵素（ALG2）	AT1G78800	
α1,2-マンノース転移酵素（ALG11, LEW3）	AT2G40190	Zhang *et al.*, 2009[22]
小胞体		
α1,3-マンノース転移酵素（ALG3）	AT2G47760	Henquet *et al.*, 2008[21]
		Kajiura *et al.*, 2010[26]
α1,2-マンノース転移酵素（ALG9）	AT1G16900	
α1,6-マンノース転移酵素（ALG12, EBS4）	AT1G02145	Hong *et al.*, 2009[27]
α1,3-グルコース転移酵素（ALG6）	AT5G38460	
α1,3-グルコース転移酵素（ALG8）	AT2G44660	
α1,2-グルコース転移酵素（ALG10, DIE2）	AT5G02410	Farid *et al.*, 2011[28]
α-グルコシダーゼⅠ（GCSⅠ, KNF-14）	AT1G24320	Boisson *et al.*, 2001[29]
		Gillmor *et al.*, 2002[30]
α-グルコシダーゼⅡ（GCSⅡ, RSW3）	AT5G63840	Burn *et al.*, 2002[31]
		Taylor *et al.*, 2000 (St)[32]
ER-マンノシダーゼ	AT1G30000	Liebminger *et al.*, 2009[33]
ゴルジ体		
α-マンノシダーゼⅠ（A,B）	AT1G51590	Kajiura *et al.*, 2010[23]
	AT3G21160	Liebminger *et al.*, 2009[33]
N-アセチルグルコサミン転移酵素Ⅰ	AT4G38240	Wenderoth and von Schaewen, 2000 (At, Nt, St)[34]
		Strasser *et al.*, 1999 (Nt)[35]
α-マンノシダーゼⅡ	AT5G14950	Strasser *et al.*, 2006[36]
N-アセチルグルコサミン転移酵素Ⅱ	AT2G05320	Strasser *et al.*, 1999[37]
β1,2-キシロース転移酵素	AT5G55500	Strasser *et al.*, 2000[38]
		Bondili *et al.*, 2006 (Zm)[39]
α1,3-フコース転移酵素（A, B）	AT1G49710	Wilson *et al.*, 2001[40]
	AT3G19280	Castilho *et al.*, 2005 (Mt)[41]
		Bondili *et al.*, 2006 (Zm)[39]
α1,4-フコース転移酵素	AT1G71990	Wilson *et al.*, 2001[40]
		Wilson, 2001 (Le)[42]
		Castilho *et al.*, 2005 (Mt)[41]
β1,3-ガラクトース転移酵素	AT1G26810	Strasser *et al.*, 2007[43]
N-アセチルグルコサミニダーゼ（HEX1, HEX2, HEX3）	AT1g65590, AT3g55260, AT1g05590	Gutternigg *et al.*, 2007[44]

略号：St, potato (*Solanum tuberosum* L.)；Nt, tobacco (*Nicotiana tabacum* L.)；Zm, maize (*Zea mays*)；Mt, barrel medick or barrel clover (*Medicago truncatula*)；Le, tomato (*Lycopersicon esculentum*)

続くマンノシダーゼⅡ（ManⅡ）は、基質特異性が厳しく、Man5GlcNAc2-Peptide を基質とせず、GlcNAcMan5GlcNAc2-Peptide に作用する（図2 Man ⑤⑦除去）。GlcNAcMan3GlcNAc2-Peptide は、N-アセチルグルコサミン転移酵素Ⅱ（GnT-Ⅱ）により GlcNAc2Man3GlcNAc2-Peptide と変換される。この構造は、酵母を除き昆虫、植物、動物由来の真核細胞で共通である。しかし、以降のステップは、由来する細胞に依存しそれぞれ固有の糖鎖修飾を受ける。

植物における N-結合型糖鎖修飾関連酵素に関する研究は目覚しい進歩がある。これまでシロイヌナズナ（*Arabidopsis thaliana*）を中心として、N-結合型糖鎖修飾関連酵素遺伝子がクローニングされている（表1）。植物糖鎖は、哺乳動物、特にヒト由来の糖鎖と比べられることが多い。どのような違いがあるのだろうか。糖鎖修飾能力について、その違いを図3に示す。GlcNAc2Man3GlcNAc2-Peptide より以降の植物における修飾経路は複雑である。関与する転移酵素のゴルジ体の局在性と酵素基質特異性によるものである。しかし、大局的にみると植物では2通りの修飾経路があり、主として FucMan3(Xyl)GlcNAc2-Peptide（図1 経路A）、Gal2(Fuc)2GlcNAc2(Fuc)Man3(Xyl)GlcNAc2-Peptide（図1 経路B）となると考えられる。この過程には植物に特有な酵素 α1,3-フコース転移酵素（α1,3-FucT）および β1,2-キシロース転移酵素（XylT）が作用し、GlcNAc2(Fuc)Man3(Xyl)GlcNAc2-Peptide となる経路がある。経路Aでは、GlcNAc2(Fuc)Man3(Xyl)GlcNAc2-Peptide が生じた後、N-アセチルグルコサミニダーゼの作用により FucMan3(Xyl)GlcNAc2-Peptide となる。この構造は、一般的に液胞に存在するタンパク質に多く見られる。一方、経路Bでは、GlcNAc2(Fuc)Man3(Xyl)GlcNAc2-Peptide に β1,3-ガラクトース転移酵素（β1,3-GalT）、α1,4-フコース転移酵素（α1,4-FucT）が作用し、いわゆるルイスA型構造 Galβ1,3-(Fucα1,4-)GlcNAc を非還元末端 GlcNAc 残基に付加する。この構造は、一般的に細胞外タンパク質にあるとされる。

本章では、翻訳後修飾の観点からより付加価値の高いバイオ医薬品を開発するために、植物の

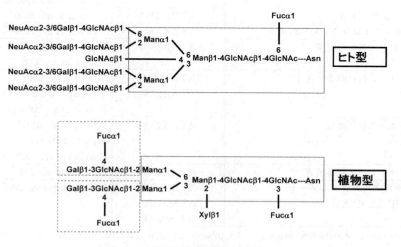

図3 ヒト型糖鎖と植物型糖鎖の比較

第 11 章　植物生産系を利用した糖タンパク質合成技術

糖鎖合成経路をヒト型に改変する技術を紹介する。

1　植物由来糖タンパク質糖鎖構造の解析

　植物細胞での糖鎖合成経路を改変するにあたり，モデル植物として「光エネルギー」や「簡単な肥料」で育成可能な，いわゆる植物体を用いる場合と，「増殖・成長が早く」「無菌的閉鎖空間での容易な育成が可能であり」「生育条件をコントロールできる」植物培養細胞を利用する方法がある。

　ここでは，まずタバコ培養細胞 BY2 株（*Nicotiana tabacum* L cv. Bright Yellow2）をベースとして行われた研究を紹介する。1990 年代，植物糖鎖構造に関する報告より，おおよその合成経路は予想されていた。しかし，遺伝子工学的手法を用いて糖鎖修飾関連酵素遺伝子を導入し，植物糖鎖合成経路を動物（ヒト）型へと改変するためには，植物には足りない糖鎖修飾関連酵素が何であるかをあらかじめ知っておく必要がある。Palacpac らが，BY2 細胞の内在性糖タンパク質 *N*-結合型糖鎖構造を調査した結果，表 2 に示すように，BY2 細胞は植物に特異的に見られる β1,2-結合 Xyl もしくは還元末端 GlcNAc 残基への α1,3-結合 Fuc を持つ糖鎖が全体の 90％以上を占めており，かつ動物由来 *N*-結合型糖鎖に見られる還元末端への α1,6-結合 Fuc や非還元末端への Gal，シアル酸（Sia）付加は認められないことが分かった[3]。植物細胞では，その細胞内空間の大部分を液胞が占めることからも，とりわけ，液胞局在糖タンパク質糖鎖として知られ

表 2　BY2 および GT6 細胞由来全可溶性タンパク質と IgG 抗体の *N*-結合型糖鎖構造存在比（％）

Structure	BY2 (total)	mIgG0000 from BY2	GT6 (total)	mIgG0000 from GT6
Man7GlcNAc2	—	—	25.2	6.8
Man6GlcNAc2	—	15.4	19.5	4.4
Man5GlcNAc2	7.5	6.9	1.4	—
Man4GlcNAc2	—	—	—	5.0
Man3GlcNAc2	—	—	—	22.3
GlcNAcMan5GlcNAc2	—	3.1	—	—
GlcNAcMan3GlcNAc2	—	—	—	32.9
GlcNAcMan2GlcNAc2	—	—	—	2.1
GlcNAcMan3(Xyl)GlcNAc2	—	17.8	—	2.1
GlcNAc2(Fuc)Man3(Xyl)GlcNAc2	26.5	—	—	—
GlcNAc(Fuc)Man3(Xyl)GlcNAc2	21.7	24.4	—	—
FucMan3(Xyl)GlcNAc2	41.0	24.3	—	1.1
Man3(Xyl)GlcNAc2	3.3	8.1	6.6	6.6
GalGlcNAcMan5GlcNAc2	—	—	35.5	7.8
GalGlcNAcMan3GlcNAc2	—	—	11.8	8.9
Total high-mannose-type *N*-glycans	7.5	22.3	11.2	11.2
Total β1,2-Xyl and/or α1,3-Fuc *N*-glycans	92.5	74.6	9.8	9.8
Reference No.	(3)	(7)	(6)	(8)

121

る FucMan3(Xyl)GlcNAc2 が約 40％存在した。しかしながら，β1,2-結合 Xyl および α1,3-結合 Fuc は生体内において抗原性を示すことも報告されているため[4,5]，糖鎖合成経路の改変では除去したい糖残基である。一方で，高マンノース型糖鎖は 7.5％であった。

2　ヒト由来 β1,4-GalT を発現する BY2 細胞の構築

　前記糖鎖構造の解析から判断するに，少なくとも BY2 細胞では，動物型糖鎖の中間体である GlcNAc2Man3GlcNAc2-Peptide を生合成する能力はありそうである。図 3 に示すように，植物細胞の中で典型的な多分岐動物型 N-結合型糖鎖を合成させるためには，非還元末端への「β1,4-結合 Gal および Sia 残基の付加」「GlcNAc 付加による糖鎖の多分岐」「β1,2-結合 Xyl および α1,3-結合 Fuc の除去」が必要となる。Palacpac らは，まず最初に糖鎖非還元末端の伸長反応に着目した。すなわち，β1,4-GalT を安定的に発現する BY2 細胞の構築に着手した。GalT などに代表される糖転移酵素がその受容体基質である糖鎖に糖を転移するには，ドナー基質である糖ヌクレオチドと酵素反応の場に基質を供給するための糖ヌクレオチドトランスポーターの存在が必要不可欠である。BY2 細胞の糖タンパク質糖鎖に Gal を β1,4 結合するためには，β1,4-GalT の発現だけではなく，供与体基質である UDP-Gal とそのトランスポーターの存在が必要となるわけであるが，植物はゴルジ体で合成される細胞壁の構成成分として Gal を転移する能力がある。このため，β1,4-GalT を BY2 細胞で発現させた場合でも，内在性の UDP-Gal およびトランスポーターを利用した糖鎖への Gal 付加が可能であると期待された。

　Palacpac らは，β1,4-GalT 発現 BY2 細胞の中でも特に GalT 活性の高い系統 GT6 株を選抜し，全糖タンパク質 N-結合型糖鎖構造の解析を行った[6]。この結果，期待された 2 分岐型アシアロ糖鎖 Gal2GlcNAc2Man3GlcNAc2-Peptide の存在は確認できなかったものの，半数の約 50％の糖鎖（GalGlcNAcMan3GlcNAc2-Peptide および GalGlcNAcMan5GlcNAc2-Peptide）に β1,4 位での Gal 結合が認められた（表 2）。さらに，予期せぬ結果であったが，GT6 細胞由来の糖鎖には前述した植物に特有に見られる β1,2 結合 Xyl が全体の約 7％しかなく，しかも α1,3 結合 Fuc の存在が確認できなかった。高マンノース型糖鎖は約 46％であった。これは，β1,4-GalT の持つ基質特異性や植物細胞内での局在が影響を及ぼしたと考えられた。GT6 細胞の解析データにより，ヒト由来糖鎖修飾酵素が，実際に植物細胞内において期待される活性を発揮できるということ，そして，その基質特異性や植物細胞内での局在性を利用することで，糖鎖修飾経路の改変に対してより高い効果（植物特有の糖鎖構造を減少させる）をもたらす可能性があることが有用な知見として得られた。ここに，植物型糖鎖合成経路のヒト型化という戦略の第一歩が踏み出された。

第11章　植物生産系を利用した糖タンパク質合成技術

3　BY2 細胞および GT6 細胞での抗体生産

　BY2 細胞と GT6 細胞からの全糖タンパク質 N-結合型糖鎖構造の比較を行った。しかしながら，最終的に医療タンパク質生産へと発展させるためには，実際にこれらの細胞で生産させた医療タンパク質の糖鎖構造を解析し，情報を十分に得ておく必要がある。そこで，マウス由来モノクローナル抗体（IgG）をモデル医療タンパク質として BY2 および GT6 細胞において生産させ，その N-結合型糖鎖構造の解析が行われた[7, 8]。

　まず，BY2 細胞で生産された IgG（mIgG0000）の糖鎖には，BY2 細胞由来の全糖タンパク質 N-結合型糖鎖同様に大部分の糖鎖（約 75%）において，植物特有の β 1,2-結合 Xyl もしくは α 1,3-結合 Fuc が認められ，高マンノース型糖鎖は約 20% を占めた（表 2）。これに対し，GT6 細胞で生産された IgG では，全糖タンパク質 N-結合型糖鎖で見られた約半数とはいかないまでも，約 17% の N-結合型糖鎖において非還元末端への β 1,4-結合 Gal が認められた。一方で，β 1,2-結合 Xyl，α 1,3-結合 Fuc を含む糖鎖はそれぞれ約 10%，1% と少なく，高マンノース型糖鎖は 10% 程度であった。GT6 細胞で生産した IgG への Gal 付加に関しては，全糖タンパク質 N-結合型糖鎖構造解析から期待されたような約 50% には及ばなかったものの，生体内で抗原性を示す可能性のある β 1,2-結合 Xyl と α 1,3-結合 Fuc を含む糖鎖の量は，BY2 細胞で生産させた IgG と比較して顕著に減少していた。このことからも，植物細胞において β 1,4-GalT を発現し糖鎖合成経路をヒト型に改変することは，より付加価値の高い医療タンパク質の大量生産に向けた優れた手法であるといえよう。一方で，β 1,4-GalT と抗体を各々発現するタバコ植物体（*Nicotiana tabacum* cv. Samsun NN）を交雑し，抗体の糖鎖構造を解析した報告がある[9]。ここでは，植物体を用いても全 N-結合型糖鎖の約 30% に β 1,4-結合 Gal が見られたものの，培養細胞とは異なりほとんどの糖鎖に β 1,2-結合 Xyl もしくは α 1,3-結合 Fuc が含まれていた。

4　植物細胞への Sia 合成経路の導入

　植物細胞内で，糖タンパク質糖鎖非還元末端に Gal を β 1,4-結合することに成功した。次のステップとして，植物細胞に糖鎖へのシアル酸付加機能を持たせることを考える。しかしながら，ここに大きな問題がある。植物には，糖鎖に Sia を転移する反応を触媒する Sia 転移酵素（ST）がないだけではなく，ヒトや他の動物が持つ Sia（ここでは N-アセチルノイラミン酸 NeuAc とする）自体がない。すなわち，植物細胞で糖鎖に Sia を付加させるためには，Sia 合成経路から導入してやる必要がある。このために，少なくとも，① UDP-GlcNAc-2-エピメラーゼ，② NeuAc 9-リン酸合成酵素，③ CMP-NeuAc 合成酵素（CSS），④ CMP-NeuAc トランスポーター（CST），⑤ ST，の発現が要求される。

　1998 年に，海外研究グループがラット由来 α 2,6-ST をシロイヌナズナで発現させ，活性を有することを見出した[10]。これに対し，筆者らはヒト由来 CSS および CST 遺伝子を単離，タバコ

123

BY2 細胞にて発現させ，活性を発揮することを証明した[11]。さらに，BY2 細胞で生産したヒト由来 CSS および α2,6-ST を用いて，CTP と NeuAc を基質とし in vitro での実験系ながら，合成した CMP-NeuAc から NeuAc を N-結合型糖鎖非還元末端へ付加することに成功した[12]。それでも，前述した Sia 糖鎖付加に必要な5つの酵素を同時に生産できる組換え植物の作成はしばしの時を経ることとなったが，2010 年，ついに Castilho らが成果を発表した[13]。前記5つの酵素および β1,4-GalT をタバコ近縁植物体（Nicotiana benthamiana）で発現させ，さらにモデルタンパク質として生産した抗体の N-結合型糖鎖構造を解析したところ，β1,4-Gal 残基を介した非還元末端への NeuAc 付加が確認された。この成果により，これまで酵母（Pichia pastoris）では成功例のあった[14]異種生物での N-結合型糖鎖合成経路のヒト型化が，植物でも基本的に構築されたことになる。

5　細胞内局在が及ぼす糖鎖構造への影響

　植物に限らずバイオリアクターを用いて外来タンパク質を生産させる場合，タンパク質の生理活性に大きく影響を与える翻訳後修飾機構を考慮して，標的タンパク質をどの場所へターゲッティングさせるかということが重要となってくる。糖鎖修飾に関して言えば，標的タンパク質が小胞体およびゴルジ体内腔を通ることで糖鎖の合成・修飾が行われ，その後，細胞外に分泌されたり目的とする細胞小器官へと輸送される。

　植物細胞を利用した医療タンパク質生産を考え，例えば，目的タンパク質を植物細胞で最大の容積を占める液胞に貯蔵させるとする。この場合，確かにタンパク質の高生産が期待できるが，一方で，糖鎖については，液胞に局在する内在性糖加水分解酵素による修飾を受けてしまう可能性が高い。実際に，レクチンやペルオキシダーゼといった糖タンパク質の糖鎖では FucMan3(Xyl)GlcNAc2-Peptide 構造が大きな比率で存在するが，これは，糖タンパク質が小胞体からゴルジ体を経由する過程で合成された糖鎖 GlcNAc2(Fuc)Man3(Xyl)GlcNAc2-Peptide が，糖タンパク質の液胞への輸送の後，最終的に N-アセチルグルコサミニダーゼによって分解された結果ではないかと考えられる[15]。このような事象を踏まえ，植物バイオリアクターを利用した医療タンパク質の生産を行う際には，標的タンパク質の糖鎖構造が（ヒト型として）余分な修飾を受けないように，最終目的地を上手く設定してやる必要がある。逆に言えば，標的タンパク質の局在場所を操作することで，その糖鎖構造の分布をヒト型化に有用な方向に変化させることができるかもしれない。

　この手法の有効性を確かめるために，IgG をモデルタンパク質として新たにシグナルペプチドを融合することで BY2 細胞にて発現，細胞内局在を変化させた IgG の N-結合型糖鎖構造が解析された（表3）。まず，H 鎖にサツマイモ由来スポラミンの液胞局在シグナルペプチドを融合した IgG（mIgG1000）および H 鎖と L 鎖両方にシグナルペプチドを融合した mIgG1010 を作成した。これらの N-結合型糖鎖構造の分布は，mIgG1000 では，植物特有の β1,2-結合 Xyl もしく

第11章　植物生産系を利用した糖タンパク質合成技術

表3　BY2で発現したIgG抗体のN-結合型糖鎖構造存在比（%）

Structure	BY2 (total)	mIgG0000 from BY2	mIgG0100 (H-KDEL)	mIgG0101 (H-KDEL, L-KDEL)	mIgG1000 (VSS-H)	mIgG1010 (VSS-H, VSS-L)
Man8GlcNAc2	—	—	35.6	7.4	12.3	3.7
Man7GlcNAc2	—	—	9.4	3.1	6.8	1.5
Man6GlcNAc2		15.4	5.7	5.3	5.8	6.9
Man5GlcNAc2	7.5	6.9	—	46.2	3.0	2.9
GlcNAcMan5GlcNAc2	—	3.1				—
GlcNAcMan3(Xyl)GlcNAc2	—	17.8	—	—	5.5	1.7
GlcNAc2(Fuc)Man3(Xyl)GlcNAc2	26.5	—	14.1	—	7.2	5.4
GlcNAc(Fuc)Man3(Xyl)GlcNAc2	21.7	24.4	—	11.0	11.5	13.1
FucMan3(Xyl)GlcNAc2	41.0	24.3	35.2	27.0	37.8	58.5
Man3(Xyl)GlcNAc2	3.3	8.1	—	—	10.1	6.3
Total high-mannose-type N-glycans	7.5	22.3	50.7	62.0	27.9	15.0
Total β1,2-Xyl and/or α1,3-Fuc N-glycans	92.5	74.6	49.3	38.0	72.1	85.0
Reference No.	(3)	(7)	(17)	(17)	(16)	(16)

VSS : vacuolar sorting signal from sporamin

はα1,3-結合Fucを含む糖鎖は72.1%，高マンノース型糖鎖は27.9%とmIgG0000の74.6%および22.3%と比較しても大きな差はないが，FucMan3(Xyl)GlcNAc2-Peptide構造に注目すると，mIgG0000では全N-結合型糖鎖の24.3%であるのに対し，mIgG1000では37.8%と全体に占める割合が増加していた。さらに，HおよびL両鎖にシグナルペプチドを保持するmIgG1010では，β1,2-結合Xylもしくはα1,3-結合Fucを含む糖鎖は85.0%，高マンノース型糖鎖は15.0%となり，FucMan3(Xyl)GlcNAc2-Peptide構造の占める割合は58.5%と顕著な増加を示した[16]。これに対し，小胞体滞留シグナルペプチドとして知られるKDEL配列をH鎖のC末端に融合したmIgG0100，およびH鎖とL鎖両方に融合したmIgG0101を作成した。同様にN-結合型糖鎖構造を解析すると（表3），β1,2-結合Xylもしくはα1,3-結合Fucを含む糖鎖はmIgG0100では49.3%，mIgG0101では38.0%であり，高マンノース型糖鎖はそれぞれ50.7%と62.0%であった[17]。

　IgGに液胞局在シグナルペプチドを付加することで，IgGが小胞体・ゴルジ体を経由した後に液胞へと輸送され，全N-結合型糖鎖の中でFucMan3(Xyl)GlcNAc2-Peptideの比率が増加したと考えられる。同様に，小胞体滞留シグナルペプチドKDELを付加することでIgGが小胞体に滞留し，ゴルジ体以降の糖鎖修飾を回避したことで全N-結合型糖鎖の中で高マンノース型糖鎖の比率が顕著に増加し，対してβ1,2-結合Xylやα1,3-結合Xylを含む糖鎖の比率が減少したと考えられる。また，それぞれのシグナルペプチドは，H鎖のみに付加した場合よりもHとL両鎖に付加した方が，糖鎖構造に及ぼす影響が大きい。しかしながら，植物細胞内で標的タンパク質の局在を変化させることで，その糖鎖構造は顕著な影響を受けるものの，例えばヒト型糖鎖には不要なβ1,2-結合Xylやα1,3-結合Fucを含む植物特有の糖鎖がなくなってしまうわけでは

ない。mIgG0101 では，mIgG0000 に比べて高マンノース型糖鎖の比率が大きく増加してはいるものの，植物特有の糖鎖が依然 38％も存在している。こうした結果を踏まえると，植物糖鎖合成経路をヒト型へと改変するにあたり，最終的には，生産宿主植物において XylT や α1,3-FucT の遺伝子レベルでのノックダウン・ノックアウトを目指す必要があると考える。

6　今後の展望

　遺伝子組換えを利用して生み出されたバイオ医薬品は，実際に生体に投与され，しかもホンモノ同等のもしくはそれに限りなく近い効果が求められる。しかしながら，タンパク質は翻訳後修飾を受けて成熟型となるため，種を超えた組換えタンパク質生産では，異種間の翻訳後修飾機構の差が生産物の品質（生理学的活性）に大きく影響する。我々や海外の研究グループは，翻訳後修飾機構の中でも特に重要とされる糖鎖修飾に着目してきた。すなわち，大量かつ安価に組換え有用タンパク質を生産するという「ものづくり」の長所を持つ植物を利用し，糖鎖修飾経路のヒト型への改変を目指してきた。これまで紹介してきたように，遺伝子工学的手法を用いて植物由来 N-結合型糖鎖に β1,4-結合 Gal および Sia を付加することに成功した。

　一方で，完全なヒト型糖鎖修飾経路を構築するためには，まだまだ解決しなければならない問題がある。例えば，ヒト型糖鎖は二分岐だけではなく三分岐，四分岐の糖鎖が存在する。エリスロポエチンなどの糖タンパク質では，その活性に多分岐型糖鎖構造が必要であると言われている。植物細胞には，これら多分岐型糖鎖を合成する機能はないため，N-アセチルグルコサミン転移酵素Ⅳ（GnT-Ⅳ）およびⅤ（GnT-Ⅴ）といった糖転移酵素を新たに導入する必要がある。GnT-Ⅳおよび Ⅴについては，最近になり植物体 N. benthamiana において発現，活性を示し多分岐型糖鎖構造の生合成に成功したという報告が出た[18]。

　また，ヒトでは N-結合型糖鎖還元末端 GlcNAc 残基に α1,6-結合で Fuc 残基が付加されるのに対し，植物では Fuc は α1,3-結合で付加される。このため，植物には α1,6-FucT を導入する必要がある。さらに，先述したように，この α1,3-結合 Fuc と加えて β1,2-結合 Xyl は，生体内において抗原性を示すことが報告されている。植物特有の糖鎖が組換え医療タンパク質に付加されることは好ましくない。よって，これら糖残基を付加する転移酵素を欠失した植物の作出が必要となってくる。植物では，2 種の α1,3-FucT と 1 種の XylT が見つかっているが（表1），現在，シロイヌナズナにおいてこれら転移酵素の三重遺伝子変異株が作成されており，実際に変異株の糖鎖では，α1,3-結合 Fuc と β1,2-結合 Xyl は見られない[19]。

　シロイヌナズナは，世代交代が早く全ゲノム配列が開いていることからも有用なモデル植物体である。さらに，現在では Salk Institute Genomic Analysis Laboratory（http://signal.salk. edu/）から各種遺伝子変異株を容易に入手可能である。糖鎖修飾関連酵素遺伝子の変異株も多数揃えられており，植物糖鎖の研究の非常に優秀なツールとして，様々な研究に使用された実績がある[20〜23]。前記の α1,3-結合 Fuc，β1,2-結合 Xyl を欠く三重遺伝子変異株は，Salk より入手

第 11 章　植物生産系を利用した糖タンパク質合成技術

した FucT 変異株と XylT 変異株を交雑させることで作出されたものである。植物では，塩耐性の低下などは報告されているものの，糖鎖修飾関連酵素不全による個体への影響は動物のように大きくはないようである[20, 24, 25]。逆に言えば，植物の糖鎖修飾経路を遺伝子工学的に大きく操作しても，植物自体への成長やタンパク質生産にはマイナスの影響を与えなくても済むと期待できる。このように，糖鎖修飾関連酵素遺伝子の変異株を交雑することで，例えば均一な糖鎖構造を合成できる植物の作成が可能であるかもしれない。

　植物糖鎖修飾経路自体がまだ完全に理解・解明されていない。また，現在では N-結合型糖鎖についての研究は大きく発展・進歩したが，O-結合型糖鎖についての知見は非常に乏しい。植物糖鎖修飾経路を解明し工学的に利用するためにも，今後の研究によるさらなるアプローチが必要であろう。ヒト型糖鎖修飾経路を持つ植物バイオリアクターの開発は，高品質かつ安価なバイオ医薬品の将来的な大量生産を大いに期待させる。現在では，タバコやシロイヌナズナをモデル植物とした実験レベルでの進歩であるが，ゆくゆくは工業的生産レベルで実用性の高い植物への応用が待たれる。

文　　献

1) T. Matsui *et al.*, *Glycobiology*, **21**, 994 (2011)
2) K. Dohi *et al.*, *J. Biosci. Bioeng.*, **109**, 388 (2010)
3) N. Q. Palacpac *et al.*, *Biosci. Biotechnol. Biochem.*, **63**, 35 (1999)
4) R. van Ree *et al.*, *J. Biol. Chem.*, **275**, 11451 (2000)
5) I. B. Wilson *et al.*, *Glycobiology*, **11**, 261 (2001)
6) N. Q. Palacpac *et al.*, *Proc. Natl. Acad. Sci. U.S.A.*, **96**, 4692 (1999)
7) K. Fujiyama *et al.*, *J. Biosci. Bioeng.*, **101**, 212 (2006)
8) K. Fujiyama *et al.*, *Biochem. Biophys. Res. Commun.*, **358**, 85 (2007)
9) H. Bakker *et al.*, *Proc. Natl. Acad. Sci. U.S.A.*, **98**, 2899 (2001)
10) G. T. Edmund *et al.*, *Plant Cell*, **10**, 1759 (1998)
11) R. Misaki *et al.*, *Biochem. Biophys. Res. Commun.*, **339**, 1184 (2006)
12) H. Kajiura *et al.*, *J. Biosci. Bioeng.*, **111**, 471 (2011)
13) A. Castilho *et al.*, *J. Biol. Chem.*, **285**, 15923 (2010)
14) S. R. Hamilton *et al.*, *Science*, **313**, 1441 (2006)
15) P. Lerouge *et al.*, *Plant Mol. Biol.*, **38**, 31 (1998)
16) R. Misaki *et al.*, *J. Biosci. Bioeng.*, (2011) in press
17) K. Fujiyama *et al.*, *J. Biosci. Bioeng.*, **107**, 165 (2009)
18) B. Nagels *et al.*, *Plant Physiol.*, **155**, 1103 (2011)
19) R. Strasser *et al.*, *FEBS Lett.*, **561**, 132 (2004)

20) J. S. Kang *et al., Proc. Natl. Acad. Sci. U.S.A.,* **105**, 5933 (2008)

21) M. Henquet *et al., Plant Cell,* **20**, 1652 (2008)

22) M. Zhang *et al., Plant J.,* **60**, 983 (2009)

23) H. Kajiura *et al., Glycobiology,* **20**, 235 (2010)

24) A. von Schaewen *et al., Plant Physiol.,* **102**, 1109 (1993)

25) R. Strasser *et al., Biochem. J.,* **387**, 385 (2005)

26) H. Kajiura *et al., Glycobiology,* **20**, 736 (2010)

27) Z. Hong *et al., Plant Cell,* **21**, 3792 (2009)

28) A. Farid *et al., Plant J.,* (2011) in press

29) M. Boisson *et al., EMBO J.,* **20**, 1010 (2001)

30) C. S. Gillmor *et al., J. Cell Biol.,* **156**, 1003 (2002)

31) J. E. Burn *et al., Plant J.,* **32**, 949 (2002)

32) M. A. Taylor *et al., Plant J.,* **24**, 305 (2000)

33) E. Liebminger *et al., Plant Cell,* **21**, 3850 (2009)

34) I. Wenderoth and A. von Schaewen, *Plant Physiol.,* **123**, 1097 (2000)

35) R. Strasser *et al., Glycobiology,* **9**, 779 (1999)

36) R. Strasser *et al., Plant J.,* **45**, 789 (2006)

37) R. Strasser *et al., Glycoconj. J.,* **16**, 787 (1999)

38) R. Strasser *et al., FEBS Lett.,* **472**, 105 (2000)

39) J. S. Bondili *et al., Phytochemistry,* **67**, 2215 (2006)

40) I. B. Wilson *et al., Biochim. Biophys. Acta.,* **1527**, 88 (2001)

41) A. Castilho *et al., Genome,* **48**, 168 (2005)

42) I. B. Wilson, *Glycoconj. J.,* **18**, 439 (2001)

43) R. Strasser *et al., Plant Cell,* **19**, 2278 (2007)

44) M. Gutternigg *et al., J. Biol. Chem.,* **282**, 27825 (2007)

第12章 ヒト型糖鎖をもつエリスロポエチン 誘導体の精密化学合成

岡本　亮[*1], 梶原康宏[*2]

1 はじめに

　細胞表層や血液中のタンパク質の多くは，シアル酸，ガラクトース，マンノース，N-アセチルグルコサミンなどの単糖から構成された糖鎖が結合した，糖タンパク質として生体内に存在する。糖鎖の中でも，アスパラギン残基の側鎖に連結する複合型糖鎖は，生体内に存在する代表的な糖鎖であり，糖タンパク質の細胞表層への輸送，免疫，さらには糖タンパク質の血中での安定性に関わっている[1]。複合型糖鎖は，同一のタンパク質でも分岐構造や，糖鎖末端の単糖の種類等が異なる構造不均一性を示す。近年，このような糖鎖構造の差がタンパク質の性質に与える影響が，基礎研究の面だけでなく創薬の観点からも大きな注目を浴びている。代表的な例として，貧血治療薬であるエリスロポエチン（EPO）やヒト型抗体があげられる[2]。特に EPO では糖鎖末端の糖鎖の種類および，分岐数が明確に血中寿命に直結することが明らかとなり，すでに製剤化されている。しかし，これらの例のように，糖鎖の構造や付加数を変えることで薬理作用が大きく向上することがわかってきても，未だ糖タンパク質製剤の創薬研究は容易ではない。これは生体糖タンパク質試料の糖鎖構造の不均一性に起因する。従来の糖タンパク質の調製法としてはタンパク質にヒト型糖鎖を付加できる動物細胞[2]，あるいは酵母[3]を用いて，糖鎖付加位置を遺伝子的に可変した変異体を調製し，その中から生理活性の高い糖タンパク質を選別するという方法がとられてきた。しかし，このような分子生物学的手法を利用しても，糖鎖構造や，付加部位が制御された全ての変異体を自在に発現させることは極めて困難である上に，目的とする糖タンパク質の発現量の低下や，予期せぬ変性などにより全く発現することができないなどの問題が常に付随する[2]。つまりこれまでの低分子創薬とは異なり，細胞を利用した方法では，論理的にデザインして生理活性の強い糖タンパク質を得るという計画を建てることが困難である。このような背景のなか，我々は，単一構造のヒト複合型糖鎖を有する糖タンパク質の化学的手法による精密合成研究を展開してきた[4]。これは化学的手法を基盤とするため，これまでの低分子製剤の設計のように，糖鎖構造や，付加位置を自在にかえることが可能となり，結果，生理活性の高い糖タンパク質の設計，創製が期待できる。このような合成研究では鍵ステップとして，①糖タンパク質の１次構造（糖ポリペプチド）を精密に合成すること，②糖鎖を任意の位置に付加させるこ

＊1　Ryo Okamoto　大阪大学　大学院理学研究科　化学専攻　助教

＊2　Yasuhiro Kajihara　大阪大学　大学院理学研究科　化学専攻　教授

と，そして③本来とるべきタンパク質の2次および3次構造を形成させることの3点が上げられる。特に③については，ペプチド鎖上の任意の位置に長鎖の糖鎖を結合させた場合，糖鎖を持たない場合と比べ，タンパク質のフォールディング過程がどのように変化するか予測することも未だできないので，その過程を理解する実験方法の開発も必要である。本来糖鎖は小胞体内でのタンパク質生合成経路におけるフォールディング過程にも直接的に関わっているため，糖タンパク質の精密化学合成法の確立は先に述べた創薬の観点からだけではなく，学術的な面からもこれまでにない研究を開拓するものと期待される。現在，我々はEPOをモデルにこの研究を実施している。天然型のEPOはアミノ酸166残基からなり，複合型糖鎖を3本持っている。EPOの薬理活性発現には，糖鎖末端に酸性性質を示す単糖であるシアル酸残基を有したシアリル糖鎖が不可欠であることが知られており[5]，明確な糖鎖構造の管理が必須である。本稿では，このEPOの化学的手法を利用した合成を例に，最近の結果を紹介する[6]。

2　エリスロポエチン（EPO）誘導体の合成計画

　均一な構造の糖鎖を有したEPO誘導体を合成するためには，まず，いかにして骨格となる糖ポリペプチド鎖を調製するかが鍵である。これについて我々は，化学合成法と大腸菌発現法を組み合わせた半合成法を計画した。これは，糖鎖を含む短い糖ペプチドセグメントを純有機化学的手法で，そして糖鎖を含まない，アミノ酸100残基以上からなるポリペプチドセグメントは大腸菌発現法によってそれぞれ調製し，これらを化学反応によって連結させることでEPOの全長鎖を得るというものである（図1 (a)）。この戦略を用いると，単一構造を有する任意の糖鎖を，化学合成の過程で任意の位置に付加させることができ，結果として長鎖の糖ペプチド鎖を簡便に調製することが可能となる。

　2つのセグメントの連結反応には水溶液中で容易に用いることができるNative Chemical Ligation（NCL）を利用することにした（図2 (b)）[7]。NCLは，ペプチドセグメントAと，ペプチドセグメントB間でチオエステル交換と，続く分子内アシル転移反応を経由して天然型のアミド結合を形成する反応である。この際，NCLを利用するには，ペプチドセグメントAのC末端にチオエステル基を，そして，ペプチドセグメントBのN末端にはシステイン残基を有したものとして調製する必要がある。

　天然型のEPOのアミノ酸配列中には，7，29，33，161番目にCys残基が存在する。我々はこの内33番目のCysをNCLへ利用することとした。そして原料ペプチドとして，Ala1-His32から成る32アミノ酸残基の糖ペプチドチオエステル体を化学合成によって，そして，残りのCys33-Arg166からなる134残基を大腸菌発現法によって調製することにした。これにより糖鎖の導入部分は32残基という比較的短い糖ペプチドとして調製すればよく，誘導化も容易であると考えた。EPOはシアリル糖鎖の本数が多いほどその薬理活性が向上することが知られているため[5]，糖ペプチドチオエステル中に数本のシアリル糖鎖を導入することをあわせて検討するこ

130

第12章　ヒト型糖鎖をもつエリスロポエチン誘導体の精密化学合成

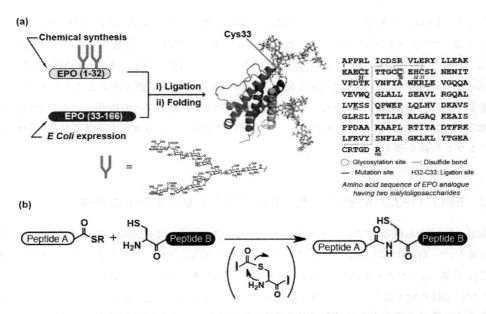

図1　(a) 均一構造の糖鎖を有するEPO誘導体の合成戦略図，(b) Native Chemical Ligation

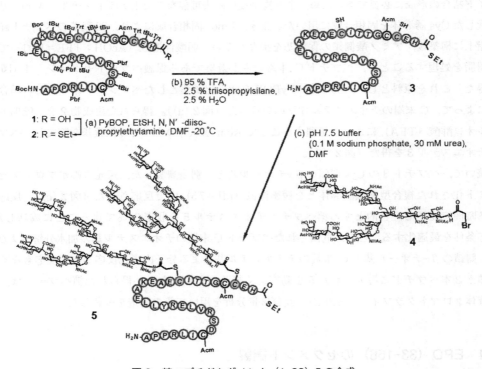

図2　糖ペプチドセグメント（1-32）5の合成
(a) C末端のチオエステル化，(b) ペプチド側鎖の脱保護，(c) ハロアセトアミド化法による糖鎖の縮合

ととした。EPOのレセプターとのX線結晶構造を考察すると，Ala1-Thr27間のペプチドセグメントはα-ヘリックス構造をとっており，レセプターに近接した位置をとることが見出された[8]。また，EPOとレセプターとの結合を阻害しないよう考慮すると，天然の糖鎖結合部位であるAsn24の位置の他に，Gly28-His32間の部位に糖鎖の導入が可能であると考えられた。以上の考察を元に，糖鎖の導入位置としては，糖鎖がEPOとレセプターの結合を阻害しないと予想されるAsn24，Ala30の位置を選択した。この部位に鶏卵より大量調製が可能なヒト二分岐複合型ジシアロ糖鎖を導入することにした[4]。

3 EPO（1-32）の糖ペプチドチオエステルセグメントの合成

Ala1-His32から成るペプチドセグメント（1-32）（1，図2）はFmocペプチド固相合成法により合成した。糖鎖の導入には，ハロアセトアミド法を利用した[6]。この方法では，ペプチド鎖中のCys残基のβ-チオール基が，ハロアセトアミド基を還元末端にもつ糖鎖のハロアセトアミド基部分に求核攻撃することで，簡便に糖鎖とペプチドを連結することができる。この方法を利用するため，糖鎖を導入するAsn24，Ala30の位置はシステイン残基に置換し，糖ペプチドセグメント（1-32）を合成することにした。なお，Cys7，Cys29はフォールディング操作によるジスルフィド結合の形成に必要であるため，全長構築後に除去可能なアセトアミドメチル（Acm）基で保護したCys誘導体を固相合成に用いた。まず，Fmoc固相合成により，32残基のペプチド鎖を樹脂上に構築後，アミノ酸側鎖の保護基を損なわない，弱酸性溶液（AcOH：TFE＝1：1）でこの樹脂を処理することで，ペプチドC-末端のみが遊離である保護ペプチドセグメント1（図2）を得た。これを原料とし，−20℃下，PyBOPを活性化試薬としたベンジルチオールとの縮合反応によって，C末端のチオエステル化反応を行った（図2（a））。得られた生成物2を，95%トリフルオロ酢酸（TFA）によって処理することでAcm基以外のすべての保護基を除去し，ペプチドチオエステル3を得た（図2（b））。

続いて，ペプチド3のCys側鎖のβ-チオール基と，別途調製した，還元末端がブロモアセトアミド化された複合型糖鎖誘導体とを緩衝溶液（pH＝7.5）中で反応させた（図2（c））。反応は約7時間で完了し，目的とする糖ペプチドチオエステル5を収率38%で得ることに成功した。反応条件を最適化することで，危惧されたペプチドC末端のチオエステル基の加水分解および，Cys側鎖のβ-チオール基とC-末端のチオエステル基による分子内環化反応等の副反応もなく，糖鎖が2本ペプチドに導入された5を効率よく得ることができた。得られた糖ペプチドは，高速液体クロマトグラフィー（HPLC），及び質量分析を用いてその構造を確認した。

4 EPO（33-166）のセグメント調製

システイン残基をN-末端にもつセグメント（33-166）6は，Macmillan（University College

第12章　ヒト型糖鎖をもつエリスロポエチン誘導体の精密化学合成

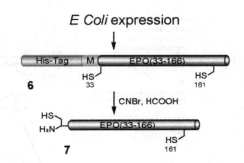

図3　ポリペプチドセグメント（33-166）7の合成

London）により供与されたプラスミドを用い，大腸菌発現法により調製した。まずpET16bベクターを利用し，目的とする134残基ポリペプチドのHis-Tag融合タンパク質（6，図3）を過剰発現させた。これをニッケルカラムにより精製しペプチドセグメント7を得た。つづいて，ニッケルカラム精製のために融合されていた（His-Tag）+Met配列部分と，目的配列との間のペプチド結合を臭化シアンによって切断し，N末端にシステイン残基をもつセグメント（33-166）7を得た。

5　EPO（1-166）誘導体の合成

以上のようにして調製した，セグメント（1-32）5そしてセグメント（33-166）7のNCLによる連結反応の検討を行った（図4）。反応は室温下，高濃度の変性剤（6Mグアニジン塩酸塩），反応推進に必要な還元剤およびチオール添加剤を含むpH 7.3の緩衝溶液中で行い（図4(a)），HPLC，および質量分析により反応追跡を行った。反応終了後，HPLCでの精製によって，糖ポリペプチド8を得た。続いて定法に従って酸性水溶液中での酢酸銀によるCys7，Cys29側鎖のAcm基の脱保護を行い（図4(b)），目的とする糖鎖2本を持ったEPO全長鎖166残基の糖ポリペプチド鎖9を得ることに成功した。

6　糖タンパク質EPO誘導体9のフォールディング操作，および生理活性評価

冒頭で述べたように，合成したEPOが糖タンパク質として機能する為には，フォールディング操作によって2カ所のジスルフィド結合の形成と，ヘリックス構造などの構築による高次構造を形成させることが必要である。本研究では段階透析法によるフォールディング操作を行った。まず6Mのグアニジン塩酸塩を含む緩衝溶液に化合物9を溶かし透析チューブに加えた後，外液のグアニジン濃度を3M，1M，変性剤なし，と段階的に希釈した（図4(c)）。この操作によって得られた生成物を，HPLCによって精製した後，電気泳動および，質量分析装置を用いて解析

133

バイオ医薬品開発における糖鎖技術

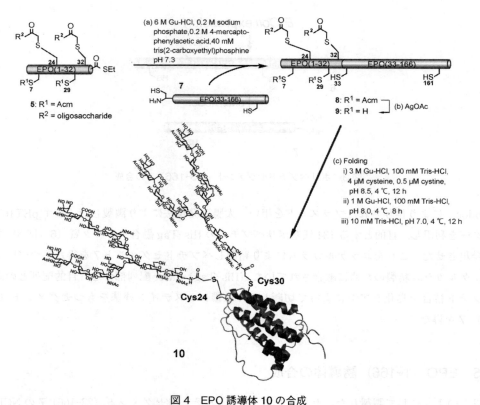

図4　EPO 誘導体 10 の合成
(a) NCL による EPO 全長鎖の構築, (b) 脱アセトアミドメチル化, (c) 段階透析法によるフォールディング

したところ，生成物は天然型 EPO と同様に2本のジスルフィド結合をとっていることが示唆された（図5(a)(b)）。さらに，2本のジスルフィド結合の位置を確認するためにプロテアーゼによるプロテオリシスおよび質量分析によるフラグメンテーション解析を行ったところ，目的とする位置でジスルフィド結合が形成されたペプチドフラグメントを確認することができた。一方，CD スペクトルによる解析によって（図5(c)）α-ヘリックス構造に特徴的なスペクトルが得られたことから，フォールディング操作により目的とする三次元構造を形成した EPO 誘導体 10 が得られていることを確認することができた。目的とする EPO 誘導体の合成に成功したので，さらにその生理活性測定を行った。これには，EPO レセプターをもつ TF-1 細胞に，EPO 誘導体 10 を投与し in vitro での活性評価を行った。この際，対照実験として，何も添加しないネガティブコントロール実験，そして市販品のエリスロポエチンを濃度依存的に投与したポジティブコントロール実験も用意して比較を行ったところ，in vitro において市販品とほぼ同等の細胞増殖活性を示すことを確認した（図5(d)）。この検討により，生理活性を有する糖タンパク質誘導体の精密合成をはじめて達成した[6]。

第12章　ヒト型糖鎖をもつエリスロポエチン誘導体の精密化学合成

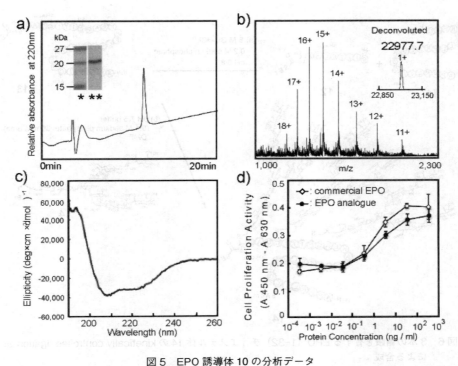

図5　EPO誘導体10の分析データ
(a) HPLCスペクトルおよびSDS-PAGE（lane*：marker；**：folded EPO 10），(b) ESI-マススペクトル（calcd；22977.2，found；22977.7），(c) CDスペクトル，(d) EPOレセプターを有するTF-1細胞を用いたEPO誘導体の生理活性測定

　先に述べた通り，EPOは付加されたシアリル糖鎖の数の増加に伴い，血中での分解速度が遅延することが知られている。そこで，さらに我々はシアリル糖鎖が3本結合したEPOの合成も検討した[9]。我々の合成戦略では，このような誘導体を再合成する際には，糖ペプチド鎖部分の糖鎖付加部位を可変して合成するだけでよい。糖鎖の導入位置は，先述した考察をもとに，Asn24，Gly28，His32の位置を選択し，これらをCys残基へと置き換えハロアセトアミド化法で糖鎖の導入を行うことにした。これまでに述べた合成過程で我々は，このAla1-His32間の32残基ペプチド鎖の固相合成が一般的なペプチド鎖合成に比べ難しいことを見出していた。そこで，新たに効率的な合成を追求し，1-32番目の全長32残基のうち，1-23位（**11**）と，24-32位（**12**）までの2つのペプチドをそれぞれ固相合成で調製し，これらを連結することでEPO（1-32）チオエステル体の合成を行った。連結にはNCLの改良法であるKinetically controlled ligation法[10]を利用し，32残基のペプチドチオエステル**13**を効率よく得ることに成功した。
　ペプチドチオエステルに対してハロアセトアミド法により3本のシアリル糖鎖の導入を行ったところ，2本の場合に比べやや収率は低下するものの，目的とする糖鎖を3本もつペプチドチオエステル**14**を得ることができた。この糖ペプチドチオエステルとEPO（33-166）**7**のNCL，酢

バイオ医薬品開発における糖鎖技術

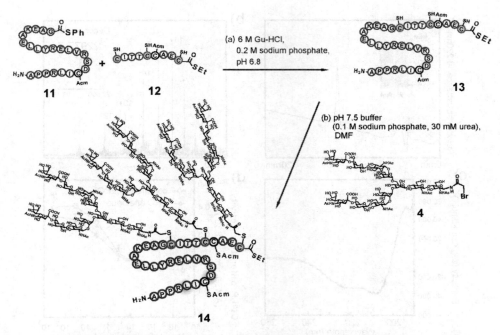

図6 3本の糖鎖を有するEPO（1-32）チオエステル体14のkinetically controlled ligation法による合成
(a) kinetically controlled ligationによるセグメント（1-32）13の構築，
(b) ハロアセトアミド化法による糖鎖の縮合

酸銀による脱アセトアミド化反応，段階透析法によるフォールディング操作を前述のEPO誘導体の合成と同様に行い，糖鎖を3本もつEPO誘導体を合成することに成功した（図7）。このEPO誘導体も質量分析，CD分析，ジスルフィド結合位置の確認，電気泳動によって，目的とする正しい立体構造が得られたことを確認した。

得られた糖鎖を3本持つEPO誘導体も，2本持つEPOと同様に*in vitro*での細胞増殖アッセイを行った。この結果，2本の糖鎖を持つ場合と異なり，活性の低下が観測された。合成計画ではレセプターとEPOのX結晶構造解析の結果をモデルとして糖鎖がそのタンパク質同士の結合を阻害しない位置を選んだが，糖鎖は柔軟な構造を有しているため，実際にはタンパク質上で揺らぐような動的挙動をとっており，これが原因でレセプターへのEPOの親和力が低下したものと考えている。現在，更に別の位置に糖鎖を付加させた誘導体の合成を検討しており，糖鎖の付加位置と活性発現の関係を化学的に調べている。そして，高活性の誘導体が見出されれば，化学的に糖鎖とタンパク質の結合様式が天然型のエリスロポエチンの合成を検討する予定である。

第12章 ヒト型糖鎖をもつエリスロポエチン誘導体の精密化学合成

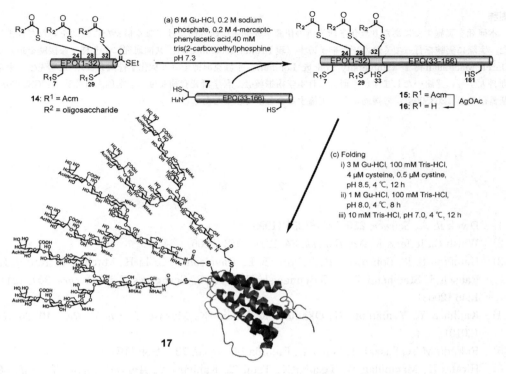

図7 3本のシアリル糖鎖を有するEPO誘導体17の合成

7 おわりに

　以上のように我々は半化学的な合成戦略を利用することでヒト二分岐ジシアロ糖鎖を有する糖タンパク質誘導体の合成に成功した。この方法を用いれば，糖鎖の付加位置もタンパク質の構造をみて自在に選び，糖タンパク質誘導体へと変換することができ，研究者の意志で様々な糖タンパク質の合成のデザインが可能である。これまで，糖タンパク質が動物細胞で発現されタンパク質製剤として利用されてきたが，糖鎖の不均一性や発現条件による糖鎖構造の変化は，受け入れられる範囲であるとして現在，それほど糖鎖の不均一性が問題視されなくなりはじめている[11,12]。しかし，これは糖タンパク質が，生物学的な手法でしか調製できないために，これ以上は制御不能と思われていることが原因である。しかし，有機合成化学の手法が発展してきたことで，化学者が主導権を持ってこの標的分子を扱い単一構造の糖タンパク質が合成できるようになりつつある。量産についても，糖鎖が付加していないところは大腸菌発現により調製することで，安価に合成することが可能となる。今後，抗体など更に高分子の糖タンパク質の合成には更なる方法論の発展が必要であるが，糖質の機能解明に貢献できる化学的な方法が見出せたと考えている。

バイオ医薬品開発における糖鎖技術

謝辞

本研究を実施するにあたり理化学研究所の伊藤幸成先生に研究面だけでなく様々なご援助をいただきました。実際に実験を行ってくれた平野桐子博士（現 Bruker Biospin Co.），共同研究により様々な援助を頂いた Derek Macmillan 博士（University College London），手塚克典博士（大塚化学株式会社），辻孝先生（東京理科大学）に感謝いたします。本研究は日本学術振興会，科学研究費補助金，学術創成研究費（17GS0420），基盤研究 B（20350081）の援助により実施することができました。

文　献

1) Dwek R. A., *Science*, **269**, 1234-1235 (1995)

2) Walsh G., Jefferis R., *Nat Biotech*, **24**, 1241-1252 (2006)

3) Hamilton S. R., Bobrowicz P., Bobrowicz B., Davidson R. C., Li H., Mitchell T., Nett J. H., Rausch S., Stadlheim T. A., Wischnewski H., Wildt S., Gerngross T. U., *Science*, **301**, 1244-1246 (2003)

4) Kajihara Y., Yamamoto N., Okamoto R., Hirano K., Murase T., *Chem. Rec.*, **10**, 80-100 (2010)

5) Fukuda M. N., Sasaki H., Lopez L., Fukuda M., *Blood*, **73**, 84-89 (1989)

6) Hirano K., Macmillan D., Tezuka K., Tsuji T., Kajihara Y., *Angew. Chem. Int. Ed.*, **48**, 9557-9560 (2009)

7) Dawson P. E., Muir T. W., Lewis I. C., Kent S. B. H., *Science*, **166**, 776-779 (1994)

8) Syed R. S., Reid S. W., Li C., Cheetham J. C., Aoki K. H., Liu B., Zhan H., Osslund T. D., Chirino A. J., Zhang J., Finer-Moore J., Elliott S., Sitney K., Katz B. A., Matthews D. J., Wendoloski J. J., Egrie J., Stroud R. M., *Nature*, **395**, 511-516 (1998)

9) Hirano K., Izumi M., Macmillan D., Tezuka K., Tsuji T., Kajihara Y., *J. Carbohydr. Chem.*, in press.

10) Bang D., Pentelude B. L., Kent S. B. H., *Angew. Chem. Int. Ed.*, **45**, 3985-3988 (2006)

11) Schiestl M., Stangler T., Torella C., Cepelijnik T., Toll H., Grau R., *Nat. Biotechnol.*, **29**, 310-2011 (2011)

12) Park S. S., Park J., Ko J., Chen L., Meriage D., Crouse-Zeineddini J., Wong W., Kerwin B. A., *J. Pharm. Sci.*, **98**, 1688-1699 (2009)

第13章 新規育種技術を利用したヒト型糖タンパク質生産に適した酵母株の開発

安部博子*

1 はじめに

　従来のバイオ医薬品への迅速なアミノ酸の改変およびタンパク質へ有効な機能を持った糖鎖を自在に付加できる技術が開発できれば，有効なバイオベターの開発につながる。CHO細胞を宿主とするタンパク質生産系を利用して，実際に上市されているタンパク質医薬品の30％以上，抗体医薬品においては60％以上を生産している。しかしながら，CHO細胞では目的部位への遺伝子断片の挿入といった遺伝子工学的手法の適用が出芽酵母などの微生物に比べ比較的難しいので，多種類の変異型バイオ医薬品を生産するには時間がかかる。またCHO細胞の糖鎖にはヒトとは異なるシアル酸やガラクトース結合が存在し，ヒト体内で抗原となることが分かっている。このような糖鎖を遺伝子工学的手法によって改変すること，また均一な糖鎖を合成させることも難しい。さらには，ウィルス等の動物病原体の汚染等の心配が懸念される。

　このような背景から，現在，酵母やカイコ，植物等をCHO細胞に代わる糖タンパク質生産のための宿主として利用する試みが世界中で精力的に行われている。しかしながら，その開発のボトルネックとなっているのが，糖鎖をヒト型に変換する過程であり，開発推進のためにブレークスルーとなる技術開発が望まれている。

2 糖タンパク質生産のための宿主としての出芽酵母

　出芽酵母（*Saccharomyces cerevisiae*）は古くから醸造や発酵食品等に利用されていたことから，長い食経験を有し，高い安全性が証明されている。また，安価な培地にて短い世代時間で増殖することが可能であり，スケールアップも容易にできるので物質生産において適している。出芽酵母は，一倍体，二倍体世代が安定して存在することができるので遺伝学的解析に適した性質を備えており，真核生物の分子機能を明らかにするための強力なモデル生物として利用されている。また，相同組換えの効率が高く，特定の遺伝子を *in vitro* で合成した遺伝子と容易に置換できるので，遺伝子を完全に欠失させた破壊株が作れるほか，様々な変異を簡便に酵母ゲノム上に導入することができる。また，真核生物として初めてゲノムの全塩基配列が明らかにされている。このように，出芽酵母では遺伝学・分子生物学的解析のためのツールが充実しており，ゲノム情

　＊　Hiroko Abe　㈱産業技術総合研究所　健康工学研究部門　主任研究員

報と遺伝子操作を駆使して酵母を改変することによって，質の高い糖タンパク質生産のための，宿主となることが期待されている。

3 出芽酵母を用いた N-結合型糖鎖改変の課題

出芽酵母の N-結合型糖鎖は，小胞体で高等動物と共通のコア型糖鎖が合成された後，ゴルジ体に輸送され，10 から 50 残基の α-1,6 結合のマンノースからなる主鎖が形成される[1]。つづいて，α-1,2-マンノース，マンノース 6-リン酸，α-1,3-マンノースが側鎖として合成され，糖外鎖と呼ばれる酵母特有の糖鎖構造が形成される[2]。この酵母特有の糖外鎖は高等動物生体内で高い抗原性を示すため，酵母で生産した糖タンパク質をそのまま投与すると特異抗体の産生，生体内活性の低下などを引き起こす[3,4]（図1）。

そこで，糖鎖構造を「酵母型」から「ヒト型」に変換する必要があるが，その際，酵母型糖鎖の付加に機能する糖転移酵素遺伝子群の破壊および発現抑制と，ヒト型糖鎖を合成するために必要な酵素（糖転移酵素，糖分解酵素，糖ヌクレオチド合成酵素）やトランスポーターをコードす

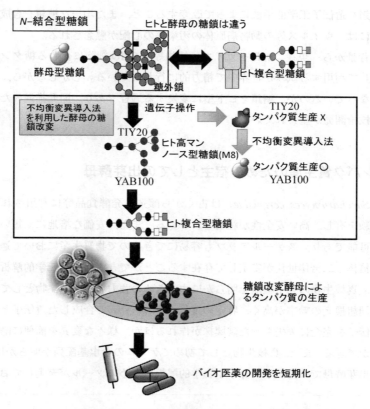

図1　ヒト N-結合型糖鎖生産出芽酵母の開発

第13章　新規育種技術を利用したヒト型糖タンパク質生産に適した酵母株の開発

る遺伝子を導入する必要がある。メタノール資化性酵母の*Pichia pastoris*では，この糖鎖合成経路のヒト型化がすでに完了している[5]。しかしながら，目的とするタンパク質により宿主細胞の生産性が異なるため，バリエーションにとんだ宿主細胞を開発する必要がある。千葉らは新たな宿主となりうる酵母としてメタノール資化性酵母*Ogataea minuta*と出芽酵母の糖鎖改変を精力的に進めている[6,7]。出芽酵母や分裂酵母の場合，メタノール資化性酵母に比べ糖鎖改変に対して脆弱であるので，現段階ではヒトの複合型糖鎖を合成するには至っていない。仲山らによってクローニングされた出芽酵母のα-1,6-マンノース転移酵素であるOch1はN-結合型糖外鎖を形成する最初の酵素であり，*OCH1*遺伝子を破壊することによって糖外鎖を除去することができる[1]。地神らのグループは*och1*遺伝子破壊に加え，α-1,3-マンノース転移酵素をコードする*MNN1*遺伝子，およびマンノースリン酸の付加に関与する*MNN4*遺伝子を破壊した三重遺伝子破壊株TIY20（*och1*Δ*mnn1*Δ*mnn4*Δ）を開発することに成功している。この，TIY20株は動物細胞の高マンノース型糖鎖の一つである$Man_8GlcNAc_2$と同一の中性糖鎖を生産する[8]。しかしながら，このTIY20株では糖鎖合成に関わる3つの遺伝子が同時に破壊されているため，増殖能力およびタンパク質の生産能力が低下していた（図1）。そのため同株にさらなる遺伝子操作を加えることも困難であった。このような形質は，糖タンパク質生産のための宿主としては不適当であるが，これは出芽酵母および分裂酵母の糖鎖改変にとどまらず，他の生物を利用した代替宿主開発における共通の壁となっている。

4　ヒト高マンノース型糖タンパク質高生産酵母株の開発

　筆者らはこの問題を解決するために株式会社ネオ・モルガン研究所が保有する育種技術である不均衡変異導入法を，TIY20株に適用させるための技術を同社と共同開発し，糖タンパク質生産に適した株の取得を試みた（図1）。不均衡変異導入法ではエラープローンDNAポリメラーゼδを用いることによって，DNA複製時に変異が入る仕組みを利用する[9,10]。本方法を用いれば，UVや薬剤を利用する従来の変異導入法に比べ，致死性を伴わずにランダムに変異を挿入することができ，短期間で有益な変異株を取得することができる（図2-1）。

　ここでは，不均衡変異導入法適用のための一つの方法として出芽酵母のDNAポリメラーゼδをコードする*POL3*遺伝子の校正機能を欠失させた*pol3-01*遺伝子[11]を利用した。*pol3-01*遺伝子発現ベクターをTIY20株に形質転換し，得られた形質転換体の*pol3*遺伝子は校正機能が欠失しているので，培養を繰り返すことによってゲノム中に変異を蓄積させることができる。元株のTIY20は高温度感受性（ts性）を示すので37℃で生育することができないが，上記変異体群の中から37.5℃でもコロニーを形成することができる58個のクローンを取得することに成功した（図2-2）。その後，取得クローンに挿入された変異にさらなる変異が挿入されないように，*pol3-01*遺伝子が発現するプラスミドの栄養要求性を利用することによって菌体外に除去した。出芽酵母では栄養要求性を利用することによってプラスミドの導入や除去が容易に行える。

バイオ医薬品開発における糖鎖技術

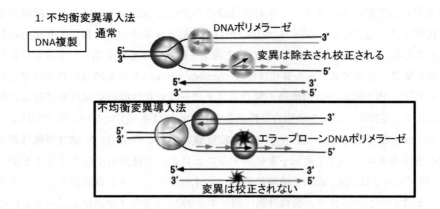

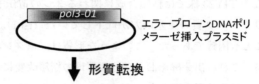

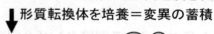

図2　不均衡変異導入法と出芽酵母への適用
1. 不均衡変異導入法ではDNAポリメラーゼδの校正機能を欠失（エラープローンDNAポリメラーゼ）させているため，複製エラーを残したまま複製が完了する。
2. 出芽酵母のDNAポリメラーゼδの校正機能を欠失させたpol3-01遺伝子を発現するプラスミドを3重遺伝子破壊株TIY20に形質転換し培養を繰り返すことによって変異を蓄積させTIY20の高温度感受性を回復した酵母株を取得した。

これら取得されたクローンの中から増殖能力の高い4クローンをYAB100，YAB101，YAB102，YAB103株と名付けた（図3-1）。これらYAB株群はTIY20株が示した増殖能の低下だけでなく，薬剤感受性に関する表現型についても抑圧した（図3-2）。タンパク質合成を阻害するアミノグリコシド系抗生物質であるハイグロマイシンBに対する感受性は出芽酵母における糖鎖変異の指標となるが，YAB株ではその感受性も抑圧されていたことから，N-結合型糖鎖の構造が新たな変異導入によって野性型株に戻っている可能性が考えられた。そこで，YAB株群それぞれの細胞壁タンパク質のN-結合型糖鎖をPA標識し，HPLCにて糖鎖長を調べたところ，TIY20が示すマンノース8個からなるヒト型高マンノース構造（$Man_8GlcNAc_2$）と同様の一つ

142

第 13 章 新規育種技術を利用したヒト型糖タンパク質生産に適した酵母株の開発

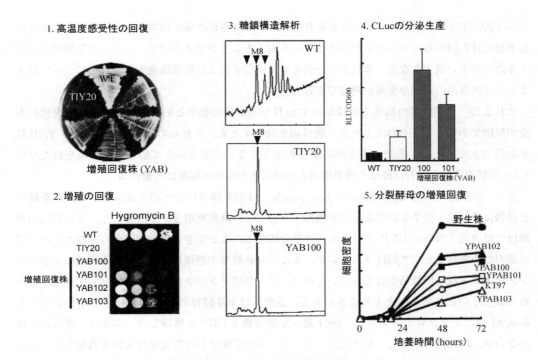

図3 糖鎖改変酵母の増殖能・タンパク質生産能回復株の取得
1. 野性型株（WT），TIY20株，YAB株の37℃での増殖能の比較。
2. ハイグロマイシンB含有寒天培地での増殖能。それぞれの株は段階希釈後，5μlずつスポットされている
3. 各株の細胞壁マンナン糖鎖のHPLC解析。M8：$Man_8GlcNAc_2$
4. ウミホタルの分泌型ルシフェラーゼ遺伝子のOD辺りの酵素活性の比較
5. 糖鎖改変分裂酵母のタイムコース解析

のピークのみを示した（図3-3）。また，本ピークを分収後，α-1,2-マンノシダーゼで消化したところ，$Man_8GlcNAc_2$ がもつ，α-1,2結合の3つのマンノースが分解され，$Man_5GlcNAc_2$ 糖鎖のピークが観察された。この結果，YAB株のマンナン由来糖鎖は $Man_8GlcNAc_2$ であることが分かった。さらに，これらYAB株群のタンパク質分泌生産能力に関して調べるためにウミホタル（Cypridina noctiluca）由来の分泌型ルシフェラーゼであるCLucをコードする遺伝子をそれぞれの株に形質転換し，培養液中に分泌されたCLucの酵素活性について発光量を指標に各株間で比較した。その結果，YAB100株では野性型株の約10倍，YAB101株では約7倍の活性が認められ，これらYAB株ではタンパク質の分泌生産能力も向上していることが分かった（図3-4）。また，ヒトのβ-ガラクトシド結合性レクチンであるヒトガレクチン9のリンカー部分を欠失することによって安定性を向上させた改変型ガレクチン9[12]をYAB株にて分泌生産したところ，親株であるTIY20株に比べ，改変型ガレクチン9の生産性が向上していた。

このように，筆者らはヒト型高マンノース構造のN-結合型糖鎖を生産するにもかかわらず，増殖能およびタンパク質の生産性の高い出芽酵母を世界で初めて取得することに成功した[13]。こ

れら YAB 株はヒト型糖タンパク質生産のために非常に優れた宿主株であり，増殖能および各種薬剤感受性の回復は，さらなる遺伝子改変にも耐えることができるので，ヒト複合型糖鎖を合成するためのよい宿主となる．本株をベースとして遺伝子および糖鎖改変を行うことによって様々なバイオ医薬品の迅速な生産が期待できる（図1）．

　これまで，出芽酵母の糖鎖変異株が示す ts 性や増殖能の低下といった形質は，糖鎖構造の不全が原因であると考えられてきたが，糖外鎖を持たずとも，これらの表現型を抑圧する YAB 株が取得できたことは，上記の考えが必ずしもそうでないことを示している．糖外鎖を持たない YAB 株群の詳細な解析は酵母の糖鎖機能と増殖能との関係の解明にも繋がる．

　また，分裂酵母（*Schizosaccharomyces pombe*）は出芽酵母に比べ増殖能は低いが，出芽酵母と同様に遺伝学・分子生物学的手法が適用できること，高密度培養ができること，さらには出芽酵母では合成されない UDP-ガラクトースを合成することができるなどの点から，糖タンパク質生産のための宿主として期待されている．また，分裂酵母の糖鎖には出芽酵母と同様に大量のマンノースからなる糖外鎖が含まれているので，ヒト型糖タンパク質生産の宿主として利用するためには，この糖外鎖を除去する必要がある．横尾らは出芽酵母の *OCH1* 遺伝子のホモログである *och1* 遺伝子をクローニングし，*och1* 遺伝子破壊株 KT97[14] を構築した．本株は，糖外鎖を持たないが，増殖能力が著しく低下した．そこで，KT97 株に不均衡変異導入法を適用することによって，増殖能の低下を回復した株を取得することを試みた．分裂酵母の DNA ポリメラーゼ δ をコードする *cdc6* 遺伝子の校正機能を欠失させた変異型 *cdc6-1* 遺伝子を発現するプラスミドを構築し，KT97 株に形質転換した．出芽酵母の場合と同様に，形質転換体を培養することで KT97 ゲノム中に変異を挿入する．それら変異体群を寒天培地に播種し，KT97 株が生えてくることができない 37℃ で形成されたコロニーを取得し，YPAB100，YPAB101，YPAB102，YPAB103 と名付けた．これら YPAB 株群の増殖能を 30℃，34℃，37℃ にて調べた結果，YPAB103 を除いた YPAB 株では親株の KT97 株よりも増殖能が高かった（図3-4）．しかしながら，37℃ での YPAB103 の増殖能は KT97 は勿論，他の YPAB 株と比べても高かった[15]．このことから YPAB103 は高温度での増殖能が高くなったことが分かる．このように，変異の入り方によって増殖能の回復に違いが見られる事は興味深い．*N*-結合型糖鎖長は酵母の分泌タンパク質であるインベルターゼに付加される *N*-結合型糖鎖の分子量を比較することによって調べた．その結果，YPAB 株由来のインベルターゼは KT97 と同様に野性型に比べて低分子側に存在したので，YPAB 株群の糖鎖長は短いまま保たれていることが分かった．このことから，増殖能を高めた糖鎖改変分裂酵母が取得できたことが分かった．

　このように，我々が開発した不均衡変異導入法を利用するヒト型糖タンパク質生産のための酵母の育種技術は，出芽酵母だけでなく，分裂酵母にも適用することができることが分かった．本技術は酵母にとどまらず，微生物から高等動物細胞まで適用可能であり，宿主生物の開発においてブレークスルーとなる技術であると考えている．

第13章　新規育種技術を利用したヒト型糖タンパク質生産に適した酵母株の開発

5　出芽酵母の糖鎖欠損による増殖能を補う遺伝子について

　筆者らが取得した出芽酵母 YAB 株は TIY20 が示す増殖能および各種薬剤感受性をどのような分子メカニズムで回復させているのかを解析するために，DNA マイクロアレイ解析を行い，TIY20 株に比べ YAB103 株で発現が亢進する遺伝子を網羅的に探索した。その結果，TIY20 株に比べて3倍以上の発現量を示した23の遺伝子を見出す事ができた[15]。これら23遺伝子の多くは糖代謝系で機能しており，特に，9つの遺伝子は Cat8 によって転写誘導されることがすでに報告されていた（表1）。Cat8 は発酵から呼吸への転換（diauxic shift）時に機能する転写因子であり，糖新生系およびグリオキシル酸回路にて機能する遺伝子の発現を正に制御している[16,17]。YAB103 株にて発現誘導されていたこれらの遺伝子群を TIY20 株で発現させるために，これら遺伝子群の転写因子である *CAT8* 遺伝子を組み込んだ発現ベクターを TIY20 株に形質添加し，*CAT8* を強制発現させた。上述の通り TIY20 株はハイグロマイシン含有培地で増殖することができないが，*CAT8* 強制発現 TIY20 株は増殖することができた（図4）。しかしながら，*CAT8* の強制発現条件下でも TIY20 の増殖能は回復しなかった。*CAT8* を野性型株にて強制発現させ

表1　YAB103 株にて発現誘導される遺伝子で Cat8 転写因子によって発現誘導されている遺伝子群

ORF	Protein
SFC1	Mitochondrial membrane succinate-fumarate carrier
ADH2	Alcohol dehydrogenase
PUT4	Proline permiase required for high affinity proline transport
MLS1	Malate syntase
CIT2	Citrate syntase
FBP1	Fructose-1,6-biphosphatase
ICL1	Isocitrate lyase
STL1	Protein member of the hexose transportes family
ACH1	Acetyl-CoA hydrolase

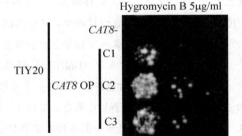

図4　Cat8 強制発現の効果
TIY20 株に Cat8 を強制発現させた3クローンおよび，強制発現させていない1クローンをハイグロマイシン含有培地に段階希釈後スポットし培養。

た場合でも，増殖能が低下したことから*CAT8*の強制発現は酵母細胞の増殖を妨げることが分かった。これは，培地にグルコースが豊富に存在する場合，*CAT8*を強制発現することによって多くの糖新生系関連の遺伝子の発現が誘導され，これらのタンパク質群が酵母の栄養増殖に負の影響を与えている可能性が示唆された。

　糖新生系およびグリオキシル酸回路の最終産物はグルコース-6-リン酸であるが，酵母の場合は，このグルコース-6-リン酸の一部を細胞壁の構成成分として保存する。このことから，YAB103ではTIY20に比べて細胞壁が強化されている可能性が考えられる。実際，YAB103株は細胞壁に作用する薬剤に耐性を示した。また，YAB103株，TIY20株，野性型株の細胞壁を構成する単糖の存在比を調べたところ，YAB103細胞壁のグルコースが著しく増加していることが分かった。次に，これら株の細胞壁を透過型電子顕微鏡で観察したところ，YAB103株の細胞壁が他に比べて分厚くなっていることが分かった。これらの結果から，YAB103では細胞壁のグルカン層が増加していると考えられる。このことは，不均衡変異導入法によって挿入された変異によって，糖新生系およびグリオキシル酸回路が活性化されることによって増加したグルコース-6-リン酸が，*N*-結合型糖鎖欠損のため弱った細胞壁を強化し，薬剤感受性等の表現型を回復させることができたと考えられる。他の糖鎖改変生物においても，糖新生系およびグルカン合成系の強化により，糖鎖欠損の表現型を抑圧することが可能となるかもしれない。

　このように不均衡変異導入法を適用することによって，従来得ることが出来なかった変異株を取得することができ，これらの変異株を解析することによって，原因遺伝子を特定することが可能となり，新規知見を得ることができる。

6　出芽酵母 *O*-結合型糖鎖の改変

　出芽酵母の *O*-結合型糖鎖は1から5つまでのマンノースが直鎖状につらなったオリゴマンノース型構造を示し，哺乳類細胞のムチン型 *O*-結合型糖鎖とは大きく異なっている[18]。出芽酵母では最初のマンノースは ER にて付加され，ゴルジ体に輸送された後，α-1,2-マンノース転移酵素である Kre2 を代表とする KTR マンノース転移酵素ファミリーのメンバーによって2つ目，3つ目のマンノースが付加される。4つ目，5つ目のマンノースは α-1,3-マンノース転移酵素をコードする Mnn1 ファミリーのメンバーによって付加され合成される（図5）。一方，哺乳類細胞ではゴルジ体で *N*-アセチルガラクトサミン（GalNAc）残基が付加される。その後，GalNAc にガラクトースやシアル酸などの糖が付加され，また，多くの分岐構造を示す。このように，酵母と哺乳類細胞の *O*-結合型糖鎖構造は著しく異なっており，酵母型の *O*-結合型糖鎖はヒトに対する抗原性の増大，タンパク安定性の低下を引き起こす事が分かっている。また，生産抗体の軽鎖・重鎖の会合形成の阻害を引き起こすことが報告されており[19]，生産抗体の抗原への結合能が低下することが予想される。

　出芽酵母の *PMT* 遺伝子群によってコードされる *O*-α-D-マンノース転移酵素は Dol-P-Man

第13章　新規育種技術を利用したヒト型糖タンパク質生産に適した酵母株の開発

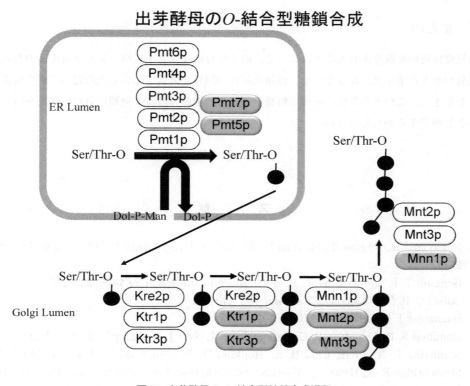

図5　出芽酵母のO-結合型糖鎖合成過程

からマンノースをアクセプタータンパク質へ付加する活性をもち PMT1〜PMT7 からなる PMT 遺伝子ファミリーを形成している。O-マンノシル化されるアクセプタータンパク質に明確なコンセンサス配列はないので，O-結合型糖鎖の付加を抑制するには上述の PMT 遺伝子群の機能を欠失させるか，Pmt の活性を抑制する酵素阻害剤の添加が考えられる。Rodamine-3-acetic acid の誘導体を培地に添加することによって，Candida albicans の Pmt1 の活性を阻害できることが分かっている[20]。また，黒田らはメタノール資化性酵母 Ogataea minuta に適用し，抗体への O-グリコシル化の抑制に成功している[19]。

　我々は上述のヒト高マンノース型糖鎖生産酵母の O-結合型糖鎖付加を抑制するために，PMT 遺伝子群の遺伝子破壊を行っているが，このような株への PMT 遺伝子の破壊は著しい増殖能の低下をもたらした。そこで，不均衡変異導入法を用いることによって，増殖能を回復させた株の開発を試みている。もし，PMT 遺伝子群の破壊によって O-結合型糖鎖を完全に抑制出来る株が取得できれば，安定的に O-結合型糖鎖を抑制することができる。また，タンパク質生産時に薬剤を添加する必要がなくなる。筆者らは現在，N- および O-結合型糖鎖の両糖鎖の付加を制御できる出芽酵母の開発に取り組んでいる。

147

7 まとめ

新規育種技術を取り入れることによって，出芽酵母によるヒト型糖タンパク質生産のための技術開発のボトルネックとなっていた，糖鎖欠損株の増殖能の低下といった問題の一端を解決することができた。このような株の詳細な解析を通じて，糖転移酵素や糖鎖の新たな機能を明らかにすることができるかもしれない。

文　　献

1) Nakayama K., Nagasu T., Shimma Y., Kuromitsu J. and Jigami Y. (1992) *Embo J* **11**, 2511-2519

2) Gemmill T. R. and Trimble R. B. (1999) *Biochim Biophys Acta* **1426**, 227-237

3) Ballou C. E. (1990) *Methods Enzymol* **185**, 440-470

4) Baenziger J. U. (1994) *FASEB J* **8**, 1019-1025

5) Hamilton S. R., Davidson R. C., Sethuraman N., Nett J. H., Jiang Y., Rios S., Bobrowicz P., Stadheim T. A., Li H., Choi B. K., Hopkins D., Wischnewski H., Roser J., Mitchell T., Strawbridge R. R., Hoopes J., Wildt S. and Gerngross T. U. (2006) *Science* **313**, 1441-1443

6) Kuroda K., Kobayashi K., Tsumura H., Komeda T., Chiba Y. and Jigami Y. (2006) *FEMS Yeast Res* **6**, 1052-1062

7) Chiba Y., Suzuki M., Yoshida S., Yoshida A., Ikenaga H., Takeuchi M., Jigami Y. and Ichishima E. (1998) *J Biol Chem* **273**, 26298-26304

8) Takamatsu S., Chiba Y., Ishii T., Nakayama K., Yokomatsu-Kubota T., Makino T., Fujibayashi Y. and Jigami Y. (2004) *Glycoconj J* **20**, 385-397

9) Furusawa M. and Doi H. (1998) *Genetica* **102-103**, 333-347

10) Jin Y. H., Ayyagari R., Resnick M. A., Gordenin D. A. and Burgers P. M. (2003) *J Biol Chem* **278**, 1626-1633

11) Morrison A., Johnson A. L., Johnston L. H. and Sugino A. (1993) *Embo J* **12**, 1467-1473

12) Nishi N., Itoh A., Fujiyama A., Yoshida N., Araya S., Hirashima M., Shoji H. and Nakamura T. (2005) *FEBS Lett* **579**, 2058-2064

13) Abe H., Takaoka Y., Chiba Y., Sato N., Ohgiya S., Itadani A., Hirashima M., Shimoda C., Jigami Y. and Nakayama K. (2009) *Glycobiology* **19**, 428-436

14) Yoko-o T., Tsukahara K., Watanabe T., Hata-Sugi N., Yoshimatsu K., Nagasu T. and Jigami Y. (2001) *FEBS Lett* **489**, 75-80

15) Abe H., Fujita Y., Chiba Y., Jigami Y. and Nakayama K. (2009) *Biosci Biotechnol Biochem* **73**, 1398-1403

16) Haurie V., Perrot M., Mini T., Jeno P., Sagliocco F. and Boucherie H. (2001) *J Biol Chem* **276**, 76-85

第13章　新規育種技術を利用したヒト型糖タンパク質生産に適した酵母株の開発

17) Bojunga N. and Entian K. D. (1999)*Mol Gen Genet* **262**, 869-875
18) Strahl-Bolsinger S., Gentzsch M. and Tanner W. (1999)*Biochim Biophys Acta* **1426**, 297-307
19) Kuroda K., Kobayashi K., Kitagawa Y., Nakagawa T., Tsumura H., Komeda T., Shinmi D., Mori E., Motoki K., Fuju K., Sakai T., Nonaka K., Suzuki T., Ichikawa K., Chiba Y. and Jigami Y. (2008)*Appl Environ Microbiol* **74**, 446-453
20) Orchard M. G., Neuss J. C., Galley C. M., Carr A., Porter D. W., Smith P., Scopes D. I., Haydon D., Vousden K., Stubberfield C. R., Young K. and Page M. (2004)*Bioorg Med Chem Lett* **14**, 3975-3978

17) Bojunga N. and Entian K. D. (1999) Mol Gen Genet 262. 869-875.
18) Strahl-Bolsinger S, Gentzsch M and Tanner W. (1999) Biochim Biophys Acta 1426. 297-307.
19) Kuroda K, Kobayashi K, Kitagawa Y, Nakagawa Y, Tsumura H, Komeda T, Shinmi D, Mori E, Motoki K, Fuji K, Sakai T, Nonaka T, Ishikawa K, Oizu K, and Jigami Y. (2008) Appl Environ Microbiol 74. 446-453.
20) Orchard M. G, Neuss J. C, Galley C. M, Carr A, Porter D. W, Smith P, Scopes D. I, Haydon D, Vousden K, Stubberfield C. R, Young K. and Page M. (2004) Bioorg Med Chem Lett 14. 3975-3978.

【第4編 糖鎖供給】

第14章 シアリルオリゴ糖ペプチド（SGP）の 工業的生産

白井　孝[*1]，菅原州一[*2]

ここでは SGP に関する生化学的背景と製法に関する概要を述べる。

1 シアリルグリコペプチドは，鶏卵卵黄に含まれている

シアリルグリコペプチド（SGP）は，瀬古らによって鶏卵の卵黄から単離，構造決定された糖ペプチド（図1）である[1]。SGP の糖鎖部分は，その非還元末端に Neu5Ac α 2-6Gal 結合を有する二本鎖複合型糖鎖であり，ペプチド部分は6残基のアミノ酸で構成されている。瀬古らの報告によれば卵一個から得られる SGP の量は 8mg であり，モル数に換算すれば卵一個につき 2.8 μ mol となる。この量は卵黄の主要な構成成分であるタンパク質の量（低密度リポタンパク質 1.4 μ mol，ホスビチン 1.5-2.1 μ mol，α -リポビテリン 1.5 μ mol，β -リポビテリン 2.5 μ mol）と比較して多い。

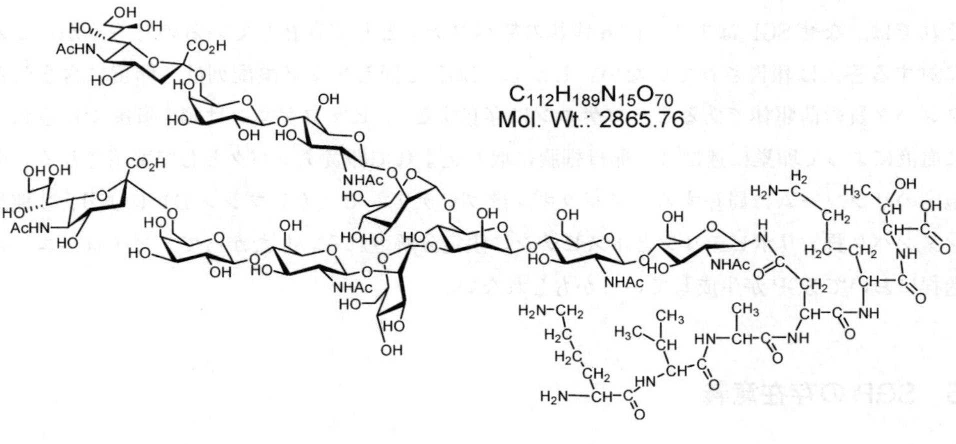

$C_{112}H_{189}N_{15}O_{70}$
Mol. Wt.: 2865.76

図1

*1　Takashi Shirai　公益財団法人野口研究所　常務理事
*2　Shu-ichi Sugawara　旭化成㈱　新事業本部　先端技術研究所　主幹研究員

151

2 卵黄には多種類の *N*-結合型糖鎖が存在している

鶏卵の卵黄には SGP の他に，多種類の *N*-結合型糖鎖が存在している。たとえばリボフラビン結合型タンパク質には非還元末端にシアル酸が結合している二本鎖及び三本鎖複合型糖鎖が数種存在し，卵黄免疫グロブリンには高マンノース型糖鎖や混成型糖鎖，そして bisecting GlcNAc を有する複合型糖鎖が多種類存在することが報告されている[2,3]。また，平林等は鶏卵卵白および卵黄に含まれる *N*-結合型糖鎖の定量的比較を行い，SGP と同じジシアロオリゴ糖鎖が最も多く存在するものの，高マンノース型糖鎖も多く存在することを明らかにした[4]。

3 SGP が単離された理由（推論）

このように多種類の糖鎖が卵黄に含まれている中で SGP が単離されたのは，SGP が単独の糖ペプチドとして存在しているのに対し，おそらく SGP 以外の *N*-結合型糖鎖が糖タンパク質の形で卵黄中に存在していたためと考えられる。SGP と卵黄に存在する糖タンパク質との分子量の違い（SGP は 2866，糖タンパク質は数万〜数十万）や水に対する溶解性の違いが，脱脂，イオン交換カラムクロマトグラフィーやゲル濾過カラムクロマトグラフィーなどの精製工程を経る SGP の単離を容易にしたのではないかと考えられる。

4 SGP の生合成機構

それでは，なぜ SGP はアミノ酸 6 残基の糖ペプチドとして存在しているのだろうか。この疑問に対する答えは報告されていない。しかし，SGP と同じアミノ酸配列は，卵黄に含まれるリンタンパク質の前駆体であるビテロゲニンに存在する[1]。ビテロゲニンは鶏の肝臓で作られたのちに血液によって卵巣に運ばれ，卵母細胞に取り込まれて卵黄タンパクとして蓄積される。卵母細胞内のリソソームに局在するアスパラギン酸プロテアーゼ（カテプシン D）により，2 種類のリンタンパク質，リポビテリンとホスビチンに限定分解される。したがって，ビテロゲニンの分解過程において SGP が生成しているかもしれない。

5 SGP の存在意義

SGP がこのように豊富に存在しているのは偶然なのか，何か意義があるかについては分かっていない。シアル酸が α2-6 結合で非還元末端に結合した *N*-結合型糖鎖は，鳩やカモメの卵黄においても見出されている[5,6]。SGP と同じジシアロオリゴ糖鎖は，雉，ウズラ，孔雀などの鳥類の卵黄においても最も多く存在する *N*-結合型糖鎖である[7]。また，ウズラや鶏の腸管に存在する主要糖鎖もシアル酸が α2-6 結合で非還元末端に結合した *N*-結合型糖鎖である[8]。非還元

第14章　シアリルオリゴ糖ペプチド（SGP）の工業的生産

末端のシアル酸の結合様式がインフルエンザやその他のウイルスの感染初期において重要な役割を果たしていることは既に明らかになっている[9]。シアル酸 α2-3 ガラクトース糖鎖と優先的に結合するトリインフルエンザウイルスの感染や変異と，宿主である鳥類の糖鎖との間に何らかの因果関係があるかもしれない。

6　SGP は様々な研究に広く用いられている

SGP は，その糖鎖部分の非還元末端にシアル酸が存在することから，サルモネラ菌やインフルエンザウイルスの感染阻害剤としての利用が検討された[10,11]。一方，SGP をプロテアーゼ処理して得られる糖鎖アスパラギン SGN は，種々の糖ペプチドの固相化学合成に用いられた[12]。Fmoc-SGN 合成については稲津らの公開特許[13]，梶原らの文献[14]，特許[15]があり，詳細は後述する。また，エンド型糖転移酵素 Endo-M を用いる複合糖質の合成では，SGP から誘導されるオキサゾリン誘導体を糖鎖供与体として用いることで収率が飛躍的に向上することが明らかになった[16]。このように SGP は広く研究に用いられているにもかかわらず，試薬として市販はされているが，工業用途までは想定していない。自前で，卵から精製するには煩雑な操作が必要なため，より広範囲の研究や商業的利用の観点において大量に取得するのは困難であった。

7　ヒト型糖ペプチドの合成

野口研究所においては，これまでヒト型糖ペプチドの合成に際し糖鎖供給源として SGP を使う機会があった。その際，市販されている SGP を使うことが検討されたが，大量使用を考え，自力で鶏卵卵黄より抽出精製することになった。10年を経ても SGP 製造方法に大きな進展は無く，瀬古等の報告[1]に従い，卵黄 100 個を使い SGP 製造を開始した。文献準拠のクロマト精製 2 工程目（Sephadex G-50）が終了した時点で，急遽糖転移反応検討用として分取用 HPLC で精製を行うことになったが，計 100 回以上の分取クロマト精製によってようやく 100mg 程度の SGP を得た。その後抽出精製に関する検討と同時に文献・特許調査を含めて SGP の機能活用検討が開始された。

8　SGP 工業的製造について

SGP の製造方法は，卵黄もしくは脱脂卵黄を原料として引用数の多い瀬古らの手法を始め，文献だけでなく特許等においても多数報告されている。

文献例

瀬古等の文献[1]では 4℃ 環境下で実施している。まず鶏卵 115 個を用い，卵黄（1.9L）に等量の水を加え，直ぐに 1/10 容量のフェノール－水（phenol/water，9：1，w/w）を加え 2 時間激

しく撹拌し，その後 4.8L の水を加え 6,000rpm 30 分遠心分離し上清を回収した。上清を濃縮後，不溶物を除去し，ゲル濾過（Sephadex G-50, 0.1M NaCl）カラムに添加した。カラムではシアル酸と糖鎖を定量しながら分画し再度ゲル濾過（Sephadex G-50, 0.1M NaCl）カラム精製を行った。次のゲル濾過（Sephadex G-25, 5% ethanol）カラムで脱塩後，アニオン交換樹脂（DEAE-Toyopearl 650M, 5mM Tris-HCl buffer pH 8.0）カラム，更にカチオン交換樹脂（CM-Sephadex G-25, 10mM sodium acetate buffer pH 5.5）カラムを用い最後にイオン交換樹脂（Dowex 50WX2, water）カラムを用いて分画した。その後凍結乾燥して鶏卵 1 個あたり SGP 8mg を得ている。物性評価データ等が報告されている。

特許においても SGP の製造方法[17]が報告されている。以下 2 例について述べる。

特許例 1

脱脂卵黄粉末 50kg を 250L の水に溶解し，室温で 3 時間撹拌した。濾過した後，4℃で 2 日間静置して微量の不溶物を除き，上清を得た。得られた上清を逆浸透膜（RO 膜）により 50L に濃縮した。濃縮液を陰イオン交換樹脂（ダウケミカル製，MSA-1）250L に吸着させ，水 500L で洗浄後，50mM NaCl 溶出画分を濃縮，脱塩，乾燥し，14g のシアリルオリゴ糖ペプチドを得た。純度を HPLC で確認したところ，91% であったと記載。

特許例 2

新鮮な卵黄 50kg に等量の水を加えて得られた希釈卵黄液に，フェノール：水混合液（9：1，w/w）を加え激しく撹拌した。得られたエマルジョンに更に水を加え希釈液を調製し，遠心分離（6000rpm, 30 分）後，得られた上清をゲル濾過カラム（セファデックス G-50, 0.1M NaCl）に供し，シアル酸反応陽性画分を分離した。得られた画分は同カラムで同様の操作を繰り返し（回数の記載無し），夾雑物を除去した。得られた画分を脱塩後，陰イオン交換カラム（DEAE Toyopeal 650M, 5mM トリス-HCl 緩衝液，pH 8.0）に供し，シアル酸反応陽性画分はシアリルオリゴ糖ペプチドとして分離後，脱塩した後に凍結乾燥を行い 21.1g を得た。純度を HPLC で確認したところ，98% であったと記載。上記文献例と製造手法が類似。

野口研究所における製造例[17, 18]

鶏卵卵黄をエタノール等で脱脂することで脱脂卵黄を調製した。脱脂卵黄から水抽出により SGP を抽出し，SGP を含む水溶液をエタノールに加えることで SGP を沈殿させた。このエタノール沈殿工程によりシアル酸等の塩を含む SGP 混合物を得た。オープンカラム用 ODS 樹脂に SGP を吸着させその後，水洗浄することで脱塩した。その後 ODS 樹脂から水溶性有機溶媒で SGP を溶出することで，そのまま凍結乾燥工程に進むことが出来，最終 SGP を凍結乾燥品として得ることが出来た。

本技術は大量製造を前提としてクロマト操作をできるだけ省く事を目標とした。エタノール沈殿により精製度の高い SGP が得られたがシアル酸や塩等の夾雑物の残存も確認された。イオン交換以外で SGP を吸着する能力のある樹脂をスクリーニングすることで ODS 樹脂を見出した。SGP を樹脂に吸着させる工程においてエタノール沈殿工程で得られる SGP 混合水溶液を濃縮す

第14章　シアリルオリゴ糖ペプチド（SGP）の工業的生産

ることも可能となった。従来技術では最終工程においてイオン交換樹脂を使うため，塩濃度勾配による溶出を行わざるを得ず，その結果最終工程には脱塩工程が必要になる。しかし，本法ではODS樹脂に吸着させて水で洗浄することで脱塩処理し，その後含水有機溶媒を用いて溶出することで，そのまま溶出液の凍結乾燥処理を可能にしている。

下記に文献による製造例[1]，特許例1による製造例[19]，本件の製造例[17,18]を比較した（図2）。本製造方法は中性条件で行うことを特徴としている。本件SGPは2011年に工業的製造が開始され既に市販されている状況にある[20]。SGPおよびその関連化合物供給体制は整いつつある状況にある。

さらにSGPを原料として，タンパク質分解酵素による加水分解とその後の精製により，SGPにおいて，アスパラギン残基のみを有するSGN（図3）が今後提供されることが期待される。

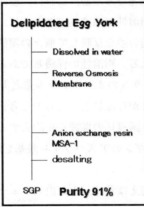
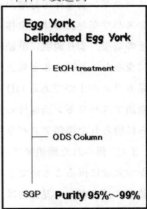

図2

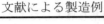

図3

9 Fmoc-SGN の製造方法について

　梶原らの特許[15]によれば，糖鎖アスパラギン誘導体の製造は，例えば，天然の糖タンパク質に由来する糖鎖アスパラギン，好ましくはアスパラギン結合型糖鎖から得られる糖鎖アスパラギンの混合物に含まれる糖鎖アスパラギンに Fmoc 基等の脂溶性保護基を導入して糖鎖アスパラギン誘導体の混合物を得た後に各糖鎖アスパラギン誘導体に分離することで達成される。

　天然の糖タンパク質に由来する糖鎖は非還元末端の糖残基がランダムに欠失した糖鎖の混合物である。天然の糖タンパク質に由来する糖鎖，具体的には糖鎖アスパラギンの混合物に含まれる当該糖鎖アスパラギンに Fmoc 基等の脂溶性保護基を導入することで，当該保護基が導入された糖鎖アスパラギン誘導体の混合物をクロマトグラフィーの手法を用いて容易に個々の糖鎖アスパラギン誘導体に分離することができる。それにより，種々の構造を有する糖鎖アスパラギン誘導体をそれぞれ大量に調製することが可能となった。

　このように，糖鎖アスパラギンに脂溶性の保護基を導入して誘導体化することにより個々の糖鎖アスパラギン誘導体の分離が可能となったが，これは，脂溶性の保護基を導入したことにより糖鎖アスパラギン誘導体の全体の脂溶性が高まり，たとえば，逆相系カラムとの相互作用が向上し，その結果，より鋭敏に糖鎖構造の差を反映して個々の糖鎖アスパラギン誘導体が分離されるようになったことによると考えられる。脂溶性の保護基である Fmoc 基の脂溶性は非常に高く，逆相系カラムの 1 つである ODS カラムのオクタデシル基と非常に強い相互作用を生み，似た構造の糖鎖アスパラギン誘導体の分離が可能になったものと考えられる。

　さらに得られた糖鎖アスパラギン誘導体の保護基を除去することにより種々の糖鎖アスパラギンを，また，得られた糖鎖アスパラギンのアスパラギン残基を除去することにより種々の糖鎖を，容易かつ大量に得ることができる。

　糖鎖アスパラギンの混合物は，例えば乳汁，ウシ由来フェチュイン，鶏卵から糖タンパク質および／または糖ペプチドの混合物を得，それに，タンパク質分解酵素，例えば，プロナーゼ，アクチナーゼ-E，カルボキシペプチダーゼあるいはアミノペプチダーゼなどの酵素を添加して，ペプチド部分を切断し，反応液を得る。あるいは反応液より糖鎖アスパラギン以外の成分をゲル濾過カラム，イオン交換カラムなどを用いたクロマトグラフィーや，高速液体クロマトグラフィー（HPLC）を用いた精製によって得ることができる。調製の容易性の観点から，卵由来の糖ペプチド粗精製 SGP（卵黄中のタンパク質，無機塩等を含み，糖ペプチドが 10〜80 重量％程度含まれる混合物）を使用して混合物を調製するのが好ましい。

　糖鎖アスパラギンに脂溶性の保護基の導入を行う。保護基としては Fmoc 基がより好ましく，シアル酸など比較的酸性条件に不安定な糖が糖鎖に存在する場合に特に有効である。例えば，Fmoc 基を用いる場合，糖鎖アスパラギンを含む混合物に対しアセトンを適量加えた後，さらに 9-フルオレニルメチル-N-スクシニミヂルカーボネートと炭酸水素ナトリウムを加えて溶解し，25℃にてアスパラギン残基への結合反応を行うことにより，糖鎖アスパラギン残基に Fmoc 基を

第14章　シアリルオリゴ糖ペプチド（SGP）の工業的生産

導入することができる。次いで糖鎖アスパラギン誘導体混合物を分取型のクロマトグラフィーに供して各糖鎖アスパラギン誘導体に分離する事が出来る。なおこれらのFmoc化した糖鎖アスパラギンはホームページ[21]にて掲載されている。

10　SGP 機能活用について

SGP 機能活用に関して，2種類の展開が考えられる。

① 　均一な糖鎖構造を持つ糖タンパク質の合成法開発のための糖鎖供給源

均一なヒト型糖鎖を持つタンパク質を大量合成する技術が出来ると，動物細胞で生産している糖タンパク製剤の薬効改良や機能解析が進む。このヒト型糖鎖を導入するための糖鎖原料として，SGP 大量製造技術が鍵となるものと考えている。

② 　ヒトインフルエンザウイルス受容体

SGP はヒトインフルエンザウイルス受容体と同一の糖鎖構造を有することから，ウイルス感染阻害に関する知見を得るための生化学的展開[22]が考えられる。研究はインフルエンザウイルス感染阻止に対する新たな知見を得ると期待されるだけではなく，ヒト型シアル酸含有糖鎖とウイルスヘマグルチニン HA との相互作用研究のためのツールを十分に確保するという課題に対しても解決策を与えるものと期待される。研究ツールの提供により関連研究の加速化が予想され，糖鎖－ウイルス相互作用研究という「学術面」で意義があるだけでなくインフルエンザウイルス感染阻害に関する研究加速という「実践面」にも大きく貢献することが期待される。

文　　　献

1) A. Seko, M. Koketsu, M. Nishizono, Y. Enoki, H. R. Ibrahim, L. R. Juneja, M. Kim, T. Yamamoto, *Biochim. Biophys. Acta*, **1997**, 1335, 23-32.

2) M. Tarutani, N. Norioka, T. Mega, S. Hase, T. Ikenaka, *J. Biochem.*, **1993**, 113, 677-682.

3) M. Ohta, J. Hamako, S. Yamamoto, H. Hatta, M. Kim, T. Yamamoto, S. Oka, T. Mizouchi, F. Matsura, *Glycocoj. J.*, **1991**, 8, 400-413.

4) W. Sumiyoshi, S. -I. Nakata, N. Miyanishi, J. Hirabayashi, *Biosci. Biotechnol. Biochem.*, **2009**, 73, 543-551.

5) N. Suzuki, K. H. Khoo, C. M. Chen, C. H. Chen, Y. C. Lee, *J. Biol. Chem.*, **2003**, 278, 46293-46306.

6) N. Suzuki, T. H. Su, S. W. Wu, K. Yamamoto, K. H. Khoo, Y. C. Lee, *Glycobiology*, **2009**, 19, 693-706.

7) W. Sumiyoshi, S. -I. Nakata, K. Hasehira, N. Miyanishi, Y. Kubo, T. Kita, J. Hirabayashi,

Biosci. Biotechnol. Biochem., **2010**, 74, 606-613.

8) C. T. Guo, N. Takahashi, H. Yagi, K. Kato, T. Takahashi, S. Q. Yi, Y. Chen, T. Ito, K. Otsuki, H. Kida, Y. Kawaoka, K. I. -P. J. Hidari, D. Miyamoto, T. Suzuki, Y. Suzuki, *Glycobiology*, **2007**, 17, 713-724.

9) Y. Suzuki, *Biol. Pharm. Bull.*, **2005**, 28, 399-408.

10) Y. Sugita-Konishi, K. Kobayashi, S. Sakanaka, L. R. Juneja, F. Amano, *J. Agric. Food. Chem.*, **2004**, 52, 5443-5448.

11) M. Umemura, M. Itoh, Y. Makimura, K. Yamazaki, M. Umekawa, A. Masui, Y. Matahira, M. Shibata, H. Ashida, K. Yamamoto, *J. Med. Chem.*, **2008**, 51, 4496-4503.

12) Y. Kajihara, N. Yamamoto, R. Okamoto, K. Hirano, T. Murase, *The Chemical Record*, **2010**, 10, 80-100.

13) 特開平 11-255807

14) Y. Kajihara, Y. Suzuki, N. Yamamoto, K. Sasaki, T. Sakakibara, L. R. Juneja, *Chem. Eur. J.* **2004**, 10, 971 - 985

15) 特許第 4323139 号

16) L. X. Wang, W. Huang, *Curr. Opin. Chem. Biol.*, **2009**, 13, 592-600.

17) 特願 2010-198213 (2010.9.3)

18) PCT/ JP2010/ 65165 (2010.9.3)

19) 特願 2002-121138 (2000.10.12)

20) 伏見製薬所 http://www.fushimi.co.jp/sgp/index.html

21) 大塚化学 http://tansaku.otsukac.co.jp/oligo04.html

22) 科研費 基盤研究 (C)「シアル酸含有オリゴ糖ペプチドの機能活用」

第15章 ヒト型糖鎖ライブラリーの開発と
バイオ医薬品への応用

中北愼一[*1]，住吉 渉[*2]，山田佳太[*3]

1 はじめに

　糖鎖は遺伝子の二次産物，つまり糖転移酵素，糖水解酵素，糖ヌクレオチドトランスポーターなどの糖鎖合成酵素群が複雑に関与することで作られている。その結果，同じタンパク質上に発現していても糖鎖の化学構造は一定の構造をとらず，少しずつ違いを生じてしまう。これは糖鎖構造のマイクロヘテロジェネイティー（微小不均一性）と呼ばれ，糖鎖研究を複雑にしている一つの要因である。すなわち，生体から単一構造の糖鎖を一定量（例えば mg オーダー）入手することは一般に難しく，このことが糖鎖研究の実用化を大きく阻んでいる。

　我々は，鶏卵のような入手が容易で安価な生体資材に着目し，この中に含まれる糖タンパク質糖鎖の構造を予め調べておくことで，目的の糖タンパク質糖鎖を，「どの生体資材から，どの程度の量」入手できるかを随時判別可能とする「糖鎖戦略地図」の作製を行っている。この地図には必要な糖鎖の調製方法も記されており，これらの情報を活用すれば，簡便に，効率よく目的の糖タンパク質糖鎖を調製することができる。これにより，約100種類のヒト型糖鎖（ヒトの組織に発現している糖鎖と化学構造上まったく同じ構造の糖鎖）については mg オーダーで入手可能となった。この糖タンパク質糖鎖の利用方法の一つとしてバイオ医薬品（特に糖タンパク質製剤）の原料が考えられる。本章では，糖鎖戦略地図の作製方法からヒト型糖鎖ライブラリーの開発と，バイオ医薬品への応用に向け現在取り組んでいる研究について説明する。

2 糖鎖戦略地図の作製およびヒト型糖鎖ライブラリーの開発

　生体に発現するタンパク質の6割に糖鎖が付加されており，これらは多様な役割を担っている。従来，糖タンパク質糖鎖の構造解析，特に *N*-配糖体糖鎖の構造解析では，先ず目的の糖タ

---

*1　Shin-ichi Nakakita　香川大学　研究推進機構・総合生命科学研究センター　糖鎖機能
　　　解析研究部門　准教授

*2　Wataru Sumiyoshi　香川大学　研究推進機構・総合生命科学研究センター　糖質バイ
　　　オ研究部門　助教

*3　Keita Yamada　香川大学　研究推進機構・総合生命科学研究センター　糖質バイオ研
　　　究部門　助教

バイオ医薬品開発における糖鎖技術

ンパク質を精製し，ヒドラジン分解[1]やグリコペプチダーゼのような酵素[2]により，タンパク質から糖鎖を切り出し，その糖鎖の還元末端をトリチウム標識[3]や蛍光標識[4~6]後，ゲルろ過や逆相 HPLC などを使って各糖鎖を分離精製し，酵素消化やメチル化分析を行い，さらに質量分析を使って各構造を決定してきた。しかし，精製糖タンパク質から得られる糖鎖の量には自ずと限界があり，実量レベル（数ミリグラム）の糖鎖をライブラリーとして揃えることは難しい。もしタンパク質の精製を行わず，組織全体（原料）から糖鎖を調製すればこの量的問題をクリアできるかもしれない。実際，この糖タンパク質が集まった組織や臓器全体では，糖タンパク質糖鎖はどのような構造プロファイルを持つのか，臓器毎にプロファイルが異なるのか，といった点に先ず疑問がわく。そこで，第一に注目したのがニワトリの卵（鶏卵）であった。言うまでもなく鶏卵は安定的に入手でき，その上，これまで多くの先人達が鶏卵由来の糖タンパク質糖鎖の構造解析を行った実績があるため[7~10]，糖鎖構造についてもあらかた予想がつく。そこで，精製した糖タンパク質から得られる糖鎖構造と，卵全体から得られる糖鎖構造情報の比較と，卵黄・卵白相互に発現する糖タンパク質糖鎖の構造比較を行った。まず，鶏卵を卵黄部分と卵白部分に分け，それぞれをアセトン沈殿した。十分凍結乾燥させたものを卵黄，及び卵白由来糖タンパク質画分とした。卵1個から5gの卵黄，及び卵白の糖タンパク質画分（粉末）が得られた。このうち300mg をテフロンシール製スクリューキャップ付き試験管に50mg ずつ入れ，それぞれに10mlの無水ヒドラジンを加え，混合後，100℃，10 時間水浴中で糖鎖の切り出し反応（ヒドラジン分解）を行った。反応終了後，試験管を十分に冷まし，室温程度になったところで，冷却トラップ付真空ポンプを使い無水ヒドラジンを留去した。さらに，トルエンを少量加え，無水ヒドラジンと共沸させることによりヒドラジンを完全に除去した。これに5ml の飽和炭酸水ナトリウム水溶液と 0.2ml の無水酢酸を加え，ヒドラジン分解で脱離した N-アセチル基を再生した。反応溶液を1つにまとめ脱塩し，凍結乾燥機を使って十分に乾燥させた後に，7.5M の 2 アミノピリジン酢酸溶液 3ml を加え，90℃，1 時間反応させた（カップリング反応）。これに 9.9M のジメチルアミンボラン酢酸水溶液を 10.5ml 加え，80℃，35 分反応させた（還元反応）。フェノールクロロホルム抽出，HW-40F によるゲルろ過で過剰試薬の除去を行い，ピリジルアミノ化糖鎖（PA糖鎖）を得た。ここまでに要する日数は約 10 日であった。こうして得られた PA 糖鎖は逆相HPLC で条件を変え 3 回分取することで，ほぼ単一ピークまで精製することができた。これらをサイズ分画 HPLC で分取することにより，単一のピークまで精製した。精製した PA 糖鎖の溶出位置が，市販の PA 糖鎖の溶出位置と一致するかを確認し，さらにエキソグリコシダーゼを使った構成糖の結合様式の確認（構成糖の結合が α 結合なのか β 結合なのかを決定する），質量分析装置を使った分子質量の測定，MS/MS 分析による組成分析などを行った。その結果，300mg の凍結乾燥試料から 1nmol 以上得られた糖鎖は卵黄で 12 種類，卵白で 7 種類であった[11]。卵白で最も主要な糖タンパク質であるオボアルブミンに結合している糖鎖で 1 番量の多いものはM6B だが，卵白全体で最も多い糖鎖は M5BSGN であった（表1）。一方，これまでに報告されている卵黄に存在する糖タンパク質の糖鎖構造は，シアル酸を持つコンプレックス（複合）型糖

第15章　ヒト型糖鎖ライブラリーの開発とバイオ医薬品への応用

表1　ニワトリ卵黄および卵白から得られる糖タンパク質糖鎖の構造と量

Structure	卵白（nmol）	卵黄（nmol）
M9A	–	78
M8A	–	18
M6B	99	15
M5A	123	12
M5BSGN	296	–
M4BSGN	48	–
BiBS	69	–
24GNBSM3B	14	–
224GNBSM3B	198	–
226GNBSM3B	21	–
Gal224GNBSM3B	50	–
2426GNBSM3B	10	–
Gal24246GNBSM3B	10	–
SiaGalBi	–	52
SiaBI	–	55
DiSiaBI	–	148
SiaGal224GNBSM3B	18	–

鎖であったが，卵黄全体の糖タンパク質糖鎖の構造を調べてみるとハイマンノース型糖鎖の方が多かった（表1）。いずれにしても，卵黄または卵白から得られた糖鎖すべては，これまで卵黄や卵白から精製された糖タンパク質で報告された糖鎖構造と同じものであった[11]。

　今回の方法で調製できた糖鎖の量は生体資材300mgあたり，最も多いもので100nmol程度であり，重さにすると数十μgに相当した。別のニワトリの卵から同じ手順で調製を行ったところ，ほぼ同じ結果が得られた。PA糖鎖の調製・精製に要する時間は一定しており，また，HPLCにおけるクロマトグラフのパターン，得られるPA糖鎖量などの再現性も非常に良かった。そこで，他に購入，あるいは入手可能な鳥の卵や動物の臓器を使い，上記の手順で一連のPA糖鎖を調製したところ，糖鎖の調製や精製にかかる日数はほとんど変わらず，得られる糖鎖の種類と量だけが変化した。つまり，これまでに設定した糖鎖の調製法や精製法を使えば，どのような生体資材からでも糖タンパク質糖鎖を一定量供給することが可能であり，その再現性は非常に高いことが分かった。しかし，HPLCを使ったPA糖鎖の調製には約1カ月の時間を要するため，再現性を保ったまま時間の短縮を試みた。特に，各手順において最も時間を要するのは脱塩と濃縮の部分であった。これは脱塩を行う場合，ゲルろ過やイオン交換クロマトグラフィーを用いるため，試料（水溶液）の体積が増えてしまう結果，濃縮に時間がかかってしまうためであった。そこで，脱塩を行う際に電気透析装置を利用することで糖鎖の切り出しから蛍光標識までを3日で行うことができた。次に，最初のHPLCによる分離に陰イオン交換HPLCを使い，まずシアル酸を持つ糖鎖の分離を行い，これを逆相HPLCで分離するようにしたところ，10日ほどでPA糖鎖の精製を行うことができた。また，再現性に関しても問題はなかった。こうして

161

開発された方法論を使って現在まで40種類以上の生体資材から100種類以上の糖鎖を調製することに成功した（図1）。その糖鎖構造のほとんどはヒトの組織や臓器に発現している糖タンパク質糖鎖と同じ化学構造をしていた。通常，ヒドラジン分解を行うと，N-結合型糖鎖の場合には糖の還元末端とアスパラギンをつなぐ結合が分解されることで，糖鎖がタンパク質から遊離する。この際，ヒドラジン分解中に脱離した糖鎖中のN-アセチル基は，再アセチル化処理を行うので，アミノ基にアセチル基が導入される。つまり，ヒトにはないN-グルコリル型のシアル酸

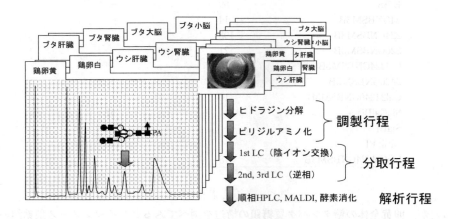

図1　糖鎖戦略地図の概要

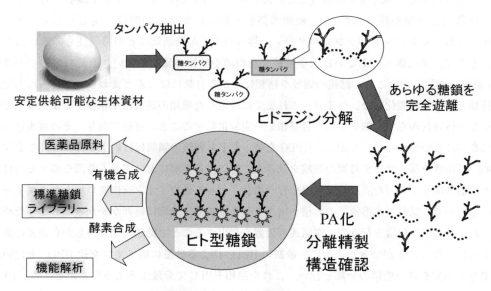

図2　ヒト型糖鎖の大量調製を目的としたストラテジー

第 15 章 ヒト型糖鎖ライブラリーの開発とバイオ医薬品への応用

も N-アセチル型になる。このことは生体資材中に含まれている動物等のグルコリル型シアル酸がすべて N-アセチル型シアル酸となることを示しており，グリコリル型シアル酸を持たないヒト型糖鎖が必要とされるバイオ医薬品開発においては留意すべき重要な点である。こうしてヒト型糖鎖ライブラリー構築に関する戦略が確立できた（図2）。

3　糖タンパク質糖鎖の大量切り出し反応の確立

　上記戦略の確定により，糖タンパク質糖鎖の種類に関してはある程度の目途がついたが，次に取り組むべき問題として糖鎖の量産化（大量調製）が挙げられる。通常，生体資材から糖タンパク質糖鎖を調製する場合，グリコペプチダーゼのような酵素を用いるか無水ヒドラジンのような化学試薬によって糖鎖の切り出しを行う。このうち，酵素を用いる方法は，基質特異性や反応効率，コストを考慮すると，大量調製には不向きである。これに対し，無水ヒドラジンは溶媒としてほとんどのタンパク質を溶かす優れた性質を持っていることや，酵素と異なり，基質特異性による制限がないことなどの利点が挙げられる半面，副反応が生じるため収率が40％程度であるという欠点もあるが，大量調製という観点から考えると，化学的切断法の選択は不可避である。しかしながら，無水ヒドラジンはロケット燃料として用いられる爆発性物質であり，通常の実験室では安全性を確保するため，毒性も有する無水ヒドラジンは少量（30ml 程度）しか使用できない（処理可能な生体資材は乾燥重量で150mg 程度）。また，近年の諸事情により，無水ヒドラジンの価格が上昇していることもあり，1l 以上の本試薬の入手はほとんど不可能となっている。これでは μg 程度（数百 nmol）の糖鎖しか調製できず（表1），mg オーダーの調製には，ニワトリ卵黄を例にあげた場合，乾燥重量15g（卵黄3個分）を3l の無水ヒドラジンで処理する必要がある（図3）。そこで，より安全で，安価に，そして容易に入手可能な試薬の検討を行ったところ，ヒドラジン1水和物を無水ヒドラジンの代替物として使うことで，糖タンパク質から糖鎖を十分量切り出せることが分かった[12]。ヒドラジン1水和物は無水物と異なり爆発性がほとんどなく格段に安全であり，一般の試薬会社でも販売されている非常に安価な試薬である。そこで，ヒドラジン1水和物を使った糖タンパク質糖鎖の切り出し条件を検討したところ，使用する試薬と生体資材（糖タンパク質）の量比はヒドラジン1水和物 300ml に対し，試料 1g が最適な比率であり，これは無水ヒドラジンの場合と同様であった。次に温度と時間に関する条件検討を行った。無水ヒドラジンを用いた場合，100℃で反応させたところ，10時間までは収率が直線的に延び，その後18時間までは収率の変化がほとんどなかった。一方，ヒドラジン1水和物を用いた場合，10時間までは直線的に収率が上昇していくが，10時間を過ぎると収率が極端に低下する傾向が見られた。また，収率が最大となる100℃，10時間の反応収率は無水ヒドラジンを用いた場合（常法）の6割程度であった。反応温度を90℃にして同様に調べてみたところ，反応時間が10時間になるまでは収率が直線的に延び，それ以降は徐々に収率が下がる傾向であり，最大収率は反応時間が10時間のときで，常法の収率の8割であった。80℃でも同様の条件検討を行っ

163

バイオ医薬品開発における糖鎖技術

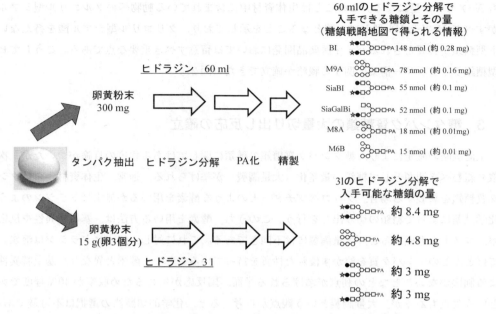

図3 大量ヒドラジン分解によるmgスケールでの糖鎖調製の可能性

たが，90℃のときと同様の傾向であり，収率は常法の7割程度であった。以上の結果から，ヒドラジン1水和物を使った糖タンパク質糖鎖の切り出しは，90℃で10時間反応すれば，ある程度の収率（常法の8割）を得ることができることが分かった。ヒドラジン1水和物の沸点は121℃であり，低温で反応させることができればより安全に反応を進めることが可能である。常法に比べても低温で反応できるということは，mgオーダーでの糖鎖調製（リッタースケールの分解反応が必要）において非常に重要であると言える。このヒドラジン1水和物を使った糖タンパク質糖鎖の切り出し法と糖鎖戦略地図（生体資材の選択と目的糖タンパク質糖鎖の精製手順）を組み合わせた方法論（図3）を使って，共同研究先の企業とともに生体資材から糖タンパク質糖鎖を調製したところ（リッタースケールのヒドラジン分解），約150mgの単一糖鎖を精製できた（図4）。150mgの糖タンパク質糖鎖を調製する際には，リッタースケールのヒドラジン分解を数回行い，これを，蛍光標識化，ゲルろ過による過剰試薬及び副反応物の除去後，各種HPLC（陰イオン交換1回，逆相2回）による精製を行った。本操作に費やした日数は約1カ月であり，得られた糖鎖は選択した生体資材で最も多い糖鎖であった。このことから，糖鎖戦略地図を使って目的糖鎖を効率的に調製できる最適の生体資材を選択すれば，gオーダーでの糖鎖調製も十分可能である。

第15章 ヒト型糖鎖ライブラリーの開発とバイオ医薬品への応用

図4 戦略情報地図を使って調製した糖鎖

4 天然型糖鎖への変換

　糖は「炭水化物」の名の通り，水酸基を多く含む分子である。この水酸基がヘミアセタール基の水酸基と脱水縮合することで，糖鎖の基本骨格であるグリコシド結合が形成される。一般に，糖鎖は水に溶けやすく，糖鎖が付加した糖タンパク質も水溶性が高まる。水に溶けやすいということは，逆相カラムに結合しにくくなることであり，糖鎖を精製することが非常に難しい原因の一つである。糖タンパク質から切り出された糖鎖の還元末端に2アミノピリジンを用いて還元アミノ化，蛍光標識する方法は1978年に世界で初めて報告され[4]，その後，導入する蛍光基が異なるものがいくつか報告された[5,6]。蛍光基（一般に疎水性）が導入された糖鎖はC18のような逆相カラムに吸着しやすくなり，非標識の糖鎖に比べて精製の効率が格段に向上する。その上，質量分析装置やNMR，フロンタルアフィニティークロマトグラフィーといった各種分析法とも相性がよく，構造解析を行う際の基本技術として広く定着している。しかし，還元末端に安定した蛍光基を導入しているので，これを離脱させタンパク質や脂質に再度導入することが非常に難しい。つまり，mgオーダーで糖タンパク質糖鎖を調製する技術を確立しても，利用法の幅が狭くなってしまうのだ。そこで，この蛍光基を脱離する方法について各種検討が行われている。我々が調製したPA糖鎖からPA基を脱離させ，1-アミノ-1-デオキシ誘導体に変換する方法は，すでに報告されている（図5)[13]。そこで，この方法を応用してmgオーダーで調製した糖鎖にも対応可能な反応系の構築を行った。PA糖鎖を酢酸水溶液（pH 3）に溶かし，常温，常圧でパラジウムブラック存在下，水素ガスを使った接触還元を行った。実際には，試験管の中に試料を入れ，そこに5mlの酢酸溶液を加えたのちに，パラジウムブラックを10mg添加し，風船中の水素ガスをキャピラリー管でサンプル水溶液中に送り込むことで反応を行った。また，一定時間ごとに反応液の一部をTLCプレートに乗せ，蛍光があるかどうかを確認することで反応の進行

165

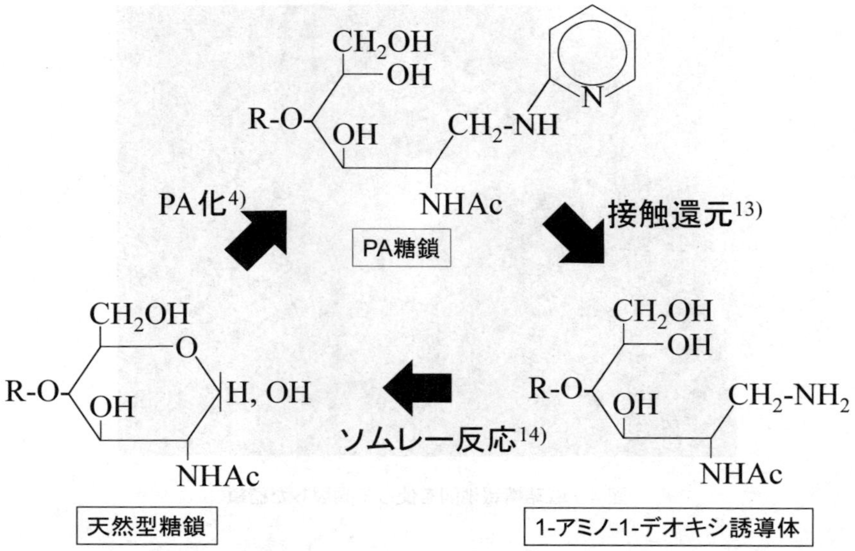

バイオ医薬品開発における糖鎖技術

CH₂OH / OH / R-O / OH / CH₂-NH / N

PA化[4]　→　PA糖鎖　→　接触還元[13]

NHAc

CH₂OH / O / R-O / OH / H, OH / NHAc　←　ソムレー反応[14]　←　CH₂OH / OH / R-O / OH / CH₂-NH₂ / NHAc

天然型糖鎖　　　　　1-アミノ-1-デオキシ誘導体

図5　PA糖鎖の還元末端構造の変換方法

を確認した。反応開始後，1時間から2時間で蛍光が消失するので，水素ガスの添加を停止し，反応溶液をHPLC用サンプルフィルターでろ過することによってパラジウムブラックを完全に除去した。これを，凍結乾燥し，水分を完全に除去後，0.2mlの無水ヒドラジンと70℃，1時間反応させPA基を脱離した。無水ヒドラジン留去後，常法ではゲルろ過を行うが，脱塩の手間を考え，上述の電気透析装置を利用した。その結果，1日以上かかる脱塩の工程が2時間程度で終了し，目的糖鎖の1-アミノ-1-デオキシ誘導体がmgオーダーで調製できた。収率も9割程度と良好であった。この方法を使うと，目的糖鎖の還元末端にアミノ基が導入された構造になるため，カラムやプレートに固定することが容易になる。また，タンパク質にも導入可能な構造なので，架橋剤と組み合わせることによって，「ネオ糖タンパク質」を合成することができる。しかしながら，この方法を利用しても糖鎖の還元末端は開環しており，天然型の糖鎖構造ではない。そこで，次にアミノ基の還元を行う方法として古くから用いられているソムレー反応を利用することにした[14]。ソムレー反応は試料（1-アミノ-1-デオキシ誘導体）とヘキサメチレンテトラミンを混合し，酸性条件で反応させることで，アミノ基をアルデヒド基に変換するものである。反応条件は以前報告したものを用い，また脱塩を電気透析装置によって行った。ハイマンノース型糖鎖やシアル酸を持たないコンプレックス型糖鎖に関しては9割程度の収率でアミノ基がアルデヒド基に変換され，天然型糖鎖の還元末端と同じ構造になった（図5）。しかしながら，シアル酸を持つコンプレックス型糖鎖に関しては収率が8割程度に留まっていた。詳しく調べたところ，シアル酸が1つ外れた糖鎖が検出されたので，ソムレー反応の際，酢酸溶液中で100℃，45分反応した結果，酸に弱いシアル酸のグリコシド結合が一部解離したと考えられる。この反応に関して

第15章　ヒト型糖鎖ライブラリーの開発とバイオ医薬品への応用

は，酸性条件下でもシアル酸が脱離しないようにシアル酸に保護基を導入することなどの工夫が必要であると考えられる。こうして得られた天然型糖鎖に関しては，エンドMのような酵素を使ったトランスグリコシレーションの基質となることから（山本らの章参照），糖タンパク質製剤の原料となりえる。また，調製した天然型糖鎖の還元末端にアスパラギンを導入できれば，有機合成的手法を用いた糖タンパク質製剤の基質ともなりえることから（梶原らの章参照），シアル酸を持つ糖タンパク質糖鎖のソムレー反応における収率向上と天然型糖鎖にアスパラギンを導入する方法は今後，開発を進めていくテーマとなろう。

5　糖鎖戦略地図を利用した生体資材からの有用糖鎖や有用糖ペプチドの調製

これまで述べてきたように，単一構造の糖タンパク質糖鎖を，生体資材から調製する際には標識化が前提となる。これは，構造が互いに類似する糖鎖を相互分離するために不可避な操作であり，特にこのことは逆相HPLCによる分離において有効である。また，標識は微量分析目的のために開発された経緯があるため蛍光検出が前提となっているが，大量調製に際しては蛍光標識である必要はない。一方，標識原理としては還元アミノ化を基本とする手法が広く用いられるが，この反応の問題点として，還元末端が開環構造となることが挙げられる。天然型糖鎖の構造（閉環構造）と異なっていることから直接糖タンパク質製剤の原料にはできない。上述のように，開環構造を天然型糖鎖構造に戻す方法も開発されているが，複数のステップ[13,14]を踏まねばならず，手間と収率に問題が残る。

糖鎖戦略地図を見ると種々の生体資材から入手可能な糖タンパク質糖鎖の構造が一目でわかる。中には糖タンパク質製剤に利用可能な糖鎖がほぼ1種類しか存在しない生体資材も存在する。そこで，生体資材のヒドラジン分解物から糖タンパク質糖鎖を単離できないかと考えており，現在，ヒドラジン分解後に生じる相当量のアミノ酸の除去や，糖鎖の効率的精製法について検討を行っている。また，生体資材から糖タンパク質糖鎖にアスパラギンが結合したような化合物を効率よく調製するため，生体資材をプロテアーゼ処理する際の反応条件や，変性剤と還元剤を使った生体資材中の糖タンパク質の変性やSS結合の切断など，より糖タンパク質製剤の生産に利用可能な構造へ簡便に変換できる反応条件の検討も始めている。

6　おわりに

糖鎖戦略地図を利用することによる，バイオ医薬品の原料となりえる糖タンパク質糖鎖の調製に関する知見について述べた。検討する項目は多いが，どの原料を利用すれば，必要な糖鎖が入手可能かについての情報はある程度入手できたと考えている。今後はより直接的な原料となる誘導体化のための諸条件を検討するとともに，生物機能との関わりが深いとされる高付加価値の機能糖鎖（ポリラクトサミン構造を持つ糖鎖やルイス型糖鎖，硫酸基を持つ糖鎖など）をも入手可

能にするような地図の拡張を図っていく予定である。

文　献

1) Z. Yosizawa, *et al.*, *Biochem Biophys Acta.*, **121**, 417 (1966)
2) N. Takahashi, *et al.*, *Biochem Biophys Res Commun.*, **76**, 1194 (1977)
3) S. Takasaki, *et al.*, *J. Biochem.*, **76**, 783 (1974)
4) S. Hase, *et al.*, *Biochem Biophys Res Commun.*, **85**, 257 (1978)
5) J. C. Bigge, *et al.*, *Anal Biochem.*, **230**, 229 (1995)
6) K. R. Anumula, *Anal. Biochem.*, **230**, 24 (1995)
7) K. Yamashita, *et al.*, *J. Biol. Chem.*, **257**, 12809 (1982)
8) B. E. Chechik, *et al.*, *Mol. Immunol.*, **24**, 765 (1987)
9) R. L. Brockbank, *et al.*, *Biochemistry.*, **29**, 5574 (1990)
10) M. Ohta, *et al.*, *Glycoconj. J.*, **8**, 400 (1991)
11) W. Sumiyoshi, *et al.*, *Biosci. Biotechnol. Biochem.*, **73**, 543 (2009)
12) S. Nakakita, *et al.*, *Biochem Biophys Res Commun.*, **362**, 639 (2007)
13) S. Hase, *J. Biochem.*, **112**, 266 (1992)
14) C. Takahashi, *et al.*, *J. Biochem.*, **134**, 51 (2003)

第16章　有機合成法を中心とする糖鎖の工業的生産システム

松崎祐二*

1　はじめに

　第3の生命鎖といわれる糖鎖は細胞間コミュニケーションのシグナル分子として，発生，免疫，感染，脳，神経，筋肉，幹細胞等様々な生命現象において重要な役割を演じている。また，糖鎖不全といわれる糖鎖の異常が癌，神経・筋疾患，感染症，遺伝性疾患等の様々な疾病と密接に関連している事実が明らかになってきている。

　このような状況下，これまでの糖質科学研究の蓄積を早期に応用研究へと導き，糖鎖の機能を活用した産業上有効で実践的に利用できる形態へと誘導することが求められている。

　研究段階から実用化・産業化へのダイナミックな移行には，機能性を有する複合糖質やその調製に必要な酵素類を安定的，大量に供給できる生産システムの構築が必要とされている。

　我々は機能性糖鎖の化学合成に対応した合成原料の工業的な生産プロセスを開発し，量産化を可能とした。引き続き機能性糖鎖の化学合成法による大量供給を目指している。

　糖鎖の化学合成法は糖鎖を組み上げるまでに煩雑な多くの工程を経ることから，糖鎖の化学合成法は敬遠されてきた嫌いがある。しかしながら有機化学的な糖鎖合成は一旦方法論が確立されれば更なる大量化も可能な技術であり，糖の種類や立体・結合位置などを任意に変更した非天然型・類縁化合物にも対応できる。更には天然物抽出，酵素合成から得られる糖鎖を修飾する場合にも有効な手法である。

　ここでは合成ブロックの大量供給について紹介し，ブロック中間体を用いた機能性オリゴ糖鎖合成，さらに糖鎖の機能と新たな機能を併せ持つ機能性糖鎖複合体について紹介する。

2　合成ブロック中間体の共通性

　糖鎖の化学合成ではターゲット構造をブロック単位に分割し，対応するブロック中間体を組み上げて構築するブロック合成法が多く採用される。分割位置については，グリコシル化の反応効率や副生成物との分離精製の容易さ，構築した糖鎖の脱保護反応中の安定性などにより適宜選択される。糖タンパク質，糖脂質の代表的な共通構造を示した（図1）。

　機能性糖鎖の構造には，Neuα2-3Galβ-，Neuα2-6Galβ-，Galβ1-3/4GlcNAcβ1-，Galβ1-

---

　*　Yuji Matsuzaki　東京化成工業㈱　王子研究所　糖鎖技術部　マネージャー

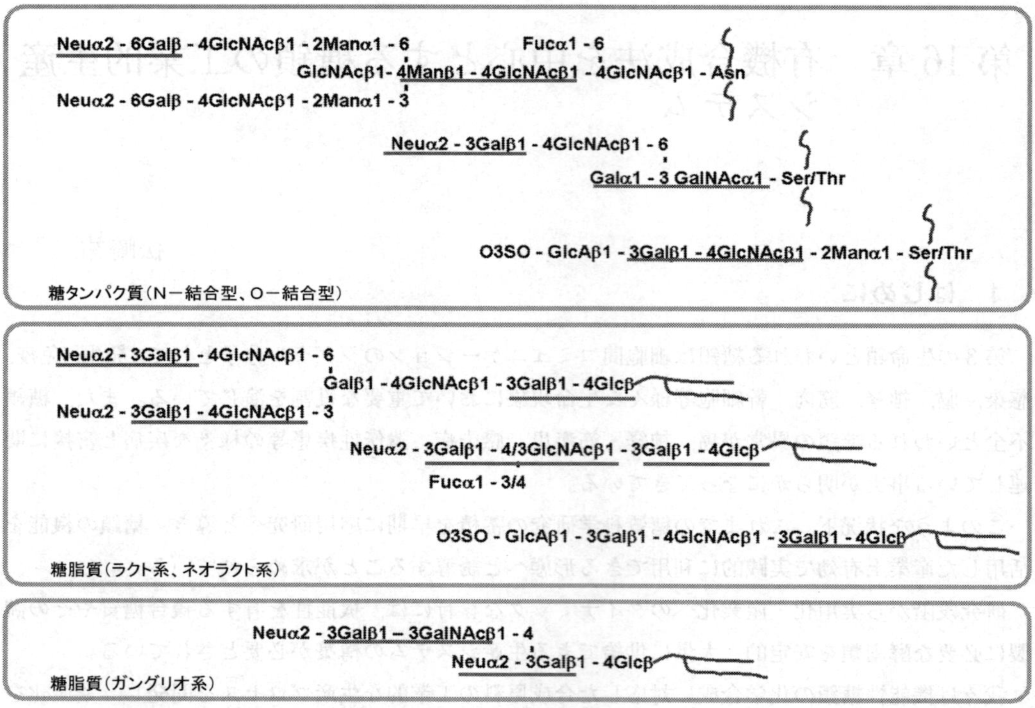

バイオ医薬品開発における糖鎖技術

糖タンパク質（N－結合型、O－結合型）

Neuα2 - 6Galβ - 4GlcNAcβ1 - 2Manα1 - 6　　　　　Fucα1 - 6
　　　　　　　　　　GlcNAcβ1- 4Manβ1 - 4GlcNAcβ1 - 4GlcNAcβ1 - Asn
Neuα2 - 6Galβ - 4GlcNAcβ1 - 2Manα1 - 3

Neuα2 - 3Galβ1 - 4GlcNAcβ1 - 6
　　　　　　　　　　　　　　Galα1 - 3 GalNAcα1 - Ser/Thr

O3SO - GlcAβ1 - 3Galβ1 - 4GlcNAcβ1 - 2Manα1 - Ser/Thr

糖脂質（ラクト系、ネオラクト系）

Neuα2 - 3Galβ1 - 4GlcNAcβ1 - 6
　　　　　　　　　　Galβ1 - 4GlcNAcβ1 - 3Galβ1 - 4Glcβ
Neuα2 - 3Galβ1 - 4GlcNAcβ1 - 3

Neuα2 - 3Galβ1 - 4/3GlcNAcβ1 - 3Galβ1 - 4Glcβ
　　　　　Fucα1 - 3/4

O3SO - GlcAβ1 - 3Galβ1 - 4GlcNAcβ1 - 3Galβ1 - 4Glcβ

糖脂質（ガングリオ系）

Neuα2 - 3Galβ1 - 3GalNAcβ1 - 4
　　　　　　　　Neuα2 - 3Galβ1 - 4Glcβ

図1　代表的な糖鎖の共通構造

4Glcβ1-などの共通の構造が多く存在する。このような基幹となる2糖ブロックは導入される結合位置や立体構造に一定の規則性があり，種類もそれ程多いものではない。出現頻度や共通性の高いオリゴ糖ブロック中間体や，その合成過程で入手できる単糖ブロックを組み合わせることで多種類の糖鎖合成への使用が可能である。このような合成原料を予め大量に準備することができれば，機能性糖鎖合成に要する60〜80％程度の省力化が見込まれることから，個々の糖鎖合成に費やされる労力が軽減され，合成の迅速化やスケールメリットによるコストダウンが期待できる。

3　ブロック中間体の大量合成

ブロック中間体のデザインでは，結合の位置および立体の制御，また最終工程にいたるまで保護基の脱着を任意に制御できる保護基の適切な配置が必要である。すなわち，位置および立体を制御するために用いられる保護基は，合成途上では安定に存在し，必要な時には任意独立に望む箇所のみを脱保護できるものでなければならない。

また，大量製造においてはカラムクロマト精製が，労力・コストを増大させる要因となり現実的ではない為，可能な限りカラムクロマト精製を回避する必要がある。その回避には再結晶化が

第16章 有機合成法を中心とする糖鎖の工業的生産システム

有効であるが使用する保護基の選択が鍵となる.

4 アノマー位の保護基（4-メトキシフェニルグリコシド）

糖鎖合成には様々な保護基が用いられるが，任意独立に脱保護が可能かという点で，アノマー位の保護基の選択は特に重要である．すなわち，グリコシル化やその他の反応条件に安定であり，必要時には選択的に脱保護が可能で，糖鎖の伸長やアグリコン部分の導入のための糖供与体へ容易に変換できることが要求される．4-メトキシフェニルグリコシド（MP）はそれらの条件に適したものであり[1,2]，導入や脱保護に用いる試薬も比較的安価である．またMPグリコシド誘導体の多くは優れた結晶性を有していることから，工業レベルでの大量合成に適していると考えら

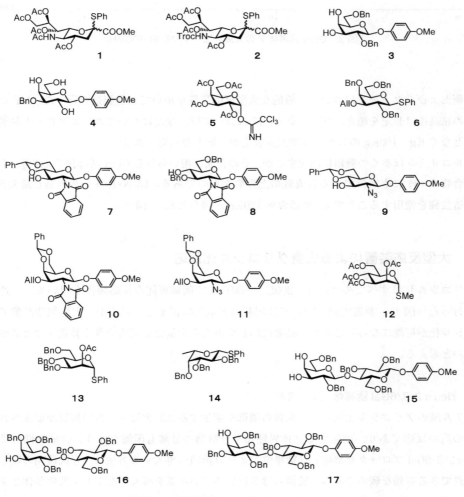

図2 大量製造が可能となった単糖・ラクトースブロック

4-Methoxyphenyl 4,6-O-Benzylidene-2-deoxy-2-phthalimido-β-D-glucopyranoside 7

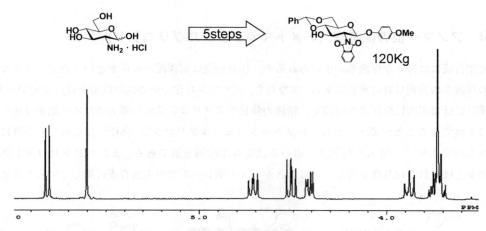

図3　GlcN 誘導体 7 の大量製造　¹H-NMR 400MHz

れる。

　単糖およびラクトースについて一般的な大型反応装置を用いて大量製造を行った。MP グリコシドの結晶性は想定を超え，ブロック 1～17 については，全てにおいてカラムクロマト精製を行うことなく Kg～100Kg のスケールで大量製造が可能となった（図2）。

　グルコサミンは多くの糖鎖に出現するが，その合成に用いられる GlcN 誘導体 7（仲野，小川[1]）は化合物 8～11 にも変換できる合成戦略上重要なものである。GlcN・HCl から出発し最大 5000L の製造設備を使用することで GlcN 誘導体 120Kg が得られた。（図3）。

5　大型反応装置による大量グリコシル化反応

　グリコシル化はすべての反応を，200L，−80℃まで制御可能な反応装置を用いて，一連の操作を行った（図4）。製造実績については記載の製造量に留まっているが，大型製造設備でのグリコシル化が可能になったことで，必要に応じて更なる大量化を実現できる製造プロセスが整ったものと考える。

5.1　Neu α2-3/6Gal 誘導体（Ⅰ，Ⅱ）

　シアル酸のグリコシル化反応は，立体の制御や副生する 2,3-デヒドロ体の抑制が要求される難易度の高い反応であり，副生する立体異性体や分解物の分離も困難を伴う。合成初期の段階で Neu α2-3/6Gal ブロックを準備し 2 糖単位でオリゴ糖鎖へ導入する方法は，合成後期の収率低下を回避できる有効な戦略である。安藤らは 5 位に N-Troc 基を導入したシアル酸供与体 2 を用いて高効率的な縮合に成功している[3]。安藤らの方法に従い，2+3→Neu α2-3Gal（Ⅰ），2+

第16章　有機合成法を中心とする糖鎖の工業的生産システム

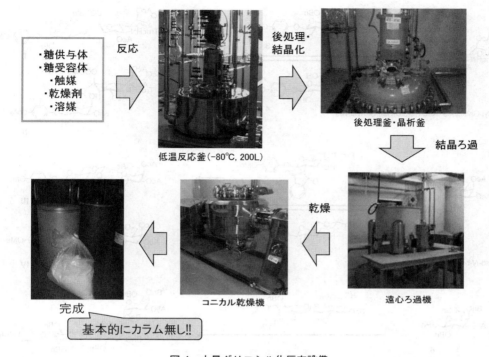

図4　大量グリコシル化反応設備

4 → Neuα2-6Gal（Ⅱ）のグリコシル化を行いそれぞれ，3Kg，2Kg 得られた。

5.2　Galβ1-3GlcNPhth/N3 誘導体（Ⅲ，Ⅳ）

Ⅲ，Ⅳのラクト N-ビオースは，汎用性の高い中間体である。グルコサミン残基3位の水酸基にフコースを導入することでルイス A 型糖鎖に誘導される。また，グルコサミン残基3位を反転し，ガラクトサミンへと変換することでガングリオ系，グロボ系，ムチン型糖タンパク質に含まれる Galβ1-3GalNAc ブロックへと導くことが可能なものである。

ガラクトース供与体とグルコサミン受容体とを縮合することで，5＋7 → Galβ1-3GlcNPhth（Ⅲ），5＋9 → Galβ1-3GlcN3（Ⅳ）が，それぞれ7Kg，3Kg 得られた。

5.3　Galα1-4Galβ1-4Glc 誘導体（Ⅴ）

糖誘導体Ⅴは，グロボ系糖鎖の共通ブロックであり非還元末端側ガラクトース3位に様々な糖鎖が伸長する鍵中間体となる。ラクトース残基4位に対するガラクトースのα配置の導入では，6＋17 → Galα1-4Galβ1-4Glc（Ⅴ）が再結晶にて3Kg 得られた。

ここで紹介したブロック中間体の大量合成は，実験室レベルを超えた大型製造設備での製造が厳密なカラムクロマトを行うことなく可能となった。単糖・2糖・3糖ブロックの合成において

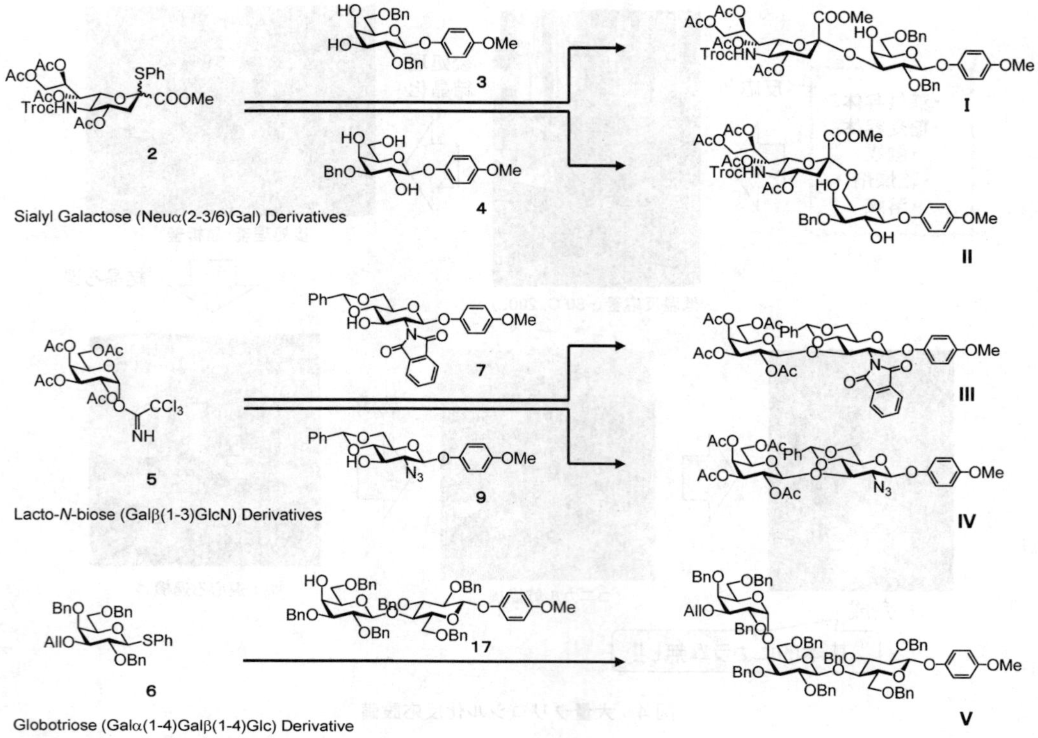

バイオ医薬品開発における糖鎖技術

図5 大型設備によるグリコシル化反応

カラムクロマトによる精製工程を回避できたことは，今後必要に応じた更なる大量生産の可能性を拡げると共に，大量の有機溶媒の削減により環境への負荷の軽減が期待される。このことはグリーンケミストリーの観点からも有効であると考える（図5）。

6 ブロック中間体を用いる機能性糖鎖への展開

6.1 グロボ系糖鎖

グロボ系糖鎖は，母核となるグロボ3糖誘導体の非還元末端ガラクトース残基3位に糖鎖を伸長することで様々な機能性糖鎖に誘導できる（図6）。

O-157，O-111などの生産するベロ毒素（志賀毒素）のレセプターへの変換は，Gb3誘導体を脱保護することで得られる。ESおよびiPS細胞など幹細胞の未分化の指標として知られているマーカー分子SSEA3,4（Stage-specific Embryonic Antigens）への変換は，母核のGb3に，Ⅲから誘導されるGalβ1-3GalNPhthを導入することでSSEA-3が得られ，またSSEA-4は，GalNPhth供与体と縮合後，Neuα2-3Gal（Ⅰ）の供与体を導入することで合成が可能である。加えて，Globo-H，Forssman antigenへの展開も可能である。

174

第16章　有機合成法を中心とする糖鎖の工業的生産システム

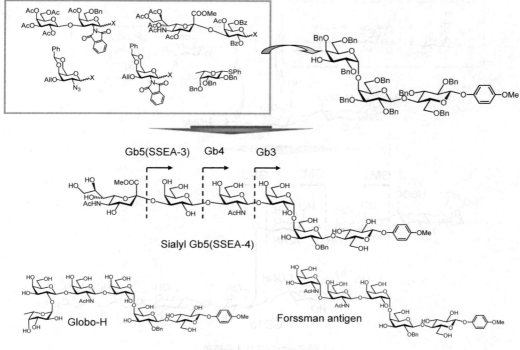

図6　グロボ系糖鎖

6.2　ガングリオ系糖鎖

　ガングリオシドは細胞膜外層に存在し，細胞の分化や増殖あるいは接着の調節・制御に関わっていることが知られており，コレラ毒素，ギランバレー症候群，アルツハイマー，癌などとの関連が明らかになっている。一方で，これまで生体組織からの抽出物として流通しているガングリオシド類は，BSE等の問題から入手困難となる傾向があるため，化学合成での供給が望まれている。

　ガングリオ系の合成では，難易度の高いシアル酸の導入とセラミド縮合時の収率の改善が求められていた。安藤ら[3]は，グルコシルセラミド部分と糖鎖部分に分割し，糖鎖部分は予めシアリルガラクトース部分を独立に合成することで，効率的なガングリオ系の合成法を確立した。

　Neuα2-3Gal誘導体は，ガラクトース4位の水酸基に糖鎖を伸長が可能であり，鍵中間体として有用である（図7）。

6.3　ラクト系・ネオラクト系糖鎖および周辺糖鎖

　ラクト系・ネオラクト系糖鎖は，糖脂質，糖タンパク質などに幅広く存在する。ラクト系とネオラクト系は，ガラクトースがグルコサミンの3位あるいは4位に結合するかによって異なり，Galβ1-3/4GlcNAcβ1-の2糖単位の繰り返し構造をとる場合も多い。

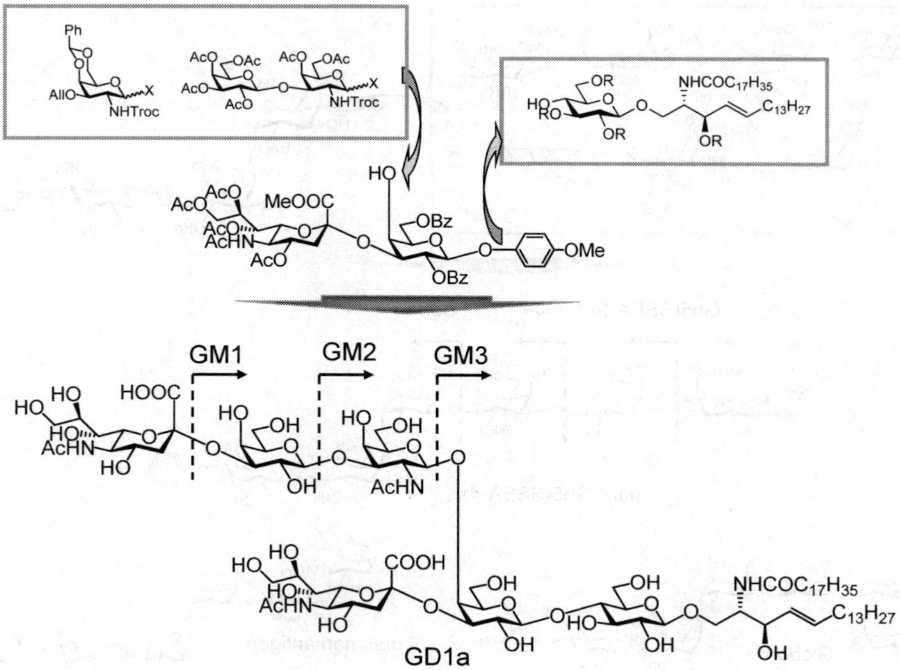

バイオ医薬品開発における糖鎖技術

図7 ガングリオ系糖鎖

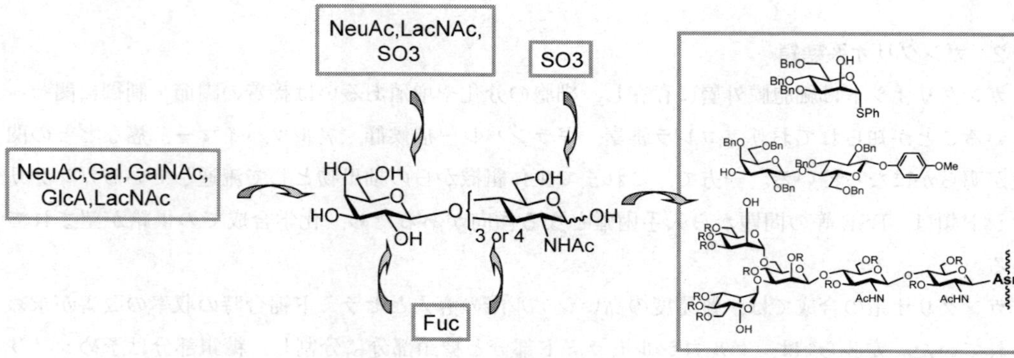

図8 ラクト系・ネオラクト系糖鎖

　これらの2糖単位は，シアル酸，硫酸化グルクロン酸，フコース，硫酸基等で修飾され，ルイス（A,B,Y,X），シアリルルイス（A,X），HNK-1，血液型糖鎖，ケラト硫酸などに誘導される。さらに，還元末端側マンノース，ラクトース，N-結合型コア部分などと縮合することで糖脂質−，糖タンパク質糖鎖の合成が可能である（図8）。また，Gal β 1-3GlcNAc 構造は，グルコサミンの4位を反転することでガラクトサミンへと導き，O-結合型糖鎖 Gal β 1-3GalNAc（T 抗原）へも変換ができる[4]。

176

第16章　有機合成法を中心とする糖鎖の工業的生産システム

ブロック中間体を使用した各種機能性糖鎖の合成が進行中である。合成された機能性糖鎖のNMRチャートは東京化成工業株式会社ホームページ[5]を参照いただきたい。

7　グライコシンターゼ（Endo-M-N175Q）による糖鎖の導入

ここまでは化学合成について論じてきたが，我々の手がけている酵素およびその関連糖鎖についても若干紹介したい。

最近，京大梅川・山本らによって開発されたEndo-Mの部分改変体であるグライコシンターゼ（Endo-M-N175Q）の供給を開始した。本酵素はEndo-Mの活性中心を部位特異的に変異させ糖加水分解活性を抑制したものであり，糖供与体としてオキサゾリン体を用いることによって糖鎖を高収率で導入することを可能としたものである。十数残基程度の生理活性ペプチドへの導入も90％超の収率で導入されており[6]，ビオチン・pNPなどGlcNAc-誘導体への導入も可能である。製造量についても実用化を想定した大規模培養，固定化を検討し良好な結果が得られている。

酵素の基質として有用なオキサゾリン体[7]の前駆体であるジシアリルオクタサッカリドは，シアリルグリコペプチドからキトビオース部分を加水分解することでKgスケールでの製造が可能となった。本酵素は糖鎖工学の有用なツールとしてバイオシミラーなどの糖タンパク合成への実用的な応用展開が期待される（図9）。

8　機能性糖鎖複合体

天然に存在する機能性オリゴ糖鎖はセラミド等の脂質やタンパク質と結合して存在するが，糖鎖機能を活用した応用研究や実用化においては，実践的に利用できる形態へと誘導することが求められている。

糖鎖とウイルス・毒素・自己抗体など疾病要因分子との結合能を利用した医療用具や分析システムの開発では，ビーズ，中空糸膜，蛍光基あるいはビオチンなどの機能性分子と糖鎖を連結させた機能性糖鎖プローブが用いられる。

スペーサーの末端に位置するアジド基はクリックケミストリーにより，種々のアルキン誘導体と繋ぎ合わせることができる。また，用途に応じたアミン反応性のNHSエステルやイソシアナート誘導体と反応させることで機能性糖鎖プローブが入手できる。これまでに血液型糖鎖-ビーズ，ルイス系糖鎖-PEGビオチン，Gb3-FITCなどの合成が可能となった。また，ガングリオシドGM1エチルアジド，HNK-1エチルアジドなどを連結可能な糖鎖として合成した。必要に応じて複合体へと導く予定である。このような機能性糖鎖複合体は，糖鎖機能を活用した診断，糖鎖ワクチン，DDSなどの実用的研究の場面で今後需要が増えるものと思われる（図10）。

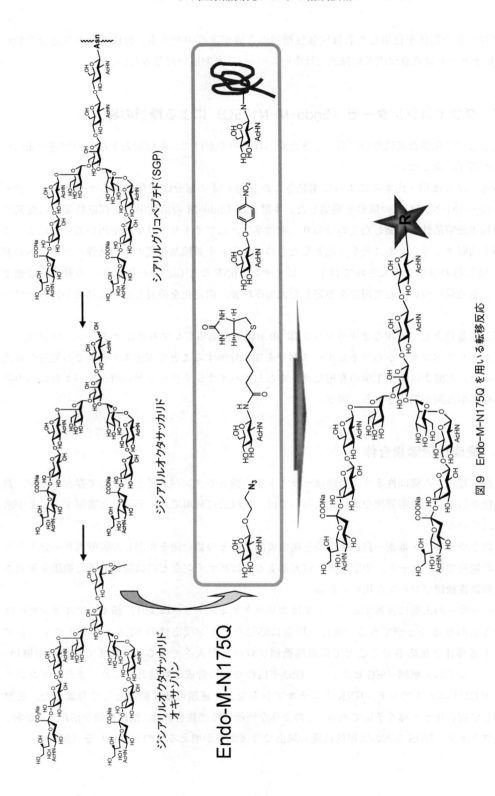

図9 Endo-M-N175Q を用いる転移反応

第16章　有機合成法を中心とする糖鎖の工業的生産システム

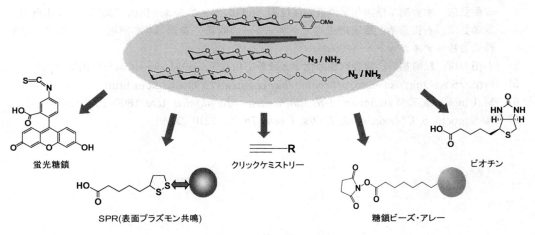

図10　機能性糖鎖プローブ

9　おわりに

合成ブロックの大量製造が，実験室レベルから大量反応設備に移行できたことを述べた。原料合成の負担を大幅に削減できたことは，従来困難とされていた有機化学的手法による機能性糖鎖の大量供給を確信させるものであり，グラムスケール合成の結果から大量化も視野に入る。また，商業生産される糖鎖誘導体では，月産2Kgのプロジェクトも開始されその最終精製に用いられる大型クロマト設備も整備された。このような設備や技術基盤を活用することで，機能性糖鎖の量産化を推進し，糖鎖科学の早期実用化を望むものである。

謝辞

本研究は㈱新エネルギー・産業技術総合開発機構（NEDO）プロジェクト「バイオ・IT融合機器開発プロジェクト」（H15～H17年度）および「産業技術実用化開発助成事業」（H18～H19年度）の助成事業の一環として行われたものである。

文　　献

1) (a) Y. Matsuzaki, Y. Ito, Y. Nakahara, T. Ogawa, *Tetrahedron. Lett.*, **34**, 1061 (1993). (b) T. Nakano, Y. Ito, T. Ogawa, *Tetrahedron Lett.*, **31**, 1597 (1990)
2) Z. Zhang, G. Mugnusson, *Carbohydr. Res.*, **295**, 41 (1996)
3) (a) H. Ando, Y. Koike, H. Ishida, M. Kiso, *Tetrahedron Lett.*, **44**, 6883 (2003). (b) 石田秀治,

安藤弘宗，木曾眞，糖鎖化学の最先端技術，p.110, シーエムシー出版（2005）. (c) 木曾眞，安藤弘宗，石田秀治，臨床糖鎖バイオマーカーの開発―糖鎖機能の解明とその応用，p.95, 株式会社メディカルドゥ（2008）

4) 石田秀樹，松崎祐二，複合糖質の化学と最新応用技術，p.171, シーエムシー出版（2009）
5) http://www.tokyokasei.co.jp/product/bio-chem/glyco-chem/index.html
6) M. Umekawa, K. Yamamoto *et al., Biochimica et Biophysica Acta*, **1800**, 1203 (2010)
7) N. Noguchi, S. I. Shoda, *et al., J. Org. Chem,* **74** (5), 2210 (2009)

第17章　有機化学的手法による生体糖鎖合成の最先端

松尾一郎*

1　はじめに

　糖タンパク質上の糖鎖は，糖転移酵素や糖加水分解酵素の複雑な連携によって構築されることから，ミクロ不均一性とよばれる糖鎖構造の不揃いが存在し，糖鎖が関与する生物現象を解析する上で問題となっている。有機化学を基本とした糖タンパク質の化学合成は，均一な糖タンパク質を得る有力な手段であり，これらの問題を解決する方法として注目されている。アスパラギン結合型糖鎖を有する糖タンパク質の化学合成は，鶏卵由来の糖タンパク質を酵素消化して得られる糖アミノ酸ユニットを利用してペプチド固相合成技術を利用する方法や，あらかじめ N-アセチルグルコサミン残基を導入したペプチドやタンパク質を合成後，市販のエンド型の酵素によって糖鎖をタンパク質上に導入する化学-酵素法が利用されている。しかし，糖鎖の供給を生物試料に依存する現在の方法では，天然に微量にしか存在していない糖鎖や生物試料からの単離が著しく困難な糖鎖を有する糖タンパク質の合成は困難な状況である。これに対して糖鎖の化学合成法は，純度の高い糖鎖を比較的大量に得ることが可能であり，先にあげた天然存在比や単離・精製などの問題を考える必要がない。また，化学合成の特徴でもある天然には存在しない非天然型の糖鎖の供給や，任意の官能基を導入するなどのプローブ化も可能であり，糖鎖の持つ機能を積極的に利用した糖タンパク質の開発に貢献するものと期待される。本稿では，糖タンパク質の化学合成を指向したアスパラギン結合型糖鎖の合成に関して最近の報告を交えながら概説するとともに，筆者らが取り組んでいるトップダウン型糖鎖合成法について紹介する。

2　アスパラギン結合型糖タンパク質糖鎖の生合成戦略と構造多様性

　糖タンパク質に結合した糖鎖はタンパク質との結合様式によってセリンやスレオニン残基に結合した O-結合型糖鎖とアスパラギン残基に結合したアスパラギン結合型糖鎖（N-結合型糖鎖）に分類される。アスパラギン結合型糖鎖の生合成を図1に示した。アスパラギン結合型糖鎖は，粗面小胞体の細胞質側で N-アセチルグルコサミンがピロリン酸を介してドリコールと結合したオリゴ糖前駆体が合成されることから始まる。その後，1残基の N-アセチルグルコサミン，5残基のマンノースが逐次結合し，7糖になると細胞質側から小胞体内腔側へと向きをかえる。小胞体内腔側でさらにマンノースが4残基，グルコースが3残基結合した14糖へと導かれ，この14

＊　Ichiro Matsuo　群馬大学　工学研究科　応用化学生物化学専攻　教授

バイオ医薬品開発における糖鎖技術

糖がオリゴ糖-タンパク質転移酵素（OST）によってポリペプチド上のアスパラギン残基に付加される。ポリペプチド上に導入された糖鎖は，小胞体内に局在するグルコシダーゼや小胞体マンノシダーゼ，シスゴルジに局在するマンノシダーゼなどの糖加水分解酵素によって分解されることで，非還元末端側に多様なマンノース構造を持つ糖鎖へと変換される。これらの酵素によってプロセッシングを受けた糖タンパク質は，その後，メディアルゴルジ，トランスゴルジへと輸送され，N-アセチルグルコサミン転移酵素による N-アセチルグルコサミン残基の付加やガラクトース転移酵素によるガラクトシル化，シアル酸転移酵素によりシアル酸が導入される。このよ

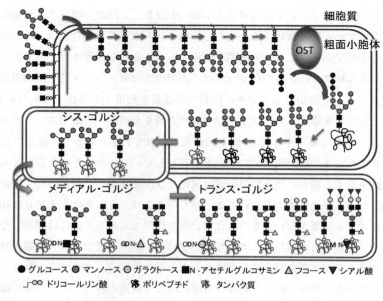

図1　アスパラギン結合型糖鎖の生合成経路

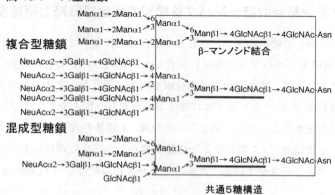

図2　アスパラギン結合型糖鎖の構造

第17章　有機化学的手法による生体糖鎖合成の最先端

うに細胞内では，糖転移酵素による段階的な糖鎖伸長と，糖加水分解酵素による14糖からの逐次分解法の2種類を組み合わせることで，非還元末端部分に多様な構造を作りだしている[1]。アスパラギン結合型糖鎖の代表的な構造を図2に示す。

3　アスパラギン結合型糖鎖の合成戦略

　化学合成法による糖鎖の合成法の概略を図3に示す。化学的に糖鎖を合成する戦略として，ゴルジ体や粗面小胞体膜上で行われる糖鎖構築と同様に，糖を一残基ずつ段階的につなげていく段階的合成法が利用される。しかし，単糖を逐次つなげていく合成戦略は，グリコシル化反応，脱保護反応の繰り返しにより多くの工程数が必要となり，それに伴う精製過程など，操作が煩雑になるため，化学的もしくは酵素法を利用した糖鎖固相合成では利用されるものの，大量合成を指向した糖鎖合成ではあまり行われない。

　通常，アスパラギン結合型糖鎖のような10糖を越える大きな糖鎖を合成する場合，あらかじめオリゴ糖ブロックを合成した後，それらをつなぎあわせる収斂的経路のほうが効率的に大きな糖鎖へと導くことができるために有利となる。しかし，収斂的経路ではブロック同士をつなぎあわせるグリコシル化反応における立体制御には特に気をつける必要がある。グリコシル化反応によってオリゴ糖ブロック同士をつなげる際，新たに生成するグリコシド結合にはα体とβ体の2種類の異性体が生じる可能性がある。しかし，オリゴ糖同士の結合によって得られる生成物は分子量も大きく構造も複雑になるため，その構造確認と望まない立体異性体が生じた際の単離精製に困難が予想される。そのため，望む結合様式を立体選択的に構築できるように合成戦略を工夫する必要がある。一般的には，隣接基の効果が利用可能な1,2-トランスの立体配置の結合や，α-マンノシド結合などの比較的構築が容易な結合が利用される。

　これら以外の糖鎖の合成戦略として，粗面小胞体内で糖加水分解酵素によって行われる逐次分解法が考えられる。しかし，この方法は目的糖鎖よりも大きな糖鎖をあらかじめ合成する必要があり，そのために不必要なグリコシル化反応や合成工程が増えるため非効率的であり，あまり利

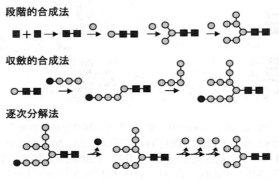

図3　アスパラギン結合型糖鎖の合成戦略

用されることはない。

一方,アスパラギン結合型糖鎖を合成するためには,最適な合成戦略を選択するとともに,合成戦術も重要である。例えば,アスパラギン結合型糖鎖に共通して存在する β-マンノシド結合などの1,2-シスのグリコシド結合や α-シアロシド結合など,立体選択性を制御することが困難な結合をいかに構築するか,また糖鎖の還元末端部分へのアスパラギン残基の導入法なども糖鎖合成の成否を左右する鍵となる。

4 複合型糖鎖の合成研究

複合型糖鎖は,その末端にガラクトース,シアル酸,フコースなど分子認識に重要な糖残基を発現している糖鎖であり,構造も複雑で合成化学の標的化合物としても興味が持たれている。

中原らは,生物試料からの入手が困難なLacdiNAc構造を有する複合型糖鎖の合成を報告した[2]。合成戦略としては,還元末端部分の5糖構造を段階的合成法により構築し,糖鎖の特徴を示す非還元末端部分のLacdiNAc構造については,2糖ユニットをあらかじめ合成した後に母核5糖へと導入する収斂的経路を採用した(Scheme 1)。立体選択的な構築が困難な β-マンノシド結合を有するオリゴ糖の合成は,Crichらが開発した方法を利用して良好な結果を得ている。すなわち,マンノース供与体をキトビオース誘導体の4位に直接結合することにより β-結合を有する3糖を73%の収率で立体選択的に合成した。Crichらの方法は β-マンノシド結合を直接構築できる優れた方法である[3]。このようにして得られた3糖の保護基を変換,マンノース供与

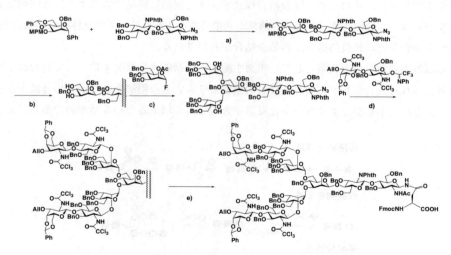

Scheme 1 LacdiNAc構造を有する複合型糖鎖の合成
Reagents and conditions: a) BSP, TTBP, Tf$_2$O, CH$_2$Cl$_2$, 73%; b) 1. Et$_3$SiH, PbBCl$_2$, CH$_2$Cl$_2$, 2. 90% TFA aq, CH$_2$Cl$_2$; c) 1. Cp$_2$HfCl$_2$, AgClO$_4$, CH$_2$Cl$_2$, 2. 30% H$_2$O$_2$, LiOH, THF; d) TMSOTf, CH$_2$Cl$_2$; e) 1. (CH$_2$NH$_2$)$_2$, BuOH, 2. Ac$_2$O, MeOH, CH$_2$Cl$_2$, 3. Ph(CH$_3$)$_2$P, Fmoc-Asp(OPfp)-OBu^t, HOOBt, 98% THF aq.

第17章　有機化学的手法による生体糖鎖合成の最先端

体と結合することにより5糖骨格を構築した。この5糖に対して2糖供与体を結合することでLacdiNAc構造を有する複合型糖鎖9糖を得た。フタルイミド基をアセトアミド基へと変換後，還元末端部分のアジド基を足がかりに，ジメチルフェニルホスフィンを用いたStaudinger反応により，アスパラギン残基を導入，ペプチド固相合成に対応した糖アミノ酸誘導体へと導いた。

Unverzagt らは，酵素-化学的手法により，シアル酸を含む複合型糖鎖の系統的合成法を報告した[4]。その概略をScheme 2に示す。複合型糖鎖11糖を合成するにあたり，糖鎖を2つのブロックに分けて合成後，順次つなぎあわせる収斂的経路と非還元末端部分のガラクトース残基とシアル酸残基の導入には糖転移酵素による段階的伸長法を組み合わせた。β-マンノシド結合の構築は，Kunzらによって報告された2位水酸基の反転反応を利用した[5]。グルコサミン受容体に対して2位に隣接基関与可能な保護基を導入したグルコース供与体を用いてβ-グルコシド結合を構築した後に，2位水酸基の立体を反転することでβ-マンノシド結合を有する2糖を合成した。グルコース残基の2位水酸基の立体を反転する方法は，反応工程数が増える点はデメリットがあるが，立体制御が容易なことと，グルコースの値段がマンノースに比べて1/20程度であることから，糖鎖を大量に供給する際には有用な手段になると期待される[6,7]。このようにして

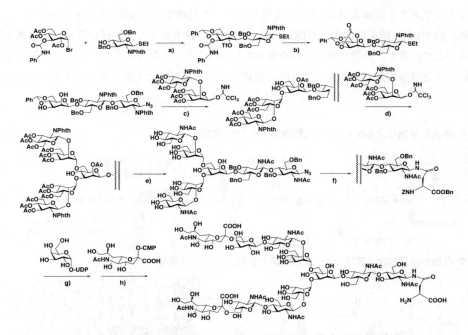

Scheme 2　酵素-化学法を用いたシアル酸を有する複合型糖鎖の合成
Reagents and conditions：a) 1. AgOTf, CH_2Cl_2, 2. K_2CO_3, MeOH, 3. PhCH(OCH_3)$_2$, HBF_4, Et_2O, 4. Tf_2O, Pyr.；b) 1. Pyr., DMF, 2. AcOH, H_2O, dioxane；c) 1. BF_3-Et_2O, CH_2Cl_2, 2. Ac_2O, Pyr., 3. 80% AcOH；d) BF_3-Et_2O, CH_2Cl_2；e) 1. (CH_2NH_2)$_2$, BuOH, 2. Ac_2O, Pyr., 3. CH_3NH_2, H_2O；f) 1. propandithiol, TEA, MeOH, 2. Z-Asp(OPfp)-OBn, HOBt, NMP；g) galactosyl transferase, alkaline phoshatase；h) α2,6 sialyl transferase, alkaline phoshatase.

バイオ医薬品開発における糖鎖技術

得られた３糖に対して２糖ブロックを導入し，５糖とした後に，4,6位のベンジリデン基を除去，水酸基の反応性の差を利用した６位の１級水酸基への位置選択的グリコシル化を経て，非還元末端部分にグルコサミン残基を有する７糖誘導体を合成した。水酸基の保護基を部分的に除去した後に，還元末端部分のアジド基をプロパンジチオールにて還元，アスパラギン残基の導入を行った。その後，ガラクトース転移酵素，シアル酸転移酵素により，ガラクトース残基とシアル酸残基を段階的に伸長して，シアル酸を有する複合型糖鎖11糖を得た。同様の方法により，分岐構造を有する４本鎖複合型糖鎖やバイセクティング型糖鎖，混成型糖鎖など，アスパラギン残基を有する糖アミノ酸ユニットの合成に成功している[8,9]。

5　高マンノース型糖鎖の合成研究

　高マンノース型糖鎖は，非還元末端部分に多くのマンノース残基を有する糖鎖で，全ての真核生物に共通した構造である。近年，糖タンパク質の品質管理機構との関連からもその機能が注目を集めている。筆者らは，収斂的経路により小胞体型高マンノース型糖鎖の系統的かつ効率的な合成法を報告している[10,11]。ここでは更なる合成の効率化を目指した逐次分解型の合成戦略を利用したトップダウン型酵素–化学法による高マンノース型糖鎖の合成について紹介する。

　小胞体内では14糖を糖加水分解酵素によって逐次分解することで多様な高マンノース型糖鎖を生み出しているが，目的の糖鎖だけを選択的に合成することはできない。しかし，糖加水分解酵素による逐次分解反応を制御して目的の糖鎖構造へと選択的に変換できるような工夫を加えれ

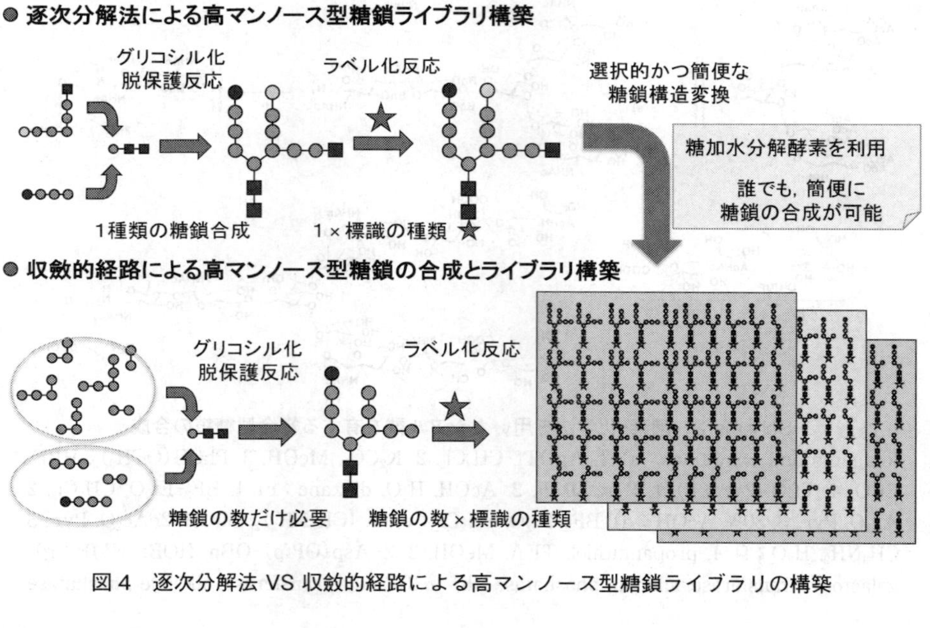

図４　逐次分解法 VS 収斂的経路による高マンノース型糖鎖ライブラリの構築

186

第17章　有機化学的手法による生体糖鎖合成の最先端

ば，化学合成において１種類の化合物だけを大量に合成することは比較的容易であるし，酵素反応のような温和な条件下で糖鎖の構造変換が可能であれば，他の官能基，例えば還元末端部分に導入した蛍光性置換基などに影響を与えることなく目的糖鎖を得ることが可能となる．従って，逐次分解型合成法は糖鎖のライブラリ構築までを含めて考えれば効率的な糖鎖合成法になると期

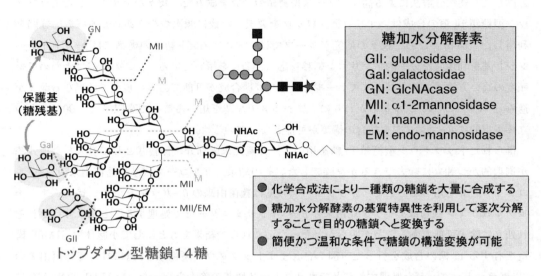

図5　トップダウン型糖鎖の構造と選択的変換のための糖加水分解酵素の組み合わせ

バイオ医薬品開発における糖鎖技術

待される（図4）。そこで糖加水分解酵素による反応位置を制御するために，糖鎖の非還元末端部分に独立の糖加水分解酵素で除去可能な糖残基を保護基として導入した非天然型糖鎖を合成すれば，異なる糖加水分解酵素の組み合わせによる逐次分解反応によって望む糖鎖へと選択的に誘導できると考えた（図5）。以上のコンセプトのもと，非天然型糖鎖（トップダウン型糖鎖）を合成して，逐次分解法による高マンノース型糖鎖の合成を試みた。我々がデザインしたトップダウン型糖鎖14糖の合成は，オリゴ糖ブロックを調製した後に順次つなぎあわせる収斂的経路を利用した（図6）。なお，我々の研究グループでは β-マンノシド結合の構築には p-メトキシベンジル基を利用した分子内アグリコン転移反応（IAD）を用いている[12]。この反応はきわめて信頼度の高い方法であり，グラムスケールでのオリゴ糖合成が可能である。現在では更なる改良が進み p-メトキシベンジル基のかわりにナフチルメチル基を用いることで高収率（～90%）かつ立体選択的に β-マンノシド結合の構築が可能となっている[13]。

得られたトップダウン型糖鎖14糖を用いて，非還元末端部分に保護基として導入した糖残基が選択的かつ独立に除去できるかを確認した。その結果，グルコース残基は麹菌由来の α-グルコシダーゼIIを用いることで，ガラクトース残基は麹菌由来の β-ガラクトシダーゼ，N-アセチルグルコサミン残基はタチナタ豆由来の β-ヘキソサミニダーゼで処理することにより，それぞれ独立に除去可能であることが明らかとなった。これらの結果をもとにして小胞体型 G1M8B 構造を有する11糖の合成を行った（図7A）。まずトップダウン型糖鎖14糖に対して麹菌由来の β-ガラクトシダーゼを処理することでガラクトース残基の除去を行った。MALDI TOF MS に

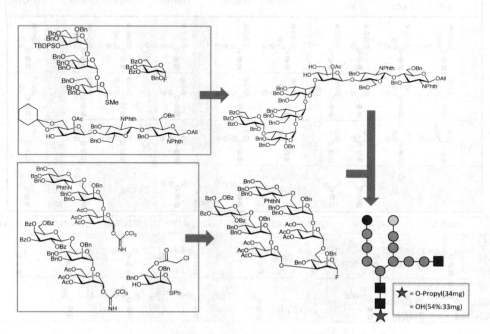

図6　収斂的経路によるトップダウン型糖鎖14糖の合成

第17章　有機化学的手法による生体糖鎖合成の最先端

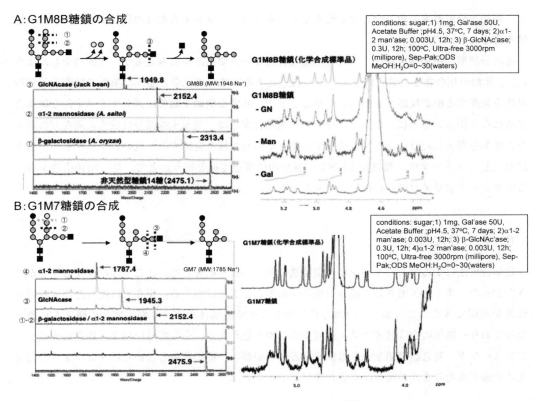

図7　トップダウン型酵素-化学法による糖鎖の合成

て反応を追跡した結果，ヘキソース1残基分の分子量が減少したことにより，ガラクトース残基が切断されたと判断した。反応液を加熱することで酵素を熱失活後，セプパック精製を行い，得られた反応残渣の ^{1}H-NMR を測定することによりガラクトース残基が選択的に除去されていることを確認した。引き続きα1,2結合特異的なマンノシダーゼ，次いでβ-ヘキソサミニダーゼで処理することにより目的の分子量に相当する化合物を得た。反応残渣を限外ろ過，ろ液をセプパックにて簡易精製した後に ^{1}H-NMR スペクトルを測定，別途化学合成した G1M8B 糖鎖のスペクトルと比較することで目的糖鎖へと選択的に変換されていることを確認した。ここでは構造確認のため，各酵素反応後に NMR 測定を行ったが，順次酵素を添加することでワンポット反応でも目的の糖鎖が合成できることを確認している。ワンポット法を用いた G1M7 糖鎖の合成を図7B に示した。トップダウン型糖鎖14糖をβ-ガラクトシダーゼとα1,2結合特異的なマンノシダーゼで処理することにより，ヘキソースが2残基切断されたことを確認した後に，反応液を熱失活，ヘキソサミニダーゼ，次いでα1,2結合特異的なマンノシダーゼにて処理することにより，途中精製することなく目的の G1M7 糖鎖を得た。これまでにトップダウン型酵素-化学法により種々の小胞体型のハイマンノース型糖鎖の合成を行っている。いずれも同じ出発糖鎖に対し

189

て，糖加水分解酵素の組み合わせを変えてインキュベーションするだけの簡便な操作で目的の糖鎖を得ることができた[14]。

　逐次分解型の糖鎖合成法は，一見不合理な合成ルートであるかにみえるが，今回紹介したように，1種類の化合物を大量合成することを得意とする有機合成化学と温和な条件で厳密な基質特異性を発揮する酵素反応とを組み合わせることで，必要な糖鎖を簡便に調製する効率的な糖鎖合成法になり得る。さらに，トップダウン型の糖鎖合成法は，還元末端部分に蛍光標識などの様々な置換基を導入したライブラリを構築する際，その有用性を発揮する。近い将来，タンパク質上に導入したトップダウン型糖鎖14糖を，選択的に構造変換を行うことで，均一糖鎖構造を有する糖タンパク質ライブラリの構築も可能となろう。

6　おわりに

　化学合成法によるアスパラギン結合型糖鎖合成の一例を紹介した。ここでは紹介することができなかった，多くの工夫された糖鎖合成法があることを付け加える。現在では優れた合成戦略や戦術が利用できることに加え，糖鎖合成に必要な単糖誘導体やオリゴ糖中間体の購入も可能となっており，糖鎖の合成研究は益々進展するものと思われる。そして近い将来，化学合成によってアスパラギン結合型糖鎖を大量に供給する体制が整い，糖鎖部分も含めた糖タンパク質の完全化学合成があたりまえの時代がくると確信している。

文　　　献

1)　R. Kornfeld and S. Kornfeld, *Ann. Rev. Biochem.*, **54**, 631 (1985)
2)　M. Hagiwara *et al.*, *J. Org. Chem.*, **76**, 5229 (2011)
3)　D. Crich, *Acc. Chem. Rev.*, **43**, 1144 (2010)
4)　C. Unverzagt, *Angew. Chem. Int. Engl.*, **35**, 2350 (1996)
5)　H. Kunz and W. Günther, *Angew. Chem. Int. Engl.*, **27**, 1086 (1988)
6)　I. Matsuo *et al.*, *Tetrahedron Lett.*, **37**, 8795 (1996)
7)　S. Serna *et al.*, *Tetrahedron Asym.*, **20**, 851 (2009)
8)　S. Eller *et al.*, *Tetrahedron Lett.*, **51**, 2648 (2010)
9)　C. Unverzagt, *Chem. Euro. J.*, **15**, 12292 (2009)
10)　伊藤幸成，松尾一郎，糖鎖化学の基礎と実用化，**70**，シーエムシー出版 (2010)
11)　I. Matsuo *et al.*, *Tetrahedron*, **62**, 8262 (2006)
12)　Y. Ito *et al.*, *Angew. Chem. Int. Engl.*, **33**, 1765 (1994)
13)　A. Ishiwata *et al.*, *Org. Biomol. Chem.*, **8**, 3596 (2010)
14)　松尾一郎，伊藤幸成，特開 2007-297429

【第5編　分析】

第18章　概論：糖タンパク質性バイオ医薬品に求められる分析技術

木下充弘[*1]，掛樋一晃[*2]

1　はじめに

　タンパク質性バイオ医薬品は，細胞基材を用いて人工的に生産されるため，有機化学的に合成された医薬品に比べ不安定であり，不可避的な不均一性を示す場合が多い。タンパク質性バイオ医薬品の製造方法とその特性を考えた場合，適用可能な分析手法を駆使して，有効成分の物理化学的性質，生物学的性質，免疫学的性質などの特性を明らかにするとともに，精密な構造解析が必要である。さらに，製造過程で生じる有害因子や不純物の混入などを評価できる方法を設定する必要がある。

　これらの試験により得られる結果は，製造工程の妥当性を証明し，さらに規格および試験法を設定するために不可欠なデータを提供し，有効成分の品質確保のための基本データとなる。タンパク質性バイオ医薬品の物理化学的性質，生物学的性質，免疫学的性質を解析する技術の進歩は目覚しく，その構造解析や特性解析，品質評価に大きな威力を発揮している。特に物理化学的な手法を利用する分析技術はタンパク質性バイオ医薬品の開発を加速させる重要な要素である。

　本章ではタンパク質性バイオ医薬品のうち，糖鎖改変バイオ医薬品，開発競争の激しい抗体医薬品そして今後続々と登場することが予測されるいわゆるバイオシミラー・バイオベターと呼ばれる糖タンパク質性バイオ医薬品の開発において求められる分析技術を紹介する。

2　糖タンパク質性バイオ医薬品の不均一性とその対応

　糖タンパク質性バイオ医薬品においては，分子構造的な不均一性が生じることが避けられない。糖タンパク質が示す不可避的な不均一性の問題に対しどのように対応すべきかは，「有効成分」，「目的物質関連物質」，「目的物質由来不純物」を定義し，糖タンパク質性医薬品の生物活性との関係を踏まえて議論すべきである。糖鎖により修飾されていない単純タンパク質を組換え医薬品として生産する場合，DNA塩基配列から最終産物の分子構造（1次構造）を予測できるが，糖タンパク質の場合は単一の遺伝子から単一のタンパク質が翻訳されたとしても，糖鎖による翻訳後修飾により，結果的に生産物は極めて多様な分子種から構成される。図1にヒトエリスロポ

＊1　Mitsuhiro Kinoshita　近畿大学　薬学部　創薬科学科　生物情報薬学研究室　講師

＊2　Kazuaki Kakehi　近畿大学　薬学部　創薬科学科　生物情報薬学研究室　教授

バイオ医薬品開発における糖鎖技術

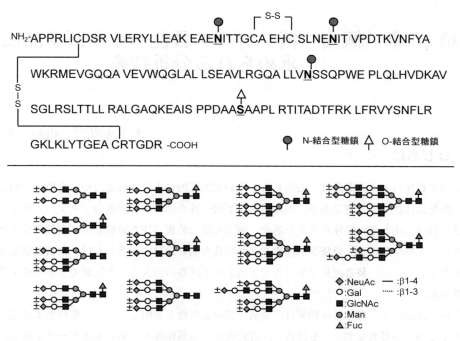

図1 ヒトエリスロポエチンの一次構造と主要なN-結合型糖鎖

エチンの1次構造と糖鎖修飾部位，結合する代表的なN-結合型糖鎖構造を示す。ヒトエリスロポエチンは165個のアミノ酸で構成される1本鎖のポリペプチド中の3カ所（Asn24，Asn38，Asn83）に3本のN-結合型糖鎖と1カ所にO-結合型糖鎖（Ser126）が結合した糖タンパク質であり，糖鎖修飾部位に結合する糖鎖の種類の違いによるグライコフォームと呼ばれる分子種の集合体である[1,2]。実際にヒトエリスロポエチンをゲル等電点電気泳動法により分析すると，等電点の違いに基づく複数のグライコフォーム分子種が観察される（図2）[3]。観察された各グライコフォーム中の糖鎖は単一ではなく，異性体を含めた複数の糖鎖から構成されるため，実際に存在するグライコフォームの種類は膨大となる。一方，糖タンパク質性医薬品は高度に精製されるが，目的物質である「有効成分」以外に糖鎖を持たないタンパク質や精製過程で生じる凝集体などの「目的物質関連物質」や「目的物質由来不純物」をなお含んでいる場合がしばしば報告されている。

このように，糖タンパク質性バイオ医薬品の生産では，人為的な制御が不可能であり，「有効成分」についてはグライコフォームという不可避的な不均一性を生じること，生物機能を発揮できないあるいは有害事象の要因となるような「目的物質関連物質」や「目的物質由来不純物」を含む可能性があることを前提として，糖タンパク質性バイオ医薬品の分析技術を確立する必要がある。

第18章　概論：糖タンパク質性バイオ医薬品に求められる分析技術

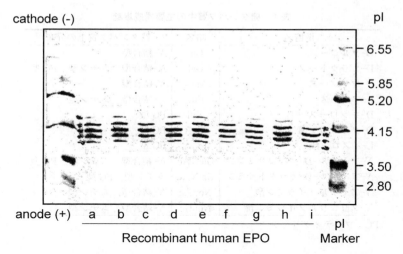

図2　ヒトエリスロポエチンの等電点電気泳動
試料：ロットの異なる9種類の遺伝子組換えヒトエリスロポエチン

3　糖タンパク質の構造的特徴と解析に必要な技術

　糖タンパク質は不均一性が高く，構造が複雑であるため，単一の分析方法ですべての構造情報を得ることは難しい。糖タンパク質性バイオ医薬品の不均一性は主として糖鎖修飾に起因するため，糖鎖部分の構造解析および糖鎖が示す特性に基づいた規格および試験法を設定することが必要である。糖タンパク質性バイオ医薬品の解析では，①単糖組成分析（中性糖，アミノ糖，シアル酸），②糖鎖分析（N-/O-結合型，分岐型，サイズ，単糖間の結合様式），③糖ペプチド分析（糖鎖結合部位，結合部位における糖鎖構造），④グライコフォーム分析（分子量分布，等電点）などが解析目標となる。

　単糖組成分析では，糖タンパク質に結合する糖鎖を構成する単糖類の組成を明らかにすることが目標となる。糖タンパク質中のオリゴ糖を構成する構成単糖類を表1に示す。単糖組成分析では，ガラクトース（Gal）とマンノース（Man），N-アセチルグルコサミン（GlcNAc）とN-アセチルガラクトサミン（GalNAc）のようなエピマー関係にある単糖類を識別できる定量的分離分析法が求められる。また，製造過程で培養液中に存在する異種動物血清や産生細胞に由来する，通常ヒトには存在しないシアル酸分子種であるN-グリコリルノイラミン酸（NeuGc）が糖タンパク質に取り込まれる場合があり[4～6]，N-アセチルノイラミン酸（NeuAc）とNeuGcを分離定量できるシアル酸分析法も必要である。

　糖鎖分析では，コアタンパク質に結合する糖鎖の種類とそれらの構造そしてそれらの存在比を解析することが目標である。糖タンパク質中の糖鎖はコアタンパク質との結合様式の違いにより，表2に示すように主として3種類に分類される。N-結合型糖鎖については，コア構造の違いによりさらに図3に示すように分類される。糖タンパク質性バイオ医薬品のN-結合型糖鎖は，

193

バイオ医薬品開発における糖鎖技術

表1　糖タンパク質中の主要構成単糖

単糖名	略名	糖タンパク質上の分布
D-グルコース	Glc	N-結合型
D-ガラクトース	Gal	N-結合型，ムチン型，PG 型
D-マンノース	Man	N-結合型
L-フコース	Fuc	N-結合型，ムチン型
D-キシロース	Xyl	PG 型
D-グルクロン酸	GlcA	PG 型
L-イズロン酸	IdoA	PG 型
N-アセチル-D-グルコサミン	GlcNAc	N-結合型，ムチン型，PG 型
N-アセチル-D-ガラクトサミン	GalNAc	ムチン型，PG 型
N-アセチルノイラミン酸	NeuAc	N-結合型，ムチン型
N-グリコリルノイラミン酸	NeuGc	N-結合型，ムチン型

PG：プロテオグリカン

表2　糖タンパク質におけるポリペプチドと糖鎖の結合様式

結合様式	構造	結合配列
N-結合型 β-N-アセチルグルコサミニル-アスパラギン		Asn-X-Ser/Thr X：Pro 以外のアミノ酸
O-結合型（ムチン型） α-N-アセチルガラクトサミニル-セリン/スレオニン		ポリペプチド鎖上の Ser または Thr 残基
O-結合型（PG 型） キシロシル-セリン		ポリペプチド鎖上の Ser 残基

ヒト組織プラスミノーゲン活性化因子（tPA）などの高マンノース型糖鎖を持つものを除きほとんどが複合型糖鎖である。一方，ムチン型糖鎖については8種類のコア構造が知られており，エリスロポエチンをはじめとする糖タンパク質性バイオ医薬品に観察されるムチン型糖鎖は，多くの場合コア1構造を持つムチン型糖鎖である（図4）。一方，トロンボモジュリンやウロキナーゼのようにグルコースやフコースなどの単糖がタンパク質に直接結合している場合もある[7,8]。タンパク質に結合する糖鎖は，活性，体内動態，安定性，および安全性に直接影響を与えることが知られている。例えば，抗体医薬品の Fc 領域に結合する糖鎖は抗体依存性細胞障害活性（ADCC 活性）やクリアランスなどに影響を及ぼすことが知られている[9~11]。このように，糖タンパク質性バイオ医薬品における糖鎖の役割は様々であるため，精密な糖鎖解析が求められつつある。

　糖タンパク質中の糖鎖の解析は，糖鎖をコアタンパク質から遊離し，直接あるいは紫外部吸収

第18章　概論：糖タンパク質性バイオ医薬品に求められる分析技術

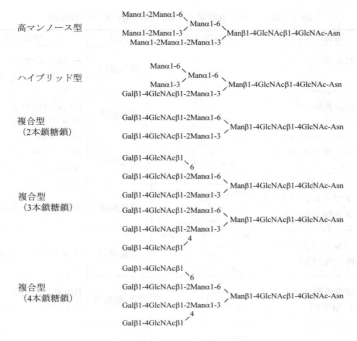

図3　典型的な N-結合型糖鎖の構造
Man，マンノース：Gal，ガラクトース：GlcNAc，N-アセチルグルコサミン：Asn，アスパラギン

ムチン型：	コア1	Galβ1-3GalNAc-Ser/Thr	コア5	GalNAcβ1-3GalNAc-Ser/Thr
	コア2	GlcNAcβ1＼6 Galβ1-3GalNAc-Ser/Thr	コア6	GlcNAcβ1-6GalNAc-Ser/Thr
	コア3	GlcNAcβ1-3GalNAc-Ser/Thr	コア7	GalNAcα1-6GalNAc-Ser/Thr
	コア4	GlcNAcβ1＼6 GlcNAcβ1-3GalNAc-Ser/Thr	コア8	Galα1-3GalNAc-Ser/Thr

図4　ムチン型糖鎖のコア構造
Gal，ガラクトース：GlcNAc，N-アセチルグルコサミン：GalNAc，N-アセチルガラクトサミン：Ser，セリン：Thr，スレオニン

あるいは発蛍光性を持つ芳香族アミン誘導体などにより標識し，種々の分離分析手段を用いて分析する方法が一般的である（表3）。オリゴ糖を直接検出する場合は，パルスドアンペロメトリック検出法（PAD）あるいは質量分析法を用いる。標識された糖鎖は，紫外部検出あるいは蛍光検出により行う他，質量分析法を用いて検出することができる。誘導体化の方法と分離モードの選択については，シアル酸の有無，糖鎖のサイズ，異性体の存在などを考慮し，最適な組み合わせを選択する必要がある。オリゴ糖の分岐型と単糖間の結合様式の解析については，特異性の高

バイオ医薬品開発における糖鎖技術

表3 糖タンパク質糖鎖の分離分析に用いるラベル化剤

名称	構造式	検出	分離手段
2-アミノピリジン (2-AP)	H_2N—（ピリジン環, N）	蛍光検出	HPLC（順相系，逆相系）キャピラリー電気泳動
2-アミノ安息香酸 (2-AA)	H_2N—（ベンゼン環, COOH）	蛍光検出	HPLC（順相系，逆相系）キャピラリー電気泳動
2-アミノベンズアミド (2-AB)	H_2N—（ベンゼン環, CONH$_2$）	蛍光検出	HPLC（順相系，逆相系）キャピラリー電気泳動
8-アミノナフタレン-1,3,6-トリスルホン酸（ANTS）	NaO_3S, SO_3Na, NH_2, SO_3Na（ナフタレン環）	蛍光検出	キャピラリー電気泳動
8-アミノピレン-1,3,6-トリスルホン酸（APTS）	NaO_3S, SO_3Na, H_2N, SO_3Na（ピレン環）	蛍光検出	キャピラリー電気泳動
4-アミノ安息香酸エチルエステル（4-ABEE）	H_2N—（ベンゼン環, $COOC_2H_5$）	紫外部検出	HPLC（逆相系）キャピラリー電気泳動

いエキソグリコシダーゼ（シアリダーゼ，ガラクトシダーゼ，ヘキソサミニダーゼ，フコシダーゼ等）を用いて逐次酵素消化し，酵素消化物を分析する方法の他，タンデム質量分析法（MS^n）によるフラグメントイオンを解析する方法が挙げられる。なお，質量分析による糖鎖構造解析の詳細については第20章を参照いただきたい。

　糖ペプチドについては①糖鎖結合部位，②糖鎖結合部位における糖鎖分布，を明らかにすることが解析目標となる。糖鎖結合部位が複数存在する場合には結合部位ごとに糖鎖の種類と各糖鎖の占有率等を明らかにすることが望ましい。実際の解析は糖タンパク質をプロテアーゼ消化により糖ペプチドとし，C18逆相分配型カラムを用いるHPLCによるペプチドマッピング法と質量分析法を組み合わせたLC/MS法が主流となりつつある。さらに，タンデム質量分析法（MS^n）を併用すればペプチド配列と糖鎖結合部位，部位特異的な糖鎖構造に関する情報を1回の分析で入手できる。

　グライコフォーム分析では糖鎖の不均一性に基づくグライコフォーム分布情報を得ることが目標となる。グライコフォーム解析では，シアル酸の結合数や結合するオリゴ糖構造の違いや結合の有無等を分析結果に反映できる必要があり，等電点電気泳動法，キャピラリー電気泳動法，SDS-ポリアクリルアミドゲル電気泳動法などが主に利用される。また，これらの分析手法は，糖鎖や糖ペプチドの分析では得ることができない糖鎖未修飾体やコアタンパク質の不完全体などの「目的物質関連物質」や「目的物質由来不純物」の検出にも利用できる。

第18章　概論：糖タンパク質性バイオ医薬品に求められる分析技術

3.1　単糖組成分析

単糖組成分析により，結合する糖鎖の特徴や糖含量などを明らかにできる。例えば，Man の組成比が高ければ高マンノース型糖鎖の存在が，GalNAc が検出されれば O-結合型糖鎖の存在を推定できる。最近では，質量分析法（MS）を用いて糖鎖構造を推定することが多いが，マンノース（Man）とガラクトース（Gal），N-アセチルグルコサミン（GlcNAc）と N-アセチルガラクトサミン（GalNAc）などのようなエピマーを識別することはできない。単糖組成分析を行うことで，結合する糖鎖と糖含量に関する詳細な情報が得られる。

糖タンパク質中の中性糖およびアミノ糖を定量するとき，糖タンパク質をトリフルオロ酢酸あるいは塩酸を用いて加水分解し，得られた単糖混合物を紫外部吸収あるいは発蛍光性を有するラベル化剤で標識し，逆相 HPLC により分析する方法と遊離した単糖を直接陰イオン交換高速液体クロマトグラフィー–パルスドアンペロメトリック検出法（HPAEC-PAD）で定量する方法[4]が一般的である。単糖分析に用いられるラベル化剤として，強い紫外部吸収を持つ 1-フェニル-3-メチル-5-ピラゾロン（PMP）や 4-アミノ安息香酸エチルエステル（ABEE），発蛍光性を有する 2-アミノピリジン（2-AP）などが用いられる[12〜14]。図5にエリスロポエチンの単糖組成分析の結果を示す。

シアル酸はカルボキシル基を持つことを特徴とする単糖であり，多くの分子種が存在する。糖タンパク質性バイオ医薬品の分析において対象となるのは主に N-アセチルノイラミン酸（NeuAc）と N-グリコイルノイラミン酸（NeuGc）である。シアル酸については，中性糖とは別に緩和な条件で加水分解を行い，遊離したシアル酸を 1,2-ジアミノ-4,5-メチレンジオキシベンゼン（DMB）

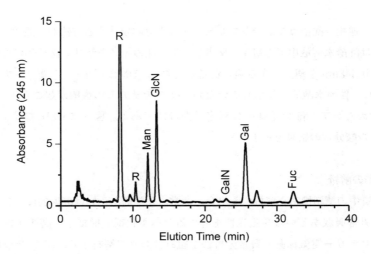

図5　エリスロポエチンの単糖組成分析（PMP 化法）
分離条件　カラム，COSMOSIL 5C18-AR-II（内径 6mm i.d., カラム長 150mm）：検出，紫外部吸収検出（245nm）：溶離液，18%アセトニトリルを含む 30mM リン酸緩衝液（pH 7.0）：流速，1.0mL/分．Man，マンノース：GlcN，グルコサミン：GalN，ガラクトサミン：Gal，ガラクトース：Fuc，フコース　R，PMP 試薬

バイオ医薬品開発における糖鎖技術

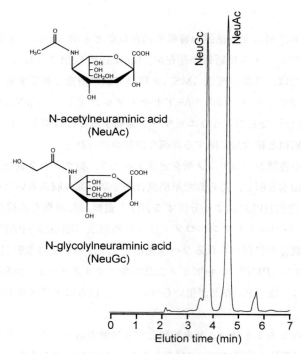

図6　シアル酸の構造と HPLC による分子種分析（DMB 化法）
　分離条件　カラム，COSMOSIL 5C18-AR-II（内径 4.6mm i.d.，カラム長 150mm）：検出，蛍光検出（励起波長 375nm，蛍光波長 448nm）：溶離液，メタノール-アセトニトリル-水（14：2：84, v/v）：流速，0.9mL/分。

で蛍光標識し，逆相分配型カラムでシアル酸分子種を分離定量する方法が一般的である[15,16]。遊離のシアル酸は酢酸水溶液中で DMB と反応し，蛍光性のキノキサリン誘導体に導かれ，373nm の励起光により 448nm を極大とする強い蛍光を発する。DMB は α-ケト基（シアル酸の1位と2位）と反応し，他の水酸基と反応しないため，O-アセチル基の脱離が起こらず，種々の O-アセチル体を含めたシアル酸分子種の分別定量が可能である。図6に DMB 標識した NeuAc と NeuGc のシアル酸分析の結果を示す。

3.2　糖鎖構造の解析

　糖タンパク質中の糖鎖構造を解析する場合，通常，化学的あるいは酵素的にタンパク質から糖鎖を遊離し紫外部吸収あるいは発蛍光性を有するラベル化剤で標識し，高速液体クロマトグラフィーやキャピラリー電気泳動，質量分析法を組み合わせて解析する。N-結合型糖鎖の遊離は気相ヒドラジン分解法と N-グリカナーゼ F による酵素的遊離法が用いられ，いずれも高感度分析のための標識が可能な還元末端を有する糖鎖が得られる。現在は N-グリカナーゼ F による酵素的遊離法が用いられることが多い。

第18章　概論：糖タンパク質性バイオ医薬品に求められる分析技術

　糖タンパク質由来の糖鎖の分離分析手段としては，高速液体クロマトグラフィーやキャピラリー電気泳動が利用される。しかし，精製された糖タンパク質であっても含まれる糖鎖の不均一性は高く，高感度かつ優れた特異性を有する検出法だけでなく高い分離能を備えた分析法が必要である。分離モードと検出法については，糖タンパク質に含まれる糖鎖の不均一性と必要とされる情報の種類により適宜選択しなければならない。糖タンパク質から遊離された糖鎖の還元末端標識剤として，様々な芳香族アミンが標識試薬として開発されている。現在，汎用されている芳香族アミン標識剤の種類と特徴を表3に示す。2-アミノピリジン[14,17,18]と2-アミノベンズアミド[19~21]は，主に高速液体クロマトグラフィーによる分析で使用され，順相ならびに逆相分配モードのいずれでも利用できる。図7にマウスミエローマ細胞で産生されるヒト化マウス抗CD33抗体のN-結合型糖鎖の2-アミノベンズアミド標識体を順相分配モードによるHPLCにより分析した例を示す。一方，キャピラリー電気泳動を用いる糖鎖の分析には，分離に有利なカルボン酸やスルホン酸のような陰電荷を有する2-アミノ安息香酸，8-アミノナフタレン-1,3,6-トリスルホン酸（ANTS）[22~24]，8-アミノピレン-1,3,6-トリスルホン酸（APTS）[25,26]などのカルボン酸やスルホン酸などの酸性基を有する標識剤が適している。図8にヒトIgG4のN-結合型糖鎖の2-アミノ安息香酸標識体をキャピラリーゲル電気泳動法により分析した例を示す。糖鎖の分離分析法は古くから高速液体クロマトグラフィーが汎用されてきたが，現在でもなお糖タンパク質由来の

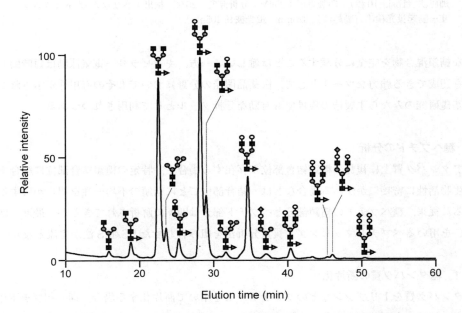

図7　マウスミエローマ細胞で産生された抗体医薬品のN-結合型糖鎖分析
分離条件　カラム，TOSOH Amide-80カラム（内径2.0mm，カラム長15cm）：検出，蛍光検出（励起波長330nm，蛍光波長420nm）：溶離液A，アセトニトリル：溶離液B，0.1Mギ酸アンモニウム（pH 4.5）．溶離液A 70％，溶離液B 30％でカラムを平衡化し，試料溶液を注入後，2分～92分までの90分間で溶離液Bが50％となるように直線グラジエント溶出させた。流速，0.2mL/分．

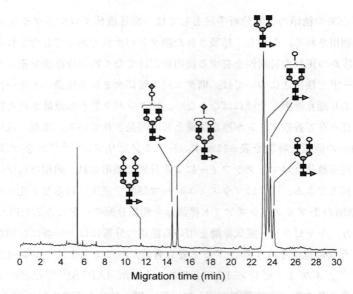

図8 抗体医薬品中 IgG の N-グリコシド結合型糖鎖の分析
分析条件 キャピラリー電気泳動システム：P/ACE MDQ Glycoprotein System (Beckman Coulter)；キャピラリー，DB-1 キャピラリー（内径 100μm，全長 50cm，有効長 40cm）；電気泳動用緩衝液：5%PEG70000 を含む 50mM トリスホウ酸緩衝液（pH 8.3）；試料注入：加圧法（1psi，10 秒）；印加電圧：25kV；分析温度：25℃；検出：ヘリウム-カドミウムレーザー励起蛍光検出（励起波長 325nm，蛍光波長 405nm）

複雑な糖鎖混合物を完全に分離することは難しい。一方，キャピラリー電気泳動は短時間で高い分離を達成できる強力なツールとして，医薬品開発の分野においてもその有用性が示されつつあり，基礎研究のみならず製造の現場でも有効な分析ツールとして利用されつつある。

3.3 糖ペプチドの分析

コアタンパク質上に複数の糖鎖結合部位が存在する場合や，特定の糖鎖結合部位に結合する糖鎖が生物活性に密接にかかわる場合などは，結合部位ごとに糖鎖の不均一性を明らかにする必要がある。従来，糖ペプチドの糖鎖部分とペプチド部分は別々に解析されてきたが，最近では逆相HPLC を用いるペプチドマッピングと質量分析法を組み合わせた LC/MS 法が主流となりつつある。

3.3.1 糖タンパク質の断片化

糖タンパク質をトリプシンなどのプロテアーゼを用いて断片化する場合，同一ペプチド中に2つ以上の糖鎖が含まれないように，予測されるコアタンパク質のアミノ酸配列に基づいて適切なプロテアーゼ類を選択することが望ましい。また，質量の大きい糖ペプチドはイオン化されにくいため，ペプチド部分の構成アミノ酸残基数が小さくなるようにプロテアーゼを選択する。断片化においてプロテアーゼによる切断部位付近に糖鎖が結合する場合，ペプチド結合を切断できな

第18章　概論：糖タンパク質性バイオ医薬品に求められる分析技術

い場合があることに留意する必要がある。

3.3.2　糖ペプチドの分離

　糖ペプチドは単純ペプチドに比べイオン化効率が低いため，大量のペプチドが混在する場合，良好なマススペクトルが得られない。したがって，予めペプチド混合物から糖ペプチドを分取するか，あるいはペプチドマッピング法のようにC18などの逆相分配型カラムを用いて，単純ペプチドと糖ペプチドのピークを分離する必要がある。逆相分配型カラムで保持されにくい親水性の高い糖ペプチドを分離する場合には，吸着能の高いグラファイトカーボンカラムを用いると好結果を与える場合がある。

3.3.3　糖ペプチドの質量分析

　糖ペプチドの質量分析では，MALDI法およびESI法が利用される。質量分析装置は，タンデム質量分析が可能なトリプルステージ四重極（TSQ）型あるいは多段階タンデム質量分析（MS^n）が可能な四重極イオントラップ（QIT）型が適している。いずれを用いる場合でも，糖ペプチドの分子イオンを前駆イオンとして衝突誘起解離（Collision-induced dissociation：CID）によりMS^{2}を行うと糖鎖部分の開裂が起こりbイオンおよびyイオンと呼ばれる特徴的なフラグメントイオンが生じる（図9）。異なるCIDエネルギーによりMS^{2}において観察されるフラグメントイオンを解析することにより，ペプチドに結合する糖鎖構造を推定できる。QIT型を用いてMS^{2}で生じたフラグメントイオンをさらにMS^{3}すればペプチドに由来するフラグメントイオンが生じる（図10）[27]。これらのフラグメントイオンを，コアタンパク質配列から生じることが予

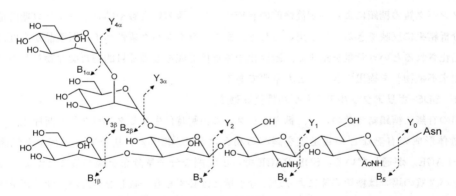

図9　MS/MSによるN-結合型糖鎖のフラグメンテーション

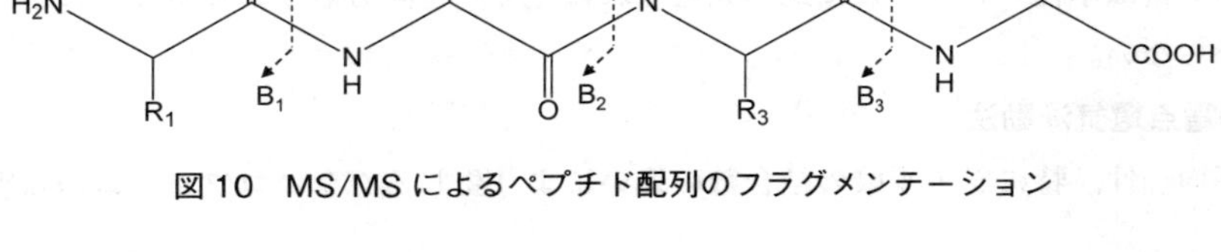

図10　MS/MSによるペプチド配列のフラグメンテーション

測されるイオンと照合することにより，ペプチド部分の配列を推定することもできる。MS[n]解析が困難な場合は，糖ペプチドの質量から糖鎖解析によって得られた糖鎖構造の質量を差し引いて得られるペプチドの質量を，cDNAから予測されるペプチドの質量と照合しペプチドを特定する。同一ペプチド鎖を持つ糖ペプチドのピーク強度と質量電荷比（m/z値）から，ペプチドに結合している各糖鎖の結合比と単糖組成を推定できる。

3.3.4　LC/MSによるペプチドマッピング

　LC/MSによるペプチドマッピングでは，ペプチドの分離とマススペクトル測定が達成できるので，アミノ酸配列，部位特異的糖鎖構造，糖鎖以外のペプチド修飾に関する情報が得られる。糖ペプチドのみを解析する場合，ペプチドマップ上のピークから糖ペプチドのピークを選択する必要がある。糖ペプチドのピークを選択する場合，プレカーサーイオンスキャンあるいはインソースフラグメンテーションが利用される[28, 29]。いずれの方法でも，糖鎖に特有のN-アセチルノイラミン酸（NeuAc，m/z 292），N-アセチルヘキソサミン（HexNAc，m/z 203），N-アセチルラクトサミン（Hex-HexNAc，m/z 366）などのフラグメンテーションにより生じたイオンをモニタリングすることでクロマトグラム上の糖ペプチドの溶出位置を確認することができる。糖ペプチドの溶出位置が確認できたら，前項で述べたMS[n]法を用いて糖鎖結合部位と糖鎖構造解析，ペプチドの同定を行う。

3.4　糖タンパク質グライコフォームの分析

　グライコフォーム分析では糖鎖の不均一性に基づくグライコフォーム分布を明らかにするため，タンパク質の糖鎖による翻訳後修飾の有無やシアル酸の結合数や結合するオリゴ糖構造の違いを分析結果に反映できる手法が用いられる。また，糖タンパク質性バイオ医薬品が高度に精製し製品化されるという背景を踏まえ，断片化や多量体形成などの「目的物質関連物質」や「目的物質由来不純物」を検出できることも重要である。

3.4.1　SDS-ポリアクリルアミドゲル電気泳動法

　糖鎖の有無，糖鎖結合数の違い，糖タンパク質の精製時に生じるタンパク質の断片化，二量体〜多量体形成の有無などの質量差を調べる場合はSDS-ポリアクリルアミドゲル電気泳動法（SDS-PAGE）が適している。SDS-PAGEでは広範囲な分子量分布を調べることができるが，糖タンパク質の場合は糖鎖修飾により理論分子量とは必ずしも一致しないため，サイズ排除クロマトグラフィー（SEC）やMALDI-TOF MSなどの方法を組み合わせて分子量を測定するべきである。また，SDS-PAGEでは泳動されたタンパク質を可視化するために，クマシーブリリアントブルー（CBB）のような色素で染色をするが，エリスロポエチンなどのような糖含量の高い糖タンパク質は単純タンパク質に比べ染色されにくく，色調も若干異なることに留意しておかなければならない。

3.4.2　等電点電気泳動法

　糖鎖の不均一性，特にシアル酸の結合数の違いにより生じるグライコフォームの識別には，等

第18章 概論：糖タンパク質性バイオ医薬品に求められる分析技術

電点電気泳動法が最も有力な手段である。等電点電気泳動法では分離用緩衝液に溶解した広範囲の等電点を持つ両性電解質（アンフォライト）により形成されたpH勾配中で，固有の等電点を持つタンパク質分子は電荷ゼロになる点まで移動し，等電点ごとにグライコフォームが集束する。等電点電気泳動による糖タンパク質の分離に影響する要因としては，主にシアル酸残基数の違いが挙げられるが，他に糖鎖の硫酸化やコアタンパク質のリン酸化なども影響する。

糖タンパク質性バイオ医薬品の試験法としての有用性の高さから，試料調製を除く工程を自動化できる等電点電気泳動装置が開発され用いられつつある。従来までのスラブゲルを用いた等電点電気泳動法とは異なり，ゲルの調製や染色操作も不要であるため，バッチ間の再現性も高い[30～32]。キャピラリー電気泳動装置を用いる等電点電気泳動用キットが市販されており，等電点電気泳動から検出までのステップを全自動で達成できる。キャピラリー電気泳動装置を用いる等電点電気泳動は，スラブゲルを用いる場合と異なり，オンライン紫外部吸収により検出するため，定量性が高く，分析結果の再現性も非常に高いことが特徴である。図11にヒトIgG4をキャピラリー電気泳動装置を用いる等電点電気泳動法により分析した例を示す。

3.4.3 キャピラリー電気泳動法

等電点電気泳動と同様に，シアル酸結合数の違いにより生じるグライコフォームの等電点の違

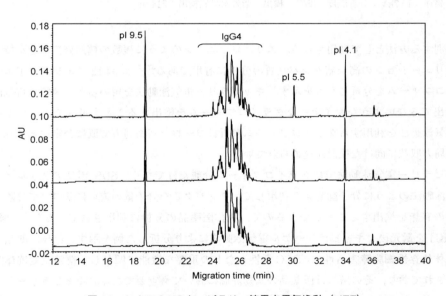

図11 ヒトIgG4のキャピラリー等電点電気泳動（cIEF）

分析条件　キャピラリー電気泳動システム：ProteomeLab PA800（Beckman Coulter）；キャピラリー：DB-1キャピラリー（内径50μm，全長30cm，有効長20cm）；陽極液：200mMリン酸；陰極液：300mM水酸化ナトリウム；ケミカルイモビライザー：350mM酢酸；プレフォーカシング：25kV，15分；フォーカシング：25kV，15分／40分；試料注入：加圧法（25psi，99秒）；分析温度：15℃；検出：紫外部吸収検出；280nm；試料調製：5mg/mLのヒトIgG水溶液（20μL）に4M尿素，20mMアルギニン，4mMイミノジ酢酸，4％キャリアーアンフォライトを含む0.2％HPMC水溶液（120μL）を混合し，pIマーカー溶液（9.5，5.5，4.1）各1μLを加え試料とした。

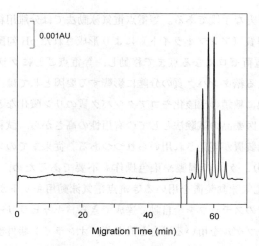

図12 キャピラリー電気泳動によるヒトエリスロポエチンのグライコフォーム分離
分析条件 キャピラリー電気泳動システム：P/ACE MDQ Glycoprotein System (Beckman Coulter)；キャピラリー：フューズドシリカキャピラリー（内径50μm, 全長110cm, 有効長100cm）；電気泳動用緩衝液：0.01M トリシン, 0.01M 塩化ナトリウム, 7M 尿素, 2.5mM プトレスシンを含む 0.01M 酢酸緩衝液（pH 5.55）；試料注入：加圧法（0.5psi, 10秒）；印加電圧：15.7kV；分析温度：35℃；検出：紫外部吸収検出；214nm

いを識別する方法として利用される。エリスロポエチンのように複数の糖鎖修飾部位を持ち、糖鎖のバリエーションの高い糖タンパク質の分析に有用である[33〜35]。図12にエリスロポエチンのグライコフォームを分析した例を示す。キャピラリー電気泳動法を用いると、等電点電気泳動法では検出できないようなマイナーなグライコフォームを検出することも可能である。キャピラリー電気泳動法を利用するグライコフォーム解析はヨーロッパ薬局方で既に公定法とされ、国内でも薬局方収載に向けた検討が進められている。

キャピラリー電気泳動法ではグライコフォーム分離だけでなく、SDS-ポリアクリルアミドゲル電気泳動法のように分子篩効果を利用して、タンパク質を分子量の違いに基づいて分離し、糖鎖修飾の有無を検出することができるので、抗体医薬品の分析に利用されている[36,37]。図13にヒト IgG4 を還元後、キャピラリーゲル電気泳動法により分析した例を示す。抗体医薬品中の糖鎖は抗体依存性細胞障害活性（ADCC 活性）などの重要な機能に関与し、糖鎖改変抗体医薬品も開発されており、その解析は医薬品の薬効評価においても重要である。キャピラリーゲル電気泳動法を用いれば、抗体中の糖鎖の有無を確実に評価できるだけでなく、非還元状態で電気泳動すれば重鎖や軽鎖の欠落、さらには、重鎖のヒンジ部分における断片化のモニタリングを行うこともできる。グライコフォーム分析にキャピラリー電気泳動法を適用する利点は、試料調製を除く全工程が自動化できることと、糖タンパク質をオンライン紫外部吸収検出できるため、SDS-PAGE に比べ再現性の高い定量的な結果が得られる点である。キャピラリー電気泳動法は、日本薬局方の参考情報にも三極薬局方調和合意に基づいて収載されており、今後、糖タンパク質性

第18章 概論：糖タンパク質性バイオ医薬品に求められる分析技術

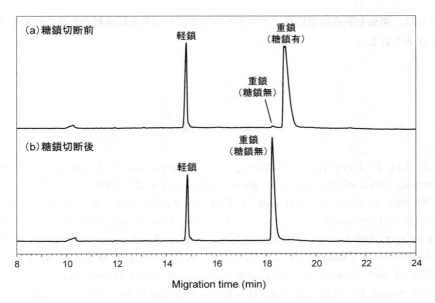

図13 CE-SDSによるリツキシマブのN-結合型糖鎖結合率の評価
(a) リツキシマブ；(b) N-結合型糖鎖切断後のリツキシマブ
分析条件　キャピラリー電気泳動システム：ProteomeLab PA800（Beckman Coulter）；
キャピラリー：フューズドシリカ素管（内径50μm，全長30cm，有効長20cm）；電気泳動
用緩衝液：SDS-Gel Buffer（Beckman Coulter）；試料注入：電気的導入法（-5kV，20秒）；
印加電圧：-15kV；分析温度：25℃；検出：紫外部吸収検出；210nm

バイオ医薬品の試験法の一つとして，益々活用されていくであろう。

4　今後の展開

　糖タンパク質性バイオ医薬品の今後の展開として，適用疾患の拡大，生産面の改良，糖鎖改変型タンパク質やPEGタンパク質など機能性人工タンパク質などの次世代型糖タンパク質性バイオ医薬品の登場が注目されている。一方，糖タンパク質性バイオ医薬品開発を進めていくうえでの課題として，生産設備，品質管理，予測不能な副作用・相互作用など，克服すべき課題も多く残されている。機器分析に基づく物理化学的特性解析技術により，有効成分の分子特性を明らかにし，製造過程で生じうる有害因子や不純物の混入を含めた品質評価を行うことは，製品の恒常性確保に重要であるばかりでなく，それらの試験結果から製造工程の妥当性を証明し，さらに規格および試験法の設定において不可欠なデータを提供することになる。特に，糖タンパク質性バイオ医薬品が持つ本質的かつ不可避的な分子構造的不均一性を考えた場合，本章で述べた分析技術を駆使した精密な評価が必須である。既存のHPLCやCE技術の改良と今後実用化が期待されるマイクロチップ電気泳動法やレクチンマイクロアレイなどの技術も適宜選択していく必要が

205

バイオ医薬品開発における糖鎖技術

ある。さらに，開発や製造の諸過程でオンサイトで簡便かつ迅速に解析が可能な装置や方法の開発も強く求められる。

文　　　献

1) P. H. Lai, R. Everett, F. F. Wang, T. Arakawa and E. Goldwasser, Structural characterization of human erythropoietin. *J Biol Chem* **261** (1986) 3116-21.

2) H. Sasaki, N. Ochi, A. Dell and M. Fukuda, Site-specific glycosylation of human recombinant erythropoietin : analysis of glycopeptides or peptides at each glycosylation site by fast atom bombardment mass spectrometry. *Biochemistry* **27** (1988) 8618-26.

3) K. Morimoto, E. Tsuda, A. A. Said, E. Uchida, S. Hatakeyama, M. Ueda and T. Hayakawa, Biological and physicochemical characterization of recombinant human erythropoietins fractionated by Mono Q column chromatography and their modification with sialyltransferase. *Glycoconj J* **13** (1996) 1013-20.

4) M. R. Hardy, R. R. Townsend and Y. C. Lee, Monosaccharide analysis of glycoconjugates by anion exchange chromatography with pulsed amperometric detection. *Anal Biochem* **170** (1988) 54-62.

5) M. Bardor, D. H. Nguyen, S. Diaz and A. Varki, Mechanism of uptake and incorporation of the non-human sialic acid N-glycolylneuraminic acid into human cells. *J Biol Chem* **280** (2005) 4228-37.

6) M. J. Martin, A. Muotri, F. Gage and A. Varki, Human embryonic stem cells express an immunogenic nonhuman sialic acid. *Nat Med* **11** (2005) 228-32.

7) A. M. Buko, E. J. Kentzer, A. Petros, G. Menon, E. R. Zuiderweg and V. K. Sarin, Characterization of a posttranslational fucosylation in the growth factor domain of urinary plasminogen activator. *Proc Natl Acad Sci U S A* **88** (1991) 3992-6.

8) S. Itoh, N. Kawasaki, M. Ohta and T. Hayakawa, Structural analysis of a glycoprotein by liquid chromatography-mass spectrometry and liquid chromatography with tandem mass spectrometry. Application to recombinant human thrombomodulin. *J Chromatogr A* **978** (2002) 141-52.

9) W. Seydel, E. Stang, N. Roos and J. Krause, Endocytosis of the recombinant tissue plasminogen activator alteplase by hepatic endothelial cells. *Arzneimittelforschung* **41** (1991) 182-6.

10) M. Higuchi, M. Oh-eda, H. Kuboniwa, K. Tomonoh, Y. Shimonaka and N. Ochi, Role of sugar chains in the expression of the biological activity of human erythropoietin. *J Biol Chem* **267** (1992) 7703-9.

11) N. Imai, M. Higuchi, A. Kawamura, K. Tomonoh, M. Oh-Eda, M. Fujiwara, Y. Shimonaka and N. Ochi, Physicochemical and biological characterization of asialoerythropoietin.

第 18 章　概論：糖タンパク質性バイオ医薬品に求められる分析技術

Suppressive effects of sialic acid in the expression of biological activity of human erythropoietin in vitro. *Eur J Biochem* **194** (1990) 457–62.

12) S. Honda, E. Akao, S. Suzuki, M. Okuda, K. Kakehi and J. Nakamura, High-performance liquid chromatography of reducing carbohydrates as strongly ultraviolet-absorbing and electrochemically sensitive 1-phenyl-3-methyl-5-pyrazolone derivatives. *Anal Biochem* **180** (1989) 351–7.

13) W. T. Wang, N. C. LeDonne, Jr., B. Ackerman and C. C. Sweeley, Structural characterization of oligosaccharides by high-performance liquid chromatography, fast-atom bombardment-mass spectrometry, and exoglycosidase digestion. *Anal Biochem* **141** (1984) 366–81.

14) S. Hase, T. Ikenaka and Y. Matsushima, Structure analyses of oligosaccharides by tagging of the reducing end sugars with a fluorescent compound. *Biochem Biophys Res Commun* **85** (1978) 257–63.

15) S. Hara, Y. Takemori, M. Yamaguchi, M. Nakamura and Y. Ohkura, Fluorometric high-performance liquid chromatography of N-acetyl- and N-glycolylneuraminic acids and its application to their microdetermination in human and animal sera, glycoproteins, and glycolipids. *Anal Biochem* **164** (1987) 138–45.

16) N. Morimoto, M. Nakano, M. Kinoshita, A. Kawabata, M. Morita, Y. Oda, R. Kuroda and K. Kakehi, Specific distribution of sialic acids in animal tissues as examined by LC-ESI-MS after derivatization with 1,2-diamino-4,5-methylenedioxybenzene. *Anal Chem* **73** (2001) 5422–8.

17) S. Hase, S. Natsuka, H. Oku and T. Ikenaka, Identification method for twelve oligomannose-type sugar chains thought to be processing intermediates of glycoproteins. *Anal Biochem* **167** (1987) 321–6.

18) N. Tomiya, J. Awaya, M. Kurono, S. Endo, Y. Arata and N. Takahashi, Analyses of N-linked oligosaccharides using a two-dimensional mapping technique. *Anal Biochem* **171** (1988) 73–90.

19) J. C. Bigge, T. P. Patel, J. A. Bruce, P. N. Goulding, S. M. Charles and R. B. Parekh, Nonselective and efficient fluorescent labeling of glycans using 2-amino benzamide and anthranilic acid. *Anal Biochem* **230** (1995) 229–38.

20) G. R. Guile, P. M. Rudd, D. R. Wing, S. B. Prime and R. A. Dwek, A rapid high-resolution high-performance liquid chromatographic method for separating glycan mixtures and analyzing oligosaccharide profiles. *Anal Biochem* **240** (1996) 210–26.

21) R. R. Townsend, P. H. Lipniunas, C. Bigge, A. Ventom and R. Parekh, Multimode high-performance liquid chromatography of fluorescently labeled oligosaccharides from glycoproteins. *Anal Biochem* **239** (1996) 200–7.

22) A. Guttman and C. Starr, Capillary and slab gel electrophoresis profiling of oligosaccharides. *Electrophoresis* **16** (1995) 993–7.

23) A. Klockow, R. Amado, H. M. Widmer and A. Paulus, Separation of 8-aminonaphthalene-1,3,6-trisulfonic acid-labelled neutral and sialylated N-linked complex oligosaccharides by

バイオ医薬品開発における糖鎖技術

capillary electrophoresis. *J Chromatogr A* **716** (1995) 241-7.

24) M. Stefansson and M. Novotny, Resolution of the branched forms of oligosaccharides by high-performance capillary electrophoresis. *Carbohydr Res* **258** (1994) 1-9.

25) F. T. Chen and R. A. Evangelista, Analysis of mono- and oligosaccharide isomers derivatized with 9-aminopyrene-1,4,6-trisulfonate by capillary electrophoresis with laser-induced fluorescence. *Anal Biochem* **230** (1995) 273-80.

26) A. Guttman and T. Pritchett, Capillary gel electrophoresis separation of high-mannose type oligosaccharides derivatized by 1-aminopyrene-3,6,8-trisulfonic acid. *Electrophoresis* **16** (1995) 1906-11.

27) P. Roepstorff and J. Fohlman, Proposal for a common nomenclature for sequence ions in mass spectra of peptides. *Biomed Mass Spectrom* **11** (1984) 601.

28) M. J. Huddleston, M. F. Bean and S. A. Carr, Collisional fragmentation of glycopeptides by electrospray ionization LC/MS and LC/MS/MS : methods for selective detection of glycopeptides in protein digests. *Anal Chem* **65** (1993) 877-84.

29) B. Sullivan, T. A. Addona and S. A. Carr, Selective detection of glycopeptides on ion trap mass spectrometers. *Anal Chem* **76** (2004) 3112-8.

30) E. Maeda, K. Urakami, K. Shimura, M. Kinoshita and K. Kakehi, Charge heterogeneity of a therapeutic monoclonal antibody conjugated with a cytotoxic antitumor antibiotic, calicheamicin. *J Chromatogr A* **1217** (2010) 7164-71.

31) K. Shimura, Recent advances in IEF in capillary tubes and microchips. *Electrophoresis* **30** (2009) 11-28.

32) L. H. Silvertand, J. S. Torano, W. P. van Bennekom and G. J. de Jong, Recent developments in capillary isoelectric focusing. *J Chromatogr A* **1204** (2008) 157-70.

33) S. Kamoda and K. Kakehi, Capillary electrophoresis for the analysis of glycoprotein pharmaceuticals. *Electrophoresis* **27** (2006) 2495-504.

34) K. Kakehi, M. Kinoshita, D. Kawakami, J. Tanaka, K. Sei, K. Endo, Y. Oda, M. Iwaki and T. Masuko, Capillary electrophoresis of sialic acid-containing glycoprotein. Effect of the heterogeneity of carbohydrate chains on glycoform separation using an alpha1-acid glycoprotein as a model. *Anal Chem* **73** (2001) 2640-7.

35) K. Sei, M. Nakano, M. Kinoshita, T. Masuko and K. Kakehi, Collection of alpha1-acid glycoprotein molecular species by capillary electrophoresis and the analysis of their molecular masses and carbohydrate chains. Basic studies on the analysis of glycoprotein glycoforms. *J Chromatogr A* **958** (2002) 273-81.

36) S. Kamoda and K. Kakehi, Evaluation of glycosylation for quality assurance of antibody pharmaceuticals by capillary electrophoresis. *Electrophoresis* **29** (2008) 3595-604.

37) G. Hunt and W. Nashabeh, Capillary electrophoresis sodium dodecyl sulfate nongel sieving analysis of a therapeutic recombinant monoclonal antibody : a biotechnology perspective. *Anal Chem* **71** (1999) 2390-7.

第19章　BlotGlyco®キットを用いた糖鎖分析の ためのサンプル前処理法

大久保明子[*1], 五十嵐幸太[*2]

1　はじめに

　翻訳後修飾の一つである糖鎖修飾はタンパク質の生理活性や高次構造に影響を与えることが知られており，近年，抗体をはじめとする糖タンパク質医薬品の薬効や体内動態を糖鎖で調整する種々の取り組みが報告されている[1,2]。

　当社は2007年よりマーケティング活動の一環として国内外製薬企業の研究者へインタビューを行っている。研究段階における細胞株のスクリーニング，生産技術開発における培養のスケールアップ検討，生産段階における培養プロセスモニタリングとロットごとの品質管理など，様々な段階において糖鎖分析に対するニーズが高まっている。また糖鎖分析に使用される機器はHPLC，LC-MS，MALDI-TOF MS，HPAEC-PAD，CEなど多岐にわたっている。これは各段階でサンプルの状態（量・純度）や求められる分析の特性（迅速性重視あるいは定量性重視）が異なるためと考えられる。

2　糖鎖分析における課題とBlotGlyco®キットのコンセプト

　一般的に，機器の性能が分析結果に影響を与えるのはもちろんだが，サンプル前処理法の影響も大きい。これまで糖鎖分析は主に基礎研究分野で実施されてきたものであり，サンプルの前処理はエキスパートが行ってきた。それに対し，糖タンパク質医薬品の糖鎖分析という観点では，迅速・簡便で作業者のスキルを選ばない操作性，再現性，汎用性を兼ね備えたサンプル前処理法の確立，言わば'前処理の標準化'が課題の一つであると考えられる。

　当社のBlotGlyco®（ブロットグライコ）キットは，操作が簡便であり，サンプルの多様性，分析機器の多様性に対応できるユニバーサルな前処理法というコンセプトの製品である（図1）。もちろん現時点では未だ対応できていない機器もあるが，糖タンパク質医薬品分析のサンプル前処理の標準化に役立つ製品と考えられるため，その詳細を述べる。

＊1　Akiko Okubo　住友ベークライト㈱　S-バイオ事業部　マーケティング・営業部　担当 課長

＊2　Kohta Igarashi　住友ベークライト㈱　S-バイオ事業部／マーケティング・営業部

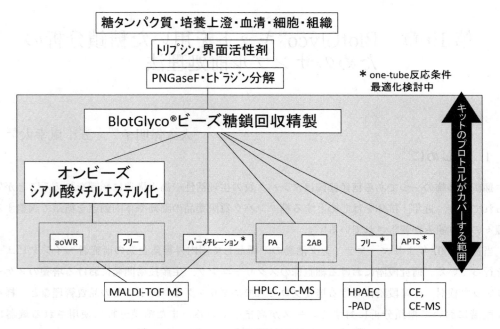

図1 ユニバーサルな糖鎖前処理法 BlotGlyco®

3 BlotGlyco®キットの原理と操作

　糖タンパク質のサンプル前処理は，基本的にタンパク質からの糖鎖の切り出し，糖鎖の精製，糖鎖のラベル化からなる。BlotGlyco®キットがカバーするのはこのうち糖鎖の精製とラベル化である。

　キットの本体はヒドラジド基が高密度に導入された架橋型ポリマービーズ（図2）である。一般に，ヒドラジド基とアルデヒド基はシッフ塩基と呼ばれる共有結合を形成する。生体試料の中でヒドラジド基と反応性を有するのは，糖鎖の還元末端のアルデヒド基のみである。このことを利用し，糖タンパク質からPNGaseF等で切り出された糖鎖の還元末端のアルデヒド基と，ビーズのヒドラジド基を反応させることで，クルードなサンプル中から糖鎖だけをビーズ上に固相化できる（図3)[3]。アルデヒド基とヒドラジド基は共有結合を形成するため，糖鎖がビーズに固相化された状態で引き続き徹底的な洗浄を行う。界面活性剤，ペプチド，イオン化合物など，従来の精製方法では糖鎖との分離が難しい夾雑物であっても，固液分離により容易に除去できるのが特長である。この徹底的な精製は，分析結果の精度と再現性を高めるために非常に重要である。精製に続き，ビーズの余剰ヒドラジド基を無水酢酸でキャッピングした後，pHを弱酸性にすることで糖鎖をビーズから再遊離させる。その後は2ABやPAなどのHPLC用の蛍光ラベルや，MALDI-TOF MS用の本キット独自のラベルなど，測定機器に応じた種々のラベル化が可能である（ノンラベルの状態で回収することも可能)[4]。これら糖鎖の固相化，精製，ラベル化の一

第19章　BlotGlyco®キットを用いた糖鎖分析のためのサンプル前処理法

ヒドラジド基（NHNH₂）高密度含有ポリマー微粒子

・官能基量　1 mgのビーズ当たり2 μmol・・・TNBS法により定量
・1測定に用いるビーズ量：5 mg（官能基量 10 μmol）

図2　BlotGlyco®ビーズ

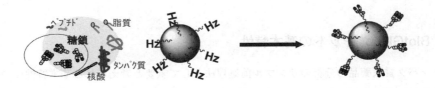

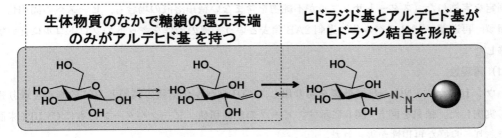

図3　糖鎖の固相化の原理

連の操作はキットに入っているスピンチューブ1本で実施可能である（図4）。また得られたラベル化糖鎖に混入している過剰ラベル化合物は，キットに入っている固相抽出カラムを使い簡単な操作で除去できる。糖鎖が切り出された状態から開始し，過剰ラベル化合物の除去が完了するまでに要する時間は約5時間（ラベルの種類により前後する）であり，必要な周辺機器はヒートブロックと卓上遠心機のみである。基本操作は分注と遠心だけでありキットには作業者の視点に立った詳細なプロトコルが添付されている。

211

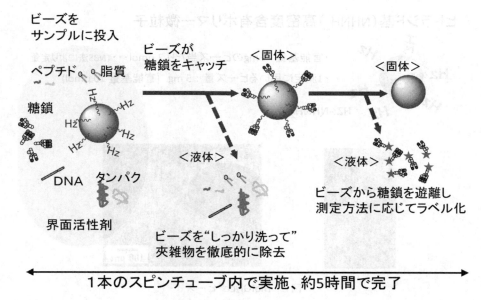

図4　操作の流れ

4　BlotGlyco®キットの基本特性

糖タンパク質医薬品の分析のサンプル前処理法として重要と考えられる基本特性について以下に述べる。いずれも BlotGlyco®キットのプロトコルに従い，2AB ラベル化糖鎖を調製し，HPLC 測定を実施した（スタートサンプルが不純物を含まない糖鎖溶液の場合も，ビーズへの固相化，精製，再遊離，2AB ラベル化，過剰 2AB 除去という一連の操作をキットのプロトコルに従い実施した）。

(1) 再現性

ウシ IgG から PNGaseF で糖鎖を切り出し，2AB ラベル化糖鎖の調製と HPLC 測定を繰り返し実施した。結果を図5，図6に示す。ピークの総面積値，ピークパターンともに CV10％未満であり，良好な再現性が得られた。

(2) 糖鎖回収量の直線性

種々の濃度のマルトヘプタオース溶液から 2AB ラベル化糖鎖を調製し，HPLC 測定を行い，溶液濃度とピーク面積をプロットした。その結果，$0.1\mu M$〜5mM の広範囲で糖鎖回収量の直線性が得られた（図7）。

(3) 糖鎖の大きさの回収率への影響

各種マルトースオリゴマー（DP＝1〜7）溶液から 2AB ラベル化糖鎖を調製し，HPLC のピーク面積を比較した。その結果，糖鎖の大きさの影響を受けずにほぼ一定の回収率を示す結果となった（図8）。

第19章　BlotGlyco® キットを用いた糖鎖分析のためのサンプル前処理法

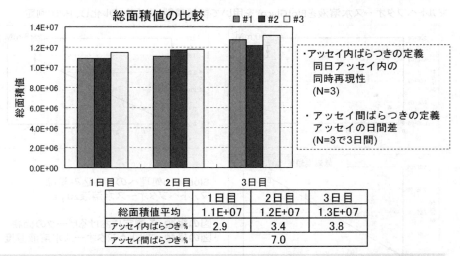

図5　HPLC 総面積値の再現性

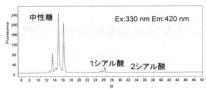

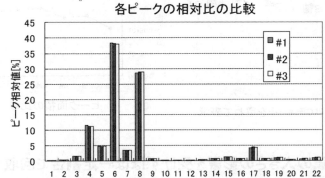

図6　HPLC ピークパターンの再現性

213

バイオ医薬品開発における糖鎖技術

マルトヘプタオース水溶液をBlotGlyco®を用いて糖鎖精製、2ABラベル化し、HPLC測定

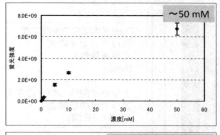
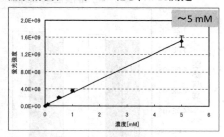
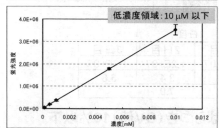

・BlotGlyco処理への持ち込み量は
　マルトヘプタオース水溶液20 μL

・図の縦軸：各測定におけるピークの面積
・図の横軸：マルトヘプタオース水溶液濃度

0.1 μM ～5 mMの範囲で直線性が得られる

図7　糖鎖回収量の直線性

各大きさのマルトオリゴ糖100 μM溶液を調整し、そのうち20 μLをBlotGlyco®に持ち込み、糖鎖の精製と2ABラベル化を行い、HPLC測定

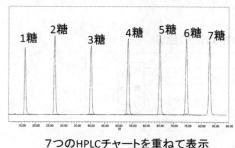
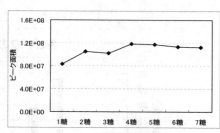

7つのHPLCチャートを重ねて表示　　　　ピーク面積の比較

糖鎖の大きさの影響を受けずほぼ一定割合で回収

（1糖はBlotGlyco®による糖鎖精製ラベル化の後の過剰ラベル除去工程で損失）

図8　糖鎖のサイズの回収率への影響

第19章　BlotGlyco®キットを用いた糖鎖分析のためのサンプル前処理法

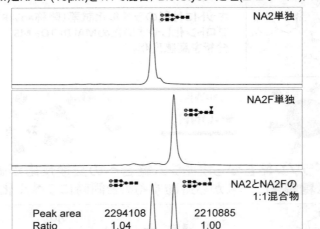

図9　還元末端フコースの回収率への影響

(4) 還元末端フコースの回収率への影響

同じ基本構造で還元末端にフコースを持つ糖鎖と持たない糖鎖の回収量を比較した結果を図9に示す．両者で回収量に差がないことから，還元末端フコースの有無は，還元末端のアルデヒド基とBlotGlyco®ビーズとの反応性に影響しないものと考えられる．よって本キットは還元末端フコースの有無の定量的な分析のために使用可能であると考えられる．

5　BlotGlyco®キットの応用

(1) aoWRラベルを使った高感度なMALDI-TOF MS分析

本キットにはMALDI-TOF MS高感度化を目的としたラベル化合物aoWR（図10）が入っている．aoWRはプロトン化しやすい構造であるため，ポジティブモード測定の高感度化が可能である．また糖鎖の還元末端のアルデヒド基とビーズのヒドラジド基の結合が，アルデヒド基とaoWRの持つアミノオキシ基の結合に交換する反応を利用し，糖鎖をビーズから再遊離するのと同時に糖鎖をラベル化できる[5,6]．よって糖鎖のラベル化反応の操作も簡便である．

(2) MALDI-TOF MS分析のためのシアル酸の保護

シアル酸はカルボキシル基を有する酸性糖の一種であるが，MALDI-TOF MS測定時に容易に脱離する性質があるため，サンプル調製時にシアル酸のカルボキシル基を保護（中性化）する必要がある．本キットでは，ビーズに糖鎖を固相化した状態でシアル酸のメチルエステル化反応

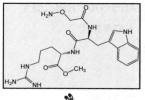

キットに付属のラベル化試薬(略称aoWR)の構造式。プロトン化しやすいためMALDI-TOF MSによる糖鎖分析を高感度化。

ラベル化糖鎖

ヒドラゾン結合からオキシム結合への交換反応が進行
(糖鎖をビーズから遊離するのと同時にラベル化)

図10 MALDI-TOF MS 高感度化ラベル化合物

と残留メチルエステル化試薬の除去が可能であるため，約1時間でシアル酸の保護が完了する[7]。その後，糖鎖を再遊離しラベル化して分析に用いることができる。本方法を用いてヒト IgG とウシ IgG の aoWR ラベル化糖鎖を調製し，MALDI-TOF MS 測定した結果を図11に示す。各々からメチルエステル化されたシアル酸が検出されており，ヒト IgG とウシ IgG の混合物からはシアル酸の分子量の違いにより Neu5Ac と Neu5Gc が正しく識別された。

(3) 電気泳動との組み合わせ

タンパク質の構造が同じであっても，糖鎖修飾の違いにより電気泳動のバンドがシフトする。糖タンパク質を含むゲルバンドを切り出し，in-gel digestion 法によりタンパク質のペプチド断片化および PNGaseF 等による糖鎖切り出し処理を行った後，本キットを用いて容易に糖鎖の精製，ラベル化が可能である。

(4) 96ウェルプレートフォーマットによるハイスループット化

現在，スピンチューブにかわり96ウェルフィルタープレートを使った BlotGlyco®キットの製品化を進めている。専用装置を導入することなく，一般的なバキュームマニホールド，真空ポンプそしてヒートブロックなどの加熱機を用いて糖鎖の精製ラベル化のハイスループット化(多検体同時処理)が可能となる。

(5) 培養上清からのサンプル調製の短時間化

非常にクルードなサンプルからでも糖鎖を容易に精製できるという本キットの性質を活用し，培養上清から1日以内で抗体の糖鎖分析を完了する方法の開発を進めている。通常，培養上清から ProteinA 樹脂などで抗体を回収した後，酸性条件下で抗体を遊離し，中和，脱塩工程を経て

第 19 章　BlotGlyco®キットを用いた糖鎖分析のためのサンプル前処理法

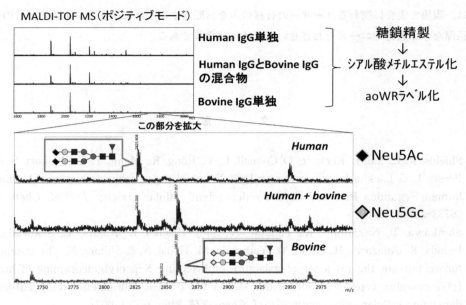

図11　シアル酸保護による MALDI-TOF MS 測定

種々の分析に用いる。これに対し，現在開発中の方法では，抗体が ProteinA 樹脂などに結合した状態のままで抗体をトリプシンや界面活性剤で変性し，PNGaseF で糖鎖を切り出し，本キットを用いて糖鎖を精製ラベル化する。ペプチドや界面活性剤が混入したサンプルであっても容易に糖鎖の精製ラベル化ができる本キットの特長を活かし，時間のかかる中和，脱塩工程を省略するというコンセプトである。さらにこれらの操作を 96 ウェルプレートフォーマットで行いハイスループット性を付与する計画である。本方法は培養条件と産生されるタンパク質の糖鎖修飾との関連づけや，培養プロセスのモニタリングに活用できると考えられる。

6　まとめと今後

BlotGlyco®キットは，糖鎖の還元末端のアルデヒド基とビーズのヒドラジド基の反応による糖鎖精製を基本原理としたサンプル前処理法である。操作の簡便性，多様な分析機器への対応，また再現性や定量性の点で，糖タンパク質医薬品の分析に有用である。

今後は，糖タンパク質医薬の研究，製造，品質管理に携わるユーザーにより一層お役立ちすることを目的に，①96 ウェルプレートフォーマットや培養上清からのサンプル調製法など本キットを利用したトータルシステムの上市，② HPAEC-PAD や CE への対応，パーメチレーション法との組み合わせなど本キットアプリケーションの拡充，③糖ペプチド精製のための新たなキット開発などを進めていく予定である。

当社の高分子合成，プラスチック加工というコア技術を真に役立つツール開発に結び付けるた

めには，現場で実務に携わるユーザーの皆様の声をお聞きすることに尽きる。本論の読者の皆様から忌憚なきご意見やニーズをお寄せいただければ幸甚である。

文　献

1) Shields, R. L., Lai, J., Keck, R., O'Connell, L. Y., Hong, K., Meng, Y. G., Weikert, S. H. & Presta, L. G. Lack of fucose on human IgG1 N-linked oligosaccharide improves binding to human Fcgamma RIII and antibody-dependent cellular toxicity. *J. Biol. Chem.* **277**, 26733-26740 (2002).

2) Shinkawa, T., Nakamura, K., Yamane, N., Shoji-Hosaka, E., Kanda, Y., Sakurada, M., Uchida, K., Anazawa, H., Satoh, M., Yamasaki, M., Hanai, N. & Shitara, K. The absence of fucose but not the presence of galactose or bisecting N-acetylglucosamine of human IgG1 complex-type oligosaccharides shows the critical role of enhancing antibody-dependent cellular cytotoxicity. *J. Biol. Chem.* **278**, 3466-3473 (2003).

3) Furukawa, J., Shinohara, Y., Kuramoto, H., Miura, Y., Shimaoka, H., Kurogochi, M., Nakano, M. & Nishimura, S.-I. Comprehensive approach to structural and functional glycomics based on chemoselective glycoblotting and sequential tag conversion. *Anal. Chem.* **80**, 1094-1101 (2008).

4) Abe M., Shimaoka H., Fukushima M., Nishimura S.-I. Cross-linked polymer possessing of high density hydrazide groups: High-throughput glycan purification and labeling for high-performance liquid chromatography analysis. *Polym J,* (submitted)

5) Shimaoka, H., Kuramoto, H., Furukawa, J., Miura, Y., Kurogochi, M., Kita, Y., Hinou, H., Shinohara, Y. & Nishimura, S. One-pot solid-phase glycoblotting and probing by transoximization for high-throughput glycomics and glycoproteomics. *Chemistry* **13**, 1664-1673 (2007).

6) Shinohara, Y., Furukawa, J., Niikura, K., Miura, N. & Nishimura, S. Direct N-glycan profiling in the presence of tryptic peptides on MALDI-TOF by controlled ion enhancement and suppression upon glycan-selective derivatization. *Anal. Chem.* **76**, 6989-6997 (2004).

7) Miura, Y., Shinohara, Y., Furukawa, J., Nagahori, N. & Nishimura, S.-I. Rapid and simple solid-phase esterification of sialic acid residues for quantitative glycomics by mass spectrometry. *Chem. Eur. J.*, **13**, 4797-4804 (2007).

第20章 質量分析計を用いた糖タンパク質 糖鎖分析の新展開

亀山昭彦*

1 はじめに

　バイオテクノロジーを活用した組み換えタンパク質製剤がアンメットメディカルニーズを満た
す今後の医薬の重要な柱となってきている。EPO や抗体医薬などの大型新薬も 2010 年以降，
次々と特許切れを迎え，これらの後発薬の開発も活発化している。通常，これらの原薬のタンパ
ク質部分は様々な形に糖鎖修飾されており，培養して得られたタンパク質を単離精製しても単一
構造の糖鎖を有する単一化合物としてのタンパク質が得られるわけではなく，得られるものは多
種類の糖鎖が多様な割合で混ざり合った糖タンパク質混合物である。この点が従来の低分子医薬
との大きな違いであり，バイオ医薬の開発，製造，品質管理を難しくする一つの重要な要因と
なっている。後発薬の開発においても糖鎖構造まで含めて先発品と全く同じ分子を製造すること
は不可能であるため，従来の「後発薬」に対し「後続薬」という新しい概念も生まれている。し
かも糖鎖によってバイオ医薬の機能が左右される例も知られている。このような背景を考える
と，後続薬も含めたバイオ医薬の開発にとって糖鎖の解析や制御は極めて重要な問題であること
が理解できるであろう。本稿では，糖タンパク質糖鎖の解析，特に質量分析計を用いた糖タンパ
ク質解析に焦点を当てた著者らの最近の成果を紹介するとともに，糖タンパク質の中でも特にムチ
ンやプロテオグリカンなど多量の糖鎖を有する分子種の新しい分析手法についても紹介した
い。

2 バイオ医薬の糖鎖構造解析

　バイオ医薬品の研究開発において糖鎖構造解析が必要となる局面は，基礎段階から品質管理に
至るまで幅広い。例えばマスターセルを樹立する段階において，糖鎖プロファイルが単純な株，
糖鎖構造に揺らぎの少ない株，などを選択しておくことにより，開発段階や品質管理における糖
鎖問題を最小化することも可能だろう。また，マスターセル樹立後は，その株が産生する原体の
糖鎖を全て単離しデータベース化しておけば，その後の分析を簡略化することもできるだろう。
現在，製薬企業における糖鎖構造解析では HPLC を用いた手法が主に利用されているようだが，

　＊　Akihiko Kameyama　㈱産業技術総合研究所　糖鎖医工学研究センター　糖鎖分子情報解
　　　析チーム　チーム長

バイオ医薬品開発における糖鎖技術

今後はその手法に加えて以下に紹介する質量分析計を活用した糖鎖構造解析により，バイオ医薬の糖鎖分析がより簡便かつ精密なものになる可能性がある。

2.1 多段階タンデム質量分析スペクトルDBを用いた糖鎖構造解析

　現在，質量分析計はプロテオミクス，メタボロミクス，薬物動態など，様々なバイオ・医薬研究に不可欠の装置となっている。糖鎖構造解析では数多くの異性体を見分ける必要があるため，質量を分析する装置である質量分析計で糖鎖を分析することは簡単ではないが，タンデム質量分析により糖鎖を断片化することにより，異性体を判別できる場合がある。断片化手法としては，従来から用いられてきた低エネルギーCID，高エネルギーCID以外にも，現在では，IRMPD[1]，ECD[2]，ETD[3]，などいろいろな手法が利用できるようになり，それぞれ特徴的なフラグメントイオンが得られる。しかし，これらは専門家が時間をかけて解析する手法であり，多様な糖鎖の断片化データを整理したデータベースや断片化の一般則が見出されていないため，バイオ医薬開発におけるルーチン分析には使えないというのが現実である。糖鎖の多段階タンデム質量分析（MS^n）スペクトルで得られる各フラグメントのシグナル強度比は，糖鎖構造の微妙な違いで変化することが経験的に知られている。私たちは，MALDI-QIT-TOF型の質量分析計を用いて様々な糖鎖のMS^{n}スペクトルを測定しデータベース化してきた。データベース化に際してはスペクトルの再現性が重要であるが，プリカーサーイオンの強度がスペクトル中の最大シグナルの15％以下になるようにCIDエネルギーを調整すれば，各フラグメントのシグナル強度比の再現性を得ることができることが判った。こうして得られたスペクトルは糖鎖の枝構造の違いや$\alpha\beta$などの立体異性の違いに応じて変化し，実験者が測定したスペクトルとデータベースのスペクトルを比較することにより糖鎖構造推定が可能である。このスペクトルデータベースは現在，GMDB（http://riodbdev.ibase.aist.go.jp/rcmg/glycodb/Ms_ResultSearch）として公開されており誰でも利用することができる。さらにこのデータベースを活用し，筆者らは三井情報開発㈱および㈱島津製作所と共同で糖鎖微量迅速解析システムを開発した[4]。GMDBを用いて目視で類似するスペクトルを探し出すのは慣れないと難しいかもしれないが，このシステムを用いれば自動的に答えを探し出すことができる。糖鎖には類似する異性体が多数あるので，MS^{2}スペクトルだけの比較では複数の候補が出てきてしまうことも多い。そのような場合には，MS^{3}あるいはMS^{4}のスペクトル比較が必要になる。MS^{2}では一つの糖鎖からいくつかの断片イオンが生成するが，異性体を判別するのに重要なMS^{3}断片化パターンを示すのはその内の一部であるため，2段階目以降のプリカーサーイオンを適切に選択する必要がある。糖鎖微量迅速解析システムでは，この選択に関する優先順位付けを自動で行う。測定者は，示唆されたイオンをプリカーサーとしてMS^{n}スペクトルを測定し，得られたスペクトルでデータベース内をサーチさせることにより糖鎖構造推定ができる（図1）。このシステムを使えば，スペクトルの各シグナルの帰属を行うことなく誰でも簡単に糖鎖構造解析を行うことができる。異性体を含む混合物を分析する際には，HPLCなどであらかじめ分離しておく必要があるが，その場合には，この糖鎖微量迅速解

第20章　質量分析計を用いた糖タンパク質糖鎖分析の新展開

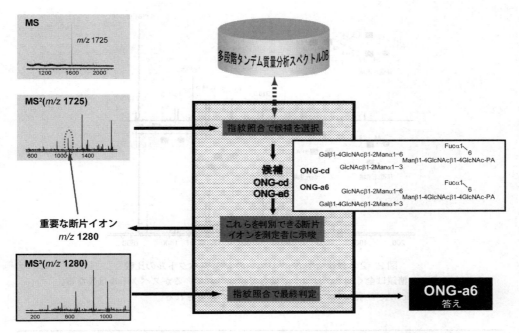

図1　多段階タンデム質量分析スペクトルデータベースを活用した糖鎖解析システム

析システムとHPLCをオフラインLC-MALDIシステムで連携させればよい。

2.2　再構成スペクトルを用いた糖鎖構造推定

　実測スペクトルのデータベース構築のためには，まず構造が明確な糖鎖標品が必要である。我々は特異性が明確な多種類の糖転移酵素を用いて糖鎖標品を合成してきたが，バイオ医薬の糖鎖の中には酵素的合成による標品の調製が容易ではないものも存在する。例えば，エリスロポエチンは3本鎖，4本鎖のN-グリカンを有している。全ての枝が同じ構造であれば酵素的合成も比較的容易だが，枝ごとに構造が異なっている場合などは極めて難しい。そこで，実測スペクトルではなく再構成（予測）スペクトルを用いた構造推定手法についても検討したのでここに紹介しておきたい。

　筆者らは，多数の糖鎖のMS^{n}スペクトルを詳細に解析し，断片化パターンと糖鎖構造の間に何らかの相関を見出そうとしてきた。N-グリカンの場合，構造多様性は分岐構造の非還元末端側で生じ，特に複合型N-グリカンでは2本鎖，3本鎖，4本鎖の多様な構造を形成する。枝構造の異なる2本鎖複合型N-グリカンのMS^{2}スペクトルを比較してみると，糖鎖を構成するグリコシド結合の種類や数は同じであるにも関わらず，各シグナルの相対強度比が異なっていることが判る（図2）。すなわち，同じGlcNAcβ1-2Man結合でも，枝ごとに異なる断片化傾向を持つことが，このスペクトルの相違から推定される。そこで，この断片化傾向の違いを数値化することを目的として，枝特異的に安定同位体標識した2本鎖，3本鎖，4本鎖の複合型N-グリカンを合

221

バイオ医薬品開発における糖鎖技術

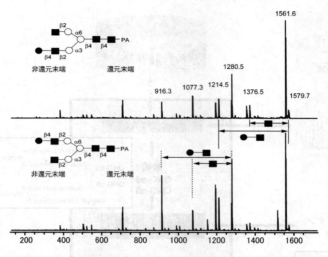

図2 2本鎖複合型 N-グリカンの MS² スペクトルの比較
上の二つの糖鎖は全く同じグリコシド結合で構成されているがスペクトルは異なる。
枝部分の GlcNAc の壊れやすさに違いがあることが推定される。

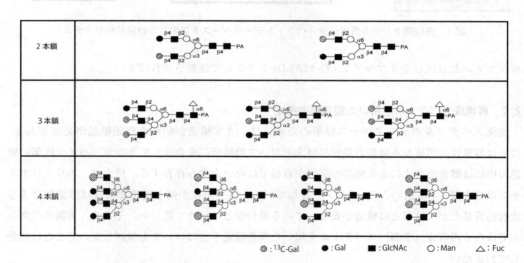

図3 安定同位体で標識した複合型 N-グリカンのセット
特定の枝だけが他の枝とは異なる同位体の Gal を有している。このような糖鎖を枝の本数分のセットにした。例えば、3本鎖では左（上の枝のみ ¹²C），中（中央の枝のみ ¹³C），右（下の枝のみ ¹²C）となっており，これら3種を分析すれば各枝の断片化傾向を数値化できる。

成し，それらの MS^n スペクトルを測定した（図3）。安定同位体標識は，化学的に合成した UDP-[U-¹³C]-Gal をガラクトシルドナーとし，β4-ガラクトース転移酵素（β4-GalT I）を用いて行なった[5]。枝特異的に安定同位体標識することで，同じシグナルとして検出されていた異なる構造のフラグメントを分離でき，その相対的な比率を得られたスペクトルのデータを元に数値化し

第20章　質量分析計を用いた糖タンパク質糖鎖分析の新展開

た。主要なフラグメントイオンのピーク面積比から各枝の断片化傾向を調べると，枝構造ごとにそれらはほぼ一定であり，還元末端の構造にはほとんど影響されないことが判った（図4）。このことを利用して各枝構造毎の断片化のテンプレートを作成した。このテンプレートは，断片化によりスペクトル中に現れるフラグメントイオンの相対強度を構造毎に数値化したものである（図5）。別の言い方をすれば，一つのシグナル中に含まれる複数のフラグメント構造の比率を数値化したものといえる。筆者らは，このテンプレートを用いて複合型 N-グリカン糖鎖のフラグ

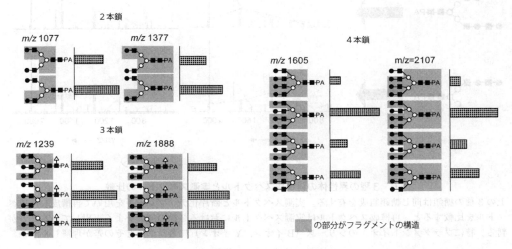

図4　各枝構造の断片化傾向
バーの長さが各フラグメントの相対シグナル強度を示している。

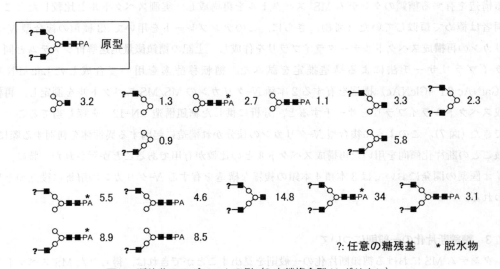

図5　断片化テンプレートの例（2本鎖複合型 N-グリカン）
各フラグメントの相対シグナル強度を数値で表している。？の部分に任意の構造を代入し，想定されるフラグメントのシグナル強度を元に MS^2 スペクトルを再構成する。

223

バイオ医薬品開発における糖鎖技術

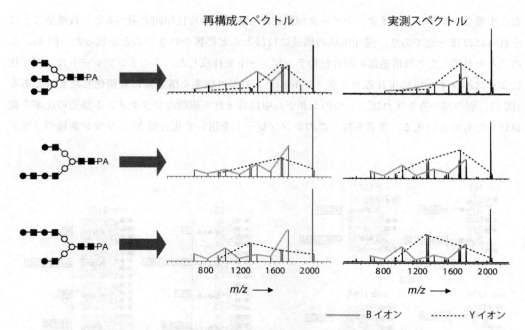

図6 3種の異性体の再構成スペクトルと実測スペクトルの比較
上の3種の糖鎖は同じ糖鎖組成を有する。実測スペクトルと断片化テンプレートを用いて再構成したスペクトルを比較すると，再構成スペクトルは実測スペクトルにおける3種の違いをよく再現していることが判る。特にフラグメントイオンのシリーズ（Bイオン，Yイオン）に着目するとその差が理解しやすい。

メントパターンが再構成できることを示した[5]。テンプレート作成のために用いた糖鎖とは異なる構造を有する糖鎖のタンデム MS^2 スペクトルを再構成し，実測スペクトルと比較したところ両者は極めて類似していた（図6）。さらに，このテンプレートを用いて33種類の複合型 N-グリカンの再構成スペクトルデータライブラリを作成し，上記の糖鎖微量迅速解析システムと同じライブラリサーチ法による構造推定を試みた。糖転移酵素を用いて合成したLac-diNAc（GalNAcβ1-4GlcNAc）構造を有する2本鎖 N-グリカンの MS/MS スペクトルを測定し，再構成スペクトルライブラリをサーチすると，分析に供した糖鎖構造（N-12）を探し当てることができた（図7）。このように複合型 N-グリカンの枝分かれ構造に起因する異性体を判別する際に，枝ごとの断片化傾向を用いた再構成スペクトルとの比較が有用であることが示された。特に，バイオ医薬の開発においては3本鎖4本鎖の複雑な構造を有する N-グリカンの解析に役立つと思われる。

2.3 糖鎖断片化の一般則について

タンデム MS における糖鎖断片化の一般則を見出すことができれば，得られた MS スペクトルの解釈に役立つだけでなく，任意の糖鎖構造に対してタンデム MS スペクトルをシミュレーションし，ライブラリ化することも可能になるかもしれない。これまでに測定した実測スペクトルに

第20章　質量分析計を用いた糖タンパク質糖鎖分析の新展開

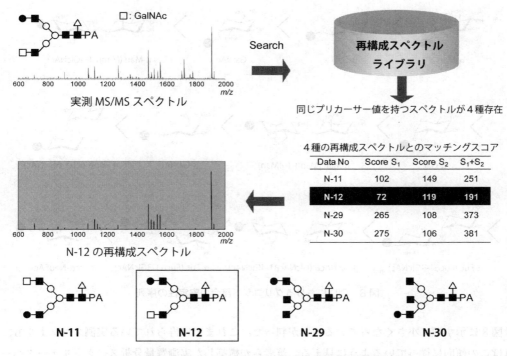

図7　再構成スペクトルライブラリを用いた糖鎖構造推定例

おける多数の糖鎖のCIDスペクトルを比較して眺めると，糖鎖ごとに特定の断片化パターンが得られる理由がおぼろげながら浮かび上がってくる。糖鎖の低エネルギーCIDでは主に単糖間の結合が切断される。しかも単糖間の結合でも切断されやすいものとされ難いものがある。また，Naアダクトをプリカーサーとすれば，スペクトル中に検出されるフラグメントイオンも全てNaアダクトである。したがって，ある糖鎖の中に存在する切断されやすい単糖間結合の分布，そして糖鎖の中でのNaイオンの分布，これらの違いにより，得られるCIDスペクトルが変わってくると想像できる。例えば，分子内に弱いエネルギーで切断されるグリコシドが一カ所だけ存在する糖鎖では，CIDの際にその部位で切断された二つのフラグメントを生じるが，スペクトル中にシグナルとして検出されるものはNaイオンが付加された方のフラグメントのみである。したがって，元の糖鎖におけるNaの付加位置の分布が得られるスペクトルに影響するだろう。このような仮説に基づいて，計算化学を用いた解析を産総研生命情報工学研究センターとの共同研究により行った[6,7]。

糖鎖のコンフォメーションをNaイオンが付加した形で最適化すると，糖鎖ごとにNaの付加位置の異なる数種類の安定コンフォーマーの存在が推定された。計算結果として得られたそれぞれの構造とその構造におけるナトリウムの結合エネルギーは，現在，データベースとして公開されている（SGCAL：http://sgcal.cbrc.jp/）。また，グリコシド結合を切断する活性化エネルギー

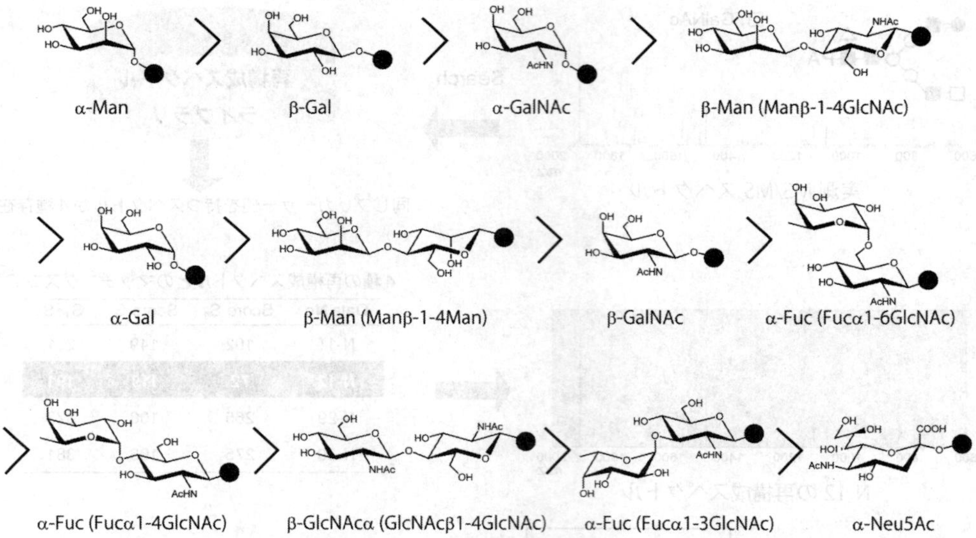

バイオ医薬品開発における糖鎖技術

図8の構造式（α-Man, β-Gal, α-GalNAc, β-Man (Manβ-1-4GlcNAc), α-Gal, β-Man (Manβ-1-4Man), β-GalNAc, α-Fuc (Fucα1-6GlcNAc), α-Fuc (Fucα1-4GlcNAc), β-GlcNAcα (GlcNAcβ1-4GlcNAc), α-Fuc (Fucα1-3GlcNAc), α-Neu5Ac）

図8 CID におけるグリコシド結合の安定性の序列

は図8に示す順に小さくなっていることが判った。これまでに得られている実測スペクトルも，ほぼこの傾向に従っているように見える。筆者らが構築した実測質量分析スペクトルデータベースはヒトの糖鎖のデータであり，α Gal 残基を含む *N*-グリカンのデータは含まれていない。しかし，上に述べたルールを参考にすると，末端に α Gal 残基を含む *N*-グリカンは，その部分で切断されたフラグメントのシグナルが比較的大きく現れると予想され，バイオ医薬における異種抗原の検出に役立つかもしれない。

3 分子マトリクス電気泳動法によるムチンおよびグリコサミノグリカンの簡易分析

　酸性ムコ多糖であるグリコサミノグリカンの中には，ヒアルロン酸やヘパリン，コンドロイチン硫酸など医薬として利用されているものがある。セルロースアセテート（セ・ア）膜電気泳動は，これらの物質を簡便に分析できる手法であり，日本薬局方にもデルマタン硫酸エステルの一般試験法および精製ヒアルロン酸ナトリウムの純度試験の一つとして収載されている。ここに紹介する分子マトリクス電気泳動法（SMME：supported molecular matrix electrophoresis）は分子量 100 万を超える巨大糖タンパク質であるムチンを簡便に分析するため，セ・ア膜電気泳動から発展した手法でありグリコサミノグリカンの分析にも利用できる。我々は，疾患関連バイオマーカーを探索する過程でムチン類を分析する必要に迫られ，この手法を開発した[8]。ムチンは高度にグリコシル化された巨大なタンパク質であり，プロテアーゼ限定分解や SDS-PAGE を基盤とするプロテオミクスでは歯が立たない分析対象である。そのため，簡便かつ迅速な分析を必

第20章　質量分析計を用いた糖タンパク質糖鎖分析の新展開

要とするバイオマーカー探索研究において，ムチンはほとんど手つかずの状態にある。またバイオマーカーは，薬効評価マーカーとしても使うことができる。ムチンやプロテオグリカンはそれ自身として医薬品になるだけでなく，薬効評価のマーカーとしても重要である。例えばドライアイ治療薬のムチン分泌効果，気道粘液を調整する薬剤の評価などにはムチンの分析が必要であろう。したがって，その簡便な分析法は医薬原体の分析のみならず薬効評価を含む医薬品開発の中で利用できる可能性がある。

SMMEは，PVDF膜上に形成した分子マトリクスを分離担体として利用する新しい電気泳動法であり，ムチンやプロテオグリカンのような負電荷を有する巨大分子を簡便に分離することが可能である（図9）。さらに泳動分離したスポットを切り出して，そのスポットを膜ごとベータ脱離反応に供し，遊離したO-グリカンを質量分析計で解析することもできる。原理は従来のセ・ア膜電気泳動に類似しているが，セルロースアセテート膜では，ベータ脱離反応を行うと膜からセルロースの断片が生成し，糖鎖の分析を妨害する。SMMEでは膜に多糖系ポリマーを含まないのでベータ脱離によって糖鎖分析を妨害する分解物が生じない他，泳動後の膜をそのまま抗体やレクチンで染色することができ，用途の広い簡便な分析法として期待できる[9]。例として，ブタ胃粘膜ムチン（PSM）の分析を図10に示す。SMME膜は，PVDF膜にポリビニルアルコールをコーティングして作成した。試料をアプライ後，0.1M ピリジン-ギ酸緩衝液（pH 4.0）を泳動緩衝液とし，1.0 mA/cmの定電流にて通電し30分間泳動した。泳動後，アルシアンブルーに

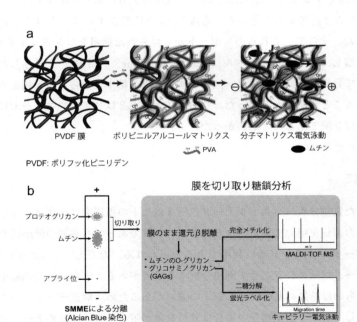

図9　分子マトリクス電気泳動（SMME）の概要
a) SMMEのコンセプト，b) 分離したスポットの解析

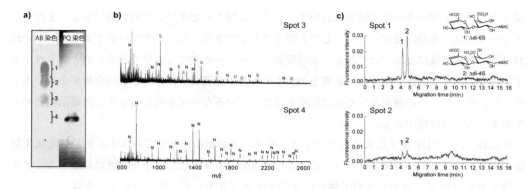

図10　SMMEによる市販PSM（ブタ胃ムチン）の分析例
a) SMMEにおける泳動像，AB染色：アルシアンブルー染色，PQ染色：ProQ Emerald染色，b) スポット3および4の糖鎖のMSスペクトル，N：中性糖鎖，S：硫酸化糖鎖，c) スポット1および2に由来する2糖のCEエレクトロフェログラム

て酸性ムコ多糖を，ProQ Emeraldにより中性ムチンを染色し，染色されたスポットを切り取り，膜ごと還元的ベータ脱離処理に供し糖鎖を遊離させた。遊離させた糖鎖は，さらに完全メチル化処理を行った後，質量分析により解析した。図10に示すように市販PSMには，硫酸基を多く含むグライコフォームと硫酸基をほとんど含まないグライコフォームが存在し，それらはSMMEにより分離できることが判った。なお，PSMの上方にあるスポットはコンドロイチナーゼABCで処理すると消失することから，市販PSM中に混在するコンドロイチン硫酸類であることが推定された。そこで，これらのスポットから得られた糖鎖をコンドロイチナーゼABCにて2糖単位に分解し，さらに蛍光ラベル（2-aminoacridone：AMAC）を付与した後，キャピラリー電気泳動にて分析した。その結果，図に示すような2糖単位からなる糖鎖を有するコンドロイチン硫酸であることが明らかとなった。なお，スポット2はヒアルロニダーゼにより消失することからヒアルロン酸であることがわかった。

4　おわりに

我々が構築した質量分析スペクトルデータベースはヒトの糖鎖をターゲットとしたものであるが，他の哺乳類の細胞を用いて製造された糖タンパク質であっても共通の糖鎖は数多くあり，ある程度はこのデータベースが有効に利用できると思われる。ただし，αGal残基を有するN-グリカンなどはデータベースに存在せず別途分析する必要がある。また，昆虫細胞や植物細胞を用いて製造されたものは糖鎖の基幹構造に若干の違いがあるため，別途データベースを作成する必要がある。しかし，バイオ医薬開発の場合は分析対象が限られているためデータベースの作成は難しくないだろう。また，MSスペクトルの再現性の確保については我々の方法を踏襲することにより容易に達成できるはずである。一方，ムチン類については上に紹介したように全く別のア

第 20 章　質量分析計を用いた糖タンパク質糖鎖分析の新展開

プローチが必要になる。医薬品開発においても *N*-グリカンの分析のケースとは全く異なるシーンで利用されることになるだろう。SMME の長所は，簡便，安価，迅速でだれでも使える点である。誰にでも使える簡単なシステムにすることは実際の現場で利用されるために重要である。糖タンパク質の糖鎖分析についていえば，医薬原体から糖鎖を遊離させ，遊離した糖鎖に適切な標識を施し，HPLC で分離した後，質量分析計で解析するという一連の流れを一つのシステムとしてパッケージ化することで，データの再現性や信頼性の確保も得やすくなり，誰でも使える簡便なシステムとなろう。

文　　献

1)　K. S. Lancaster *et al., Anal. Chem.,* **78**, 4990（2006）
2)　J. T. Adamson *et al., Anal. Chem.,* **79**, 2901（2007）
3)　J. M. Hogan *et al., J. Proteome Res.,* **4**, 628（2005）
4)　A. Kameyama *et al., Anal. Chem.,* **77**, 4719（2005）
5)　A. Kameyama *et al., J. Proteome Res.,* **5**, 808（2006）
6)　K. Fukui *et al., Carbohydr. Res.,* **341**, 624（2006）
7)　H. Suzuki *et al., Anal. Chem.,* **81**, 1108（2009）
8)　Y-K. Matsuno *et al., Anal. Chem.,* **81**, 3816（2009）
9)　Y-K. Matsuno *et al., Electrophoresis,* **32**, 1829（2011）

第21章　レクチンマイクロアレイのタンパク質 医薬品生産プロセス開発への活用

久野　敦[*1]，武石俊作[*2]，平林　淳[*3]

1　はじめに

　レクチンマイクロアレイは21世紀になって産声を上げた新しい糖鎖解析ツールだ。その分析原理は，質量分析や液体クロマトグラフィーのような物理化学的な分離分析技術と異なり，レクチンという生体分子との相互作用の強さを多重に分析し，その情報をもとに糖鎖構造の全容をプロファイルするというまったく新しい生化学的な戦略をとる。タンパク質から糖鎖を切り離さずに分析できることから，簡便さ，迅速さを最大の武器とし，精製糖タンパク質はもとより細胞，組織，血清などの生体試料の糖鎖解析にも利用されている[1,2]。当初は糖鎖構造を分析するツールとして開発されたこと，感度面で他の分析技術を大きく上回るまでには至っていなかったこと等の理由により，タンパク質医薬品の様な精製された糖タンパク質を糖鎖分析することが主たる用途であった[3]。しかしその後の基盤技術の発展により，ナノグラム単位のタンパク質上の糖鎖が解析可能となり，かつ取得データの解析手法も拡充したため，現在ではバイオマーカー開発，幹細胞評価，微生物やウイルスの鑑別など，用途は多岐にわたっている[4~8]。このようにしてレクチンマイクロアレイは，糖タンパク質上糖鎖解析ツールの一つとして徐々に浸透してきたが，同時にレクチンアレイにしかできない新たな解析シーンが実例を伴って明らかになってきた。その一つが糖タンパク質医薬品の生産技術開発初期における糖鎖解析である。本稿では，レクチンマイクロアレイの特徴からその高感度化に至る技術開発までを概説した後にタンパク質医薬品の糖鎖解析例を紹介し，高感度化レクチンマイクロアレイによって初めて可能となった培養上清などの混合溶液中に存在する微量標的タンパク質の糖鎖解析について説明する。そして最後に，糖タンパク質医薬品の生産技術開発初期における応用に着目した経緯，および具体的な活用法について紹介したい。

＊1　Atsushi Kuno　㈱産業技術総合研究所　糖鎖医工学研究センター　主任研究員

＊2　Shunsaku Takeishi　㈱GP バイオサイエンス　研究開発本部　研究主幹

＊3　Jun Hirabayashi　㈱産業技術総合研究所　糖鎖医工学研究センター　副センター長

第21章　レクチンマイクロアレイのタンパク質医薬品生産プロセス開発への活用

2　レクチンマイクロアレイ概説

2.1　レクチンマイクロアレイの特徴

　レクチンは糖鎖の特定部分構造を認識し，結合するタンパク質分子の総称である。アフィニティークロマトグラフィーにより植物の種子などから比較的容易に単離精製できさまざまな結合特異性のレクチンが発見されたこと，それらが安価で市販されていることにより，古くから細胞表層やタンパク質上の糖鎖構造を簡易的に調べる道具として利用されてきた。また，複数の特異性の異なるレクチンとの相互作用の強さを順次分析するための連続アフィニティークロマトグラフィー解析から，より詳細に構造を類推することもできる（レクチンを用いた糖鎖分析についてはコールドスプリングハーバー「糖鎖生物学」第2版の45章を参照していただきたい）。レクチンマイクロアレイ（以降レクチンアレイと略記）は，この相互作用解析技術原理が近年のプロテインアレイ基盤技術と融合することで，さらに簡便性，迅速性を向上させた発展技術と見ることができる。多くの場合，同一ガラス基板上に30種を超える特異性の異なるレクチンが共有結合を介して整然と固定されているため，構造類推に必要な相互作用情報を一斉に得ることができる。

　では，タンパク質上の糖鎖構造を解析する技術として，レクチンアレイにはどのような長所，短所があるのだろうか。他の糖鎖解析技術との比較を簡単にまとめた（表1）。レクチンアレイは一見して分析工程がシンプルで，かつ簡易な技術であることが分かるだろう。特にタンパク質から糖鎖を切り離さずに分析できることは最大の魅力で，多サンプルの横並び解析を容易にする。その反面，糖鎖構造の同定は難しく定量性に欠けるというのが，一般的な認識である。

表1　タンパク質上の糖鎖プロファイリング方法の比較[*1]

分析方法	HPLC	CE	HPAE-PAD	MS	レクチンアレイ
構造同定	可能	可能	可能	可能	類推のみ
定量性	あり	あり	あり	なし	なし[*2]
サンプル調製方法	タンパク質から糖鎖の遊離，精製，蛍光標識				不要[*3]
必要サンプル量	$10 \sim 100 \mu g$	$100 \mu g$ $(1 \sim 10 \mu g$[*4]$)$	$100 \sim 1000 \mu g$	$10 \sim 1000 \mu g$	$0.1 \sim 10 \mu g$ $(1 \sim 100 ng$[*5]$)$
分析時間[*6]	数日				数時間
スキル	高度なスキルを要する				最小限のトレーニング

＊1：Rosenfeldら[9]の表を引用し，一部改変して作成
＊2：定量解析用プログラムにより各レクチンの糖鎖シグナルを糖鎖含量へ変換可能
＊3：直接法ではタンパク質の蛍光標識が必要
＊4：DNAシーケンサーをCEに用いた場合の必要量
＊5：高感度レクチンアレイを用いた場合の必要量
＊6：サンプル調製時間も含む

231

バイオ医薬品開発における糖鎖技術

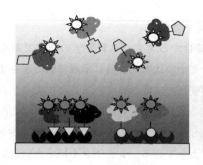 

図1 レクチンアレイにおける結合糖タンパク質検出方法
aが直接法で，bが間接法である。後者で標的タンパク質のコアタンパク質領域を認識する抗体を用いて検出する場合を，抗体オーバーレイ・レクチンアレイ法と呼ぶ。

レクチンアレイは分析対象タンパク質への蛍光標識の仕方により，直接蛍光導入法と間接蛍光導入法の2つに大別できる（図1）。直接蛍光導入法では，分析対象タンパク質の1級アミンへ化学的に蛍光剤を共有結合させるため，溶液中に含まれる全てのタンパク質上の糖鎖が分析対象となる。精製タンパク質はもちろんのこと，細胞や組織のライセート，細胞培養上清，血清などのグライコーム解析にも適した手法である[10]。しかし，前処理として蛍光導入操作が必須となる。また，精製タンパク質の糖鎖解析を行う場合，他の糖鎖構造解析と同様に，微量混入糖タンパク質がプロファイルに影響を与える可能性があるため，精製に細心の注意を払わなければならない。一方，間接蛍光導入法である「抗体オーバーレイ法」では，タンパク質を非標識のまま直接レクチンアレイに添加し，レクチンへ結合したタンパク質をコアタンパク質認識蛍光標識抗体により特異的に検出する。そのため，精製タンパク質の純度は70%程度でも再現性高く糖鎖プロファイルが得られるケースが多い。なお，感度や結合シグナルパターンは抗体の質に強く依存するため，予め使用する抗体の十分な検討が必要となる。また，検出用抗体自身の糖鎖が分析のノイズになる可能性が懸念されるが，ノイズ低減のためのブロッキング手法も開発されている[11]。

2.2 レクチンアレイの高感度化

レクチンと糖鎖間の相互作用は，抗原-抗体間相互作用に比べると弱く，一般的なアレイ解析で必須となる結合反応後のガラスの洗浄工程により，この弱い結合は容易に解離してしまう。これがレクチンアレイの検出感度を低下させる一つの要因となっていた。そこでNEDO糖鎖構造解析技術開発プロジェクト（H15～H17年度実施）において平林らは，当時の日本レーザ電子株式会社との共同で結合反応後の平衡状態をそのまま観察する（*in situ* observation）ためのスキャナ開発に取り組んだ。その結果完成したのが，エバネッセント波励起蛍光検出スキャナである（図2）。本スキャナの開発によりレクチンへ微弱にしか結合できない蛍光標識オリゴ糖の糖鎖プ

第21章　レクチンマイクロアレイのタンパク質医薬品生産プロセス開発への活用

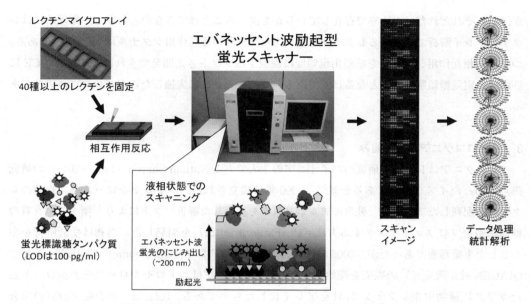

図2　高感度レクチンマイクロアレイ測定の原理とスキーム

ロファイリングに世界で唯一成功し，アレイ基板も最適化することで，現在ではナノグラムオーダーの糖タンパク質の糖鎖プロファイリングが十分可能になっている[12,13]。またこのスキャナは，ガラスの端面（両方向）から入射光を一定角度で挿入し，均質なエバネッセント波を広域に生じさせることで，ガラス面全体に40種以上のレクチンが並列固定されたアレイ反応槽が7つ以上も含むチップを2分以内でスキャンできる特徴があることも付け加えておく。

3　レクチンアレイによるタンパク質医薬品の糖鎖評価

　現存するタンパク質性医薬品の大半は糖タンパク質である。その品質管理は，タンパク質レベルの純度と，活性を評価するだけでなく，糖鎖も評価する必要があり，実際承認申請時においても，糖鎖解析は義務付けられている。その方法は，①タンパク質から糖鎖を切り離し，液体クロマトや電気泳動により分離し，リファレンス糖鎖との移動度のマッチングから糖鎖を同定し，かつその存在量を定量解析する方法，および②特徴のある糖鎖部分構造に特異的に相互作用を示す抗体やレクチンを複数種用い，糖タンパク質の状態で多重相互作用解析を行うことで，糖鎖構造をプロファイルする手法に大別される（表1参照）。先にも述べた通り，レクチンアレイを含む後者の相互作用解析を基軸とした糖タンパク質の糖鎖解析は，迅速性，簡便性，コスト面においては利があるが，定量性に難があるとの認識が強い。このため，タンパク質製剤の糖鎖品質評価は，基本的に①の分析手法が用いられている。確かにレクチンアレイは糖鎖を構造の違いを反映して分離し，定量比較するための技術ではなく，例えばIgGの持ちえる32種のN-結合型糖鎖

が，それぞれどれだけの比率で存在しているかを調べることはできない。しかし，原理的にはレクチンアレイ解析で得られるレクチンと糖タンパク質間の相互作用シグナルは「定量的」である。つまり，相互作用シグナルを糖鎖出現頻度に翻訳するソフトさえ開発できれば，HPLC や CE に匹敵する定量糖鎖解析技術となるはずである。それを先見的に実施したのがプロコグニア社である。

3.1 プロコグニアの取り組み

プロコグニアはレクチン研究のパイオニアの1人である Nathan Sharon（1925～2011）の研究拠点であったイスラエルにある企業で，2000 年に設立された。ニトロセルロース膜に複数のレクチンを配列したアレイと，独自のアルゴリズムを採用した解析ソフトにより，糖タンパク質の糖鎖構造をプロファイリングする方法（Uc-Fingerprint 法）を開発した。当初は受託解析を中心とした事業形態であったが，2005 年に簡易型レクチンアレイ（Qproteome™ GlycoArray kit，QIAGEN 社が販売元）の販売を開始している。このチップはニトロセルロースを表面コートしたガラスに植物由来レクチン 24 種をアレイ化したものである。$0.2\,\mu$M（分子量 50,000 の場合 $10\,\mu$g/mL）の分析対象糖タンパク質と結合反応し（反応液量 $450\,\mu$L），蛍光検出する。5 時間程度の実験操作により得られた結果は，各レクチンのシグナル強度で表示される。出力されるシグナルパターンにより全体のプロファイルの特徴を比較検討するだけでなく，専用ソフト（Qproteome™ GlycoArray Analysis Software）を用いることで，レクチンや糖鎖になじみがない人でもタンパク質上の糖鎖構造のおおよその特徴を知ることができる，というのが彼らの強みだ（表2）。

その活用例を，遺伝子組み換え CHO で生産したヒトエリスロポイエチン製剤（rHuEPO）で説明しよう[3]。EPO は N-結合型，O-結合型糖鎖付加位置をそれぞれ3カ所（Asn-24，Asn-38，Asn-83），1カ所（Ser-126）有する糖タンパク質である。前者には多分岐複合型糖鎖（3〜4本鎖が中心で，マイナーに2本鎖が存在する）が，後者にはおもにコア1（Galβ1-3GalNAc）が付

表2 GlycoArray フィンガープリントによる糖鎖構造情報の記述

糖鎖の特徴	糖鎖エピトープ含量*	rHuEPO の分析結果
N-結合型糖鎖		
Bi-antennary	High/Medium/Low/Not detected	Low
Tri/tetra antennary	High/Medium/Low/Not detected	High
High mannose	High/Medium/Low/Not detected	Not detected
Sialic acid	High/Medium/Low/Not detected	High
Terminal GlcNAc	High/Medium/Low/Not detected	Not detected
Terminal GalNAc	Detected/Not detected	Not detected
Bisecting GlcNAc	Detected/Not detected	Not detected
O-結合型糖鎖	Detected/Not detected	Not detected

＊：Not detected, less than 10 %；Low, 11-30 %；Medium, 31-70 %；High, 71-100%；Detected, more than 11%.

第21章　レクチンマイクロアレイのタンパク質医薬品生産プロセス開発への活用

加しており，両者とも高度にシアル酸修飾されている。この修飾は薬物の体内動態に重要で，静注後の体内半減期が末端シアル酸含有 EPO は 5～6 時間であるのに対し，アシアロ体は 2 分にも満たない[14]。では，GlycoArray™ の分析結果を見てみよう（表 2 右）。分岐度，シアル酸の修飾度等，EPO の N-結合型糖鎖の構造特徴をとても良くあらわしている。一方，O-型糖鎖の存在はこの分析条件では確認できていない。タンパク質から糖鎖を遊離しない分析形態をとるために，結合反応時において，多点相互作用が形成しやすい N-結合型糖鎖を認識するレクチンへの結合が優先され，このため O-型糖鎖のシグナルが得られないと説明している。これは，N-結合型糖鎖を酵素処理で選択的に切断除去した後に分析することで検出が可能になるというが，N-, O-結合型糖鎖を同時に分析できるというレクチンアレイの強みが損なわれる。

　プロコグニアは，より精密な糖鎖プロファイルを可能にしたレクチンアレイ（GlycoScope™）も提供している。ここでは誌上報告のある IgG の分析例を紹介しよう[9]。

　抗体医薬はその市場を急激に拡大しているタンパク質医薬の一つである。IgG は糖鎖付加位置が一分子中に 2 カ所で，かつ糖鎖がほぼ複合型二本鎖（N-結合型糖鎖）であるが，それでも 32 種もの構造多様性をもつ。それぞれの構造の出現頻度は，生産細胞レベルで異なり，さらには培養条件によっても変化するという。その変化により生ずる末端構造やコアフコース修飾率の相違が，体内動態や ADCC 活性，CDC 活性に影響を与えうる。これらと相関のある糖鎖変化をレクチンアレイで定量するというのが狙いだ。彼らは先に述べた独自アルゴリズムを採用し，レクチンアレイで IgG の糖鎖分析に必要とされる項目の定量解析を可能とするソフトを開発した（表 3）。また，検出には間接蛍光標識法を用いることで，前処理工程が不要となった。したがって実験の流れは，

　　培養液から一部サンプリング⇒溶液を IgG 濃度が 30 μg/mL となるように希釈⇒

　　レクチンアレイへ添加⇒結合反応⇒ブロッキング，洗浄，抗体オーバーレイ⇒

　　スキャニング⇒データ解析

と簡略化され，実験開始から数時間後には表 3 に示す構造情報が得られるようになった。分析のポイントは，培養液中の IgG 濃度である。迅速解析には IgG 濃度が 30 μg/mL を超える必要があり，培養開始 5 日目から 13 日目までの IgG について分析している。この範囲においては，表 3 の各項目の経時的変動は HPLC の結果とほぼ一致するという。もし，検出感度が向上すれば培養初期段階からの分析が可能となり，その応用範囲は拡大するであろう。

表 3　GlycoScope により得られる IgG 糖鎖構造情報

1．高マンノース型，複合型二本鎖，複合型三／四本鎖の割合
2．末端構造（G0，G1，G2）の割合
3．Gal α 1-3Gal 抗原，末端シアル酸の存在

235

3.2 高感度レクチンアレイによるタンパク質医薬品の糖鎖評価

2.2で説明した高感度レクチンアレイシステムはモリテックス社（現GPバイオサイエンス社）により製品化され，2006年よりチップ（LecChip™），スキャナ（GlycoStation™ Reader1200），および比較糖鎖解析用ソフト（GlycoStation™ Tools）が販売されている。このシステムの特徴は何といっても感度の高さである。現存する糖鎖解析技術の中でも最高感度を誇るといっても過言ではない。以下にはタンパク質医薬品の分析例として遺伝子組み換え EPO 製剤の糖鎖プロファイリングを紹介する。なお，IgG の糖鎖プロファイリングについては，先に出版された「抗体医薬のための細胞構築と培養技術」で紹介しているのでそちらを参照していただきたい[15]。

糖鎖含量の異なる第一世代 EPO（N-gly 3, O-gly 1, 最大 α2,3 シアル酸末端数 14），第二世代 EPO（N-gly 5, O-gly 1, 最大 α2,3 シアル酸末端数 22）の糖鎖プロファイリングを実施した（本実験データは GP バイオサイエンス社の藤田裕子のご厚意により提供いただいた）。EPO 製剤を Cy3 標識後に段階希釈し，終濃度 31.3～2000 ng/mL の範囲で溶液 100 μL を LecChip へアプライした。一晩結合反応したチップは GlycoStation™ Reader1200 でスキャンし結合シグナルを得た。その結果，各レクチンのシグナルは濃度依存的に増加し，一部のレクチンシグナルが 250 ng/mL で飽和に達した。図3a には反応濃度 31.25 ng/mL（重量として1ウェルあたり

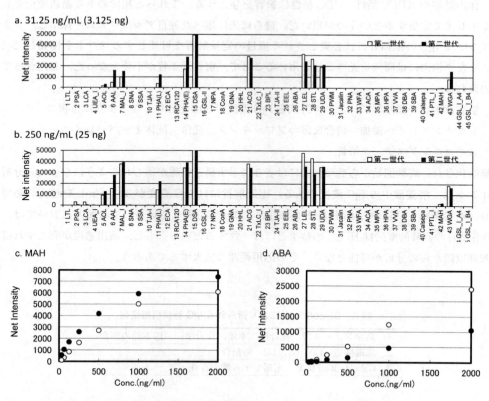

図3 高感度レクチンマイクロアレイによる EPO の糖鎖プロファイリング

第21章 レクチンマイクロアレイのタンパク質医薬品生産プロセス開発への活用

3.125 ng）の結果を示す。タンパク質あたりの N-結合型糖鎖本数の多い第二世代 EPO において，α 2,3 シアル酸末端認識レクチン MAL，フコース認識レクチン AAL，AOL や多分岐認識レクチン PHA（L）などで有意に強いシグナルを得た。一方で，ポリラクトサミン認識レクチン LEL，STL シグナルでは第一世代 EPO の方が強い傾向があった。ここで特筆すべきは O-結合型糖鎖認識レクチンのシグナルである。N-結合型糖鎖認識レクチンと比較すると微弱ではあるが，濃度依存的に増加しているため，EPO 上の糖鎖に由来することが分かる（図3c, d）。ジシアリルコア1を認識するレクチン MAH やシアリルコア1を認識するレクチン ABA のシグナルが確認できるが，この構造の存在は過去の EPO の O-結合型糖鎖解析結果と合致する[16]。添加量 250 ng/mL（重量として1ウェルあたり25 ng）で，本来の強みである N-, O-結合型糖鎖同時解析が可能になった（図3b）。

4 混合溶液中微量標的タンパク質の糖鎖プロファイリング（ALP）法

　細胞培養した培養液中の標的タンパク質の糖鎖構造を調べるには，レクチンアレイの間接標識法が簡便かつ迅速な系として有力であることは2.1で述べた。ただし，培養液をそのままレクチンアレイにアプライして解析できるケースは限られる。多くの場合培養液中には培地成分糖タンパク質や標的物以外の細胞生産分泌糖タンパク質が存在し，それらが結合反応時に競合するため，標的タンパク質と夾雑タンパク質の量比によって糖鎖プロファイルが変化してしまう恐れがあるからだ。つまり，再現性高い分析にはタンパク質の精製工程が前処理に必須となるが，前述したとおり純度70％程度で分析できる，分析に必要なタンパク質は1〜100 ng であるため，抗体コート磁気ビーズによる簡易免疫沈降程度で構わない。筆者は簡易免疫沈降から抗体オーバーレイ・レクチンアレイまでのシステマティックな手法である ALP（Antibody-assisted lectin profiling）法を開発した。以下に培養上清中微量 PSA（Prostate Specific Antigen，前立腺特異抗原）の分析例を紹介する。

　PSA は前立腺がんの疑いを確定する基準として非常に優れたマーカーであるが，良性疾患である前立腺肥大症でも濃度が上昇する。実際，PSA 濃度が4〜10 ng/mL の場合にはがんと肥大症の患者が混在し，統計学的にも分別が困難である。最近 PSA 上の糖鎖構造をみることで，がんと肥大症の区別ができると報告された[17,18]。筆者らはそれに先立ちアンドロジェン受容体陽性前立腺がん細胞 LNCaP 株培養上清中 PSA のレクチンアレイ解析に成功している[11]。図4a の戦略に従い，まず培養プレート1枚分を培養し，細胞数が 1×10^6 個に到達したところで培養液を回収した。培養液中の PSA 量は50 ng/mL 程度であったため，遠心限外ろ過フィルターにより20倍に濃縮した溶液20 μL から抗体コート磁気ビーズを用い PSA を回収したところ，収量は20 ng であった。そのうち5 ng をレクチンアレイにアプライし，抗体オーバーレイ法によりシグナル検出した。培養上清をそのままレクチンアレイにアプライした場合，培養上清の代わりに培地を用いた場合も対照実験として行った。その結果，LNCaP 培養液から PSA を簡易精製した

バイオ医薬品開発における糖鎖技術

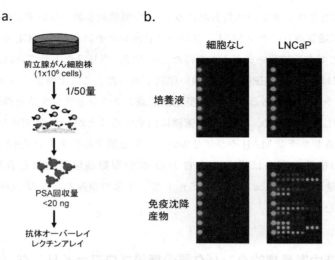

図4　細胞培養液中PSAの糖鎖プロファイリング

場合にのみ固有の糖鎖プロファイルが得られ（図4b），過去のHPLCによる糖鎖解析結果と構造の特徴が一致した。

　ALP法は細胞培養液だけでなく，血清や組織ライセート中の標的タンパク質の糖鎖解析にも利用できる．筆者らは糖鎖バイオマーカー開発におけるマーカー候補分子の血清100検体レベルの検証試験に用いている[19]が，本手法が現存する唯一の検証フェーズに有効な糖鎖解析システムであることを付け加えておく．

5　ALP法による細胞培養初期段階タンパク質上糖鎖評価とその活用シーン

　タンパク質医薬品の生産プロセス開発の初期段階において，生産細胞の構築，細胞バンクの構築，および培養条件の最適化は必須の事項である．この過程のより緻密な条件検討が高品質な医薬品の安定な生産につながる．現在，これらの工程に2年程度が費やされているが[20]，今後バイオシミラー，バイオベター医薬品開発競争が加速するであろう現状を踏まえると，初期過程をできるだけ短縮していかねばならず，そのための迅速，簡便，高感度な評価システムが必要となる．タンパク質医薬品の評価は，活性や生産量を軸として行う．CHO細胞培養において，培地の組成（血清，グルコース，脂質，糖の種類，アミノ酸），細胞の状態，培養の状態などが，分泌糖タンパク質の糖鎖構造を変動させ，活性にも影響を与えうることが，生産プロセス開発の初期段階で糖鎖軸を必要とする根拠だ．現在使用している糖鎖解析はLC，CEや質量分析によるもので，表1に示したように感度面，操作性で必ずしも初期過程の検討に適しているとは言えない．一方レクチンアレイ法の中でも，筆者らが開発したALP法は，混合溶液中にμg/mL程度しか存在しない標的糖タンパク質の糖鎖分析を可能にする技術であり，このニーズに応えるための最

第21章 レクチンマイクロアレイのタンパク質医薬品生産プロセス開発への活用

適な技術として期待できる。これまでにこの有効性を実証する結果は報告されていないため，ここでは筆者らによるIgGの糖鎖解析結果をもとに，その有効性が予測できる具体的な使用シーンを提案するにとどめたい。

筆者らはALPの一部改法により，IgG生産CHO細胞の培養液からIgGを簡易精製し，レクチンアレイ解析するプロトコルを確立した。100 ngのIgGを培養液から簡易精製し，レクチンアレイ1ウェルあたり10 ng以上のIgGをアプライすると，信頼性の高いレクチンアレイデータを取得できることが分かった。ここで，小スケールでの培養も考慮し，培養過程で20μLずつ培養液をサンプリングすると仮定しよう。培養液中のIgG濃度が5μg/mL以上となる培養経過日数で100 ng以上のIgGが回収可能となる。図5はIgG生産CHO細胞をフェドバッチ法で培養した実例である（CHO細胞の培養は徳島大学工学部の大政教授が実施したもので，ご厚意によりデータを提供いただいた）。ALP法を用いると培養2日目以降から糖鎖解析が可能となるこ

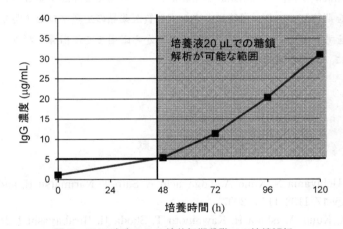

図5　CHO生産IgGの培養初期段階での糖鎖解析

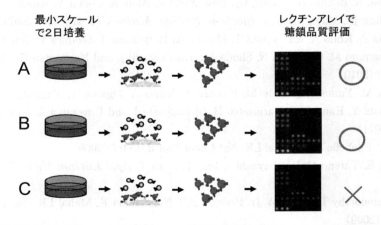

図6　培養条件や細胞クローンを糖鎖レベルで迅速・簡便に選択するための研究戦略イメージ

239

とが分かる。3. 1で述べた現存する手法で最も迅速なプロコグニアの方法では，分析に必要な培養液中IgG濃度は30μg/mL以上であり，培養5日目以降で糖鎖解析が可能となる。プロコグニアの手法はアレイ解析に半日程度ですむのに対し，ALP法は1.5日を要するが，それでも培養から分析結果を得るまでが5.5日から3.5日に短縮できる計算となる。以上より，筆者はここにALP法を生産細胞の構築，細胞バンクの構築，および培養条件の最適化に活用することを提案する（図6）。

6　おわりに

　本稿で筆者は，レクチンアレイを応用した「高感度タンパク質医薬品糖鎖解析システム」の生産プロセス初期段階における具体的な活用シーンを提案した。今後フィージビリティースタディーの実施を足掛かりに，新規糖鎖評価基軸がプロセス開発を加速するものとして認識され，活用されることを期待している。最後に，タンパク質医薬品の生産プロセス開発へのレクチンアレイ技術の活用を考える上で，プロセス開発の基礎から応用までご指導くださった徳島大学工学部大政健史教授に，心から感謝申し上げます。

文　　　献

1) Tateno H, Uchiyama N, Kuno A, Togayachi A, Sato T, Narimatsu H, and Hirabayashi J. *Glycobiology* **17**, 1138–1146 (2007)

2) Matsuda A, Kuno A, Ishida H, Kawamoto T, Shoda JI, Hirabayashi J. *Biochem Biophys Res Commun.* **370**, 259–263 (2008)

3) Rosenfeld R, Bangio H, Gerwig GJ, Rosenberg R, Aloni R, Cohen Y, Amor Y, Plaschkes I, Kamerling JP, Maya RB-Y. *J. Biochem. Biophys. Methods* **70**, 415–426 (2007)

4) Matsuda A, Kuno A, Kawamoto T, Matsuzaki H, Irimura T, Ikehara Y, Zen Y, Nakanuma Y, Yamamoto M, Ohkohchi N, Shoda J-I, Hirabayashi J, and Narimatsu H. *Hepatology* **52**, 174–182 (2010)

5) Toyoda M, Yamazaki-Inoue M, Itakura Y, Kuno A, Ogawa T, Yamada M, Akutsu H, Takahashi Y, Kanzaki S, Narimatsu H, Hirabayashi J, and Umezawa A. *Genes to Cells* **16**, 1–11 (2011)

6) Hsu KL, Pilobello KT, Mahal LK. *Nat Chem Biol* **2**, 153–7 (2006)

7) Yasuda E, Tateno H, Hirabayashi J, Iino T, Sako T. *Appl Environ Microbiol* **77**, 4539–46 (2011)

8) Krishnamoorthy L, Bess JW Jr, Preston AB, Nagashima K, Mahal LK. *Nat Chem Biol* **5**, 244–50 (2009)

第 21 章　レクチンマイクロアレイのタンパク質医薬品生産プロセス開発への活用

9) Rosenfeld R, Rosenberg R, Olender R, Plaschkes I, Dabush D, Himmelfarb C, Smilansky Z, Boehme S, Forrer K, Maya RB-Y. *BioProcess Intl* **5** 38-47 (2007)

10) コールドスプリングハーバー「糖鎖生物学」第 2 版, 45 章「グライコミクス」

11) Kuno A, Kato Y, Matsuda A, Kaneko MK, Ito H, Amano K, Chiba Y, Narimatsu H, and Hirabayashi J. *Mol Cell Proteomics* **8**, 99-108 (2009)

12) Kuno A, Uchiyama N, Koseki-Kuno S, Ebe Y, Takashima S, Yamada Y, and Hirabayashi J. *Nature Methods.* **2**, 851-856 (2005)

13) Uchiyama N, Kuno A, Tateno H, Kubo Y, Mizuno M, Noguchi M, and Hirabayashi J. *Proteomics* **8**, 3042-3050 (2008)

14) Erbayraktar S *et al. Proc Natl Acad Sci U S A* **100**, 6741-6 (2003)

15) 武石俊作, 久野敦, 「抗体医薬のための細胞構築と培養技術」大政健史監修, pp52-63, シーエムシー出版 (2010)

16) Watson W, Bhide A, van Halbeek H. *Glycobiology* **4**, 227-237 (1994)

17) Fukushima K, Satoh T, Baba S, Yamashita K. *Glycobiology* **20**, 452-460 (2010)

18) Dwek MV, Jenks A, Leathem AJ. *Clin Chim Acta* **411**, 1935-1939 (2010)

19) Kuno A, Ikehara Y, Tanaka Y, Angata T, Unno S, Sogabe M, Ozaki H, Ito K, Hirabayashi J, Mizokami M and Narimatsu H. *Clin. Chem.* **57**, 48-56 (2011)

20) 奥村一夫, 「抗体医薬のための細胞構築と培養技術」大政健史監修, pp278-289, シーエムシー出版 (2010)

第22章　多次元HPLCマッピングによる糖タンパク質糖鎖の定量的プロファイリング

矢木宏和[*1]，加藤晃一[*2]

1　はじめに

タンパク質全種類のおよそ半数は翻訳後修飾である糖鎖が付加されているといわれている[1]。糖鎖は，タンパク質の溶解性や安定性を向上させるだけではなく，フォールディング，輸送，分解といったタンパク質の運命を担っており，さらにはタンパク質の機能発現も制御していることが報告されてきている[2~5]。このため糖鎖修飾は，バイオ医薬品の開発においても極めて重要視されている。現在，抗体医薬を初め多くの糖タンパク質医薬品が実用段階に入っており[6]，糖鎖の構造のわずかな差異が医薬品の生物活性に大きな影響を与えている例も報告されている。たとえばエリスロポエチンに結合している糖鎖はその構造に応じて体内動態が異なることや[7]イムノグロブリンG（IgG）の糖鎖からフコース残基を取り除くと抗体依存性細胞障害（ADCC）活性が50-100倍上昇することも知られている[8,9]。このように，新たなタンパク質医薬品の開発においても，また糖タンパク医薬品の品質管理においても，糖鎖の構造を把握することが必要不可欠になってきている。しかしながら，糖鎖についてはタンパク質やDNAのような簡便なシークエンス技術が現時点では存在せず，糖鎖構造を一義的に決定することは容易ではない。その理由として糖鎖の有する分岐性，不均一性，構造異性に伴う構造の複雑さが挙げられる。高橋らの開発した高速液体クロマトグラフィー（HPLC）を利用した糖鎖の構造解析法（HPLCマップ法）はこうした問題を克服してN型糖鎖の定量的プロファイリングを可能とする[10~13]。

本稿では，HPLCマップ法のあらましと本方法を利用した糖タンパク質の構造解析法を筆者らの研究成果を含めて紹介する。

2　多次元HPLC法の原理

多次元HPLCマップによる糖鎖分析法のスキームを図1に示す。まず酵素による加水分解や

＊1　Hirokazu Yagi　名古屋市立大学　大学院薬学研究科　生命分子構造学分野　助教
＊2　Koichi Kato　名古屋市立大学　大学院薬学研究科　生命分子構造学分野　特任教授；自然科学研究機構　岡崎統合バイオサイエンスセンター　生命分子研究部門　教授；株式会社グライエンス　取締役；お茶の水女子大学　糖鎖科学教育研究センター　客員教授

第22章　多次元HPLCマッピングによる糖タンパク質糖鎖の定量的プロファイリング

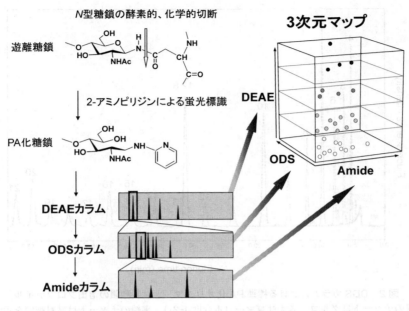

図1　多次元HPLCマップ法による糖鎖の分析スキーム

ヒドラジン分解により糖タンパク質から糖鎖を切り出す．糖鎖の切断には，植物由来のGlycoamidase A（別名 Glycopeptidase A，PNGase A）や *Flavobacterium meningosepticumy* 由来 Peptide：*N*-glycosidase F（PNGase F）などの*N*型糖鎖とタンパク質の間のアミド結合を切断する酵素が用いられる．遊離した糖鎖の還元末端を2-アミノピリジンで蛍光ラベルする．糖鎖に蛍光標識を施すことで，糖鎖を高感度かつ定量的に分析できるようになる．調製したピリジルアミノ（PA）化糖鎖を，3種類の分離モードの異なるHPLCカラムを用いて分離すると同時に，その溶出位置から構造を同定する．まず，細胞や糖タンパク質から調製したPA化糖鎖の混合物をDEAE（Diethyl-aminoethyl）カラムなどの陰イオン交換カラムにより，糖鎖に含まれるシアル酸や硫酸基のような負電荷に応じて分離する．次にそれぞれの画分をODS（Octadecyl-Silica）カラムを用いた逆相クロマトグラフィーにより分離する．後述するように，ODSカラムは，たとえ異性体であっても糖残基の結合位置の違いなど微細な構造の違いを見分けて分離することが可能である．さらに，ODSカラムにて分離した各分画をAmideカラム（アミド吸着カラム）にて分離精製する．このAmideカラムは，主として糖鎖の分子サイズによって分離することができる．これら3種類のカラムに供することにより，糖タンパク質から調製したPA化糖鎖は，ほぼ単一糖鎖に単離することが可能となり，同時に各カラムに対する溶出時間を得ることができる．このようにして得られた3種のカラムにおける溶出時間の組み合わせによって，糖鎖構造をほぼ一義的に特定することができる．言い換えれば，特定の糖鎖構造は3種類のカラムにおける溶出時間をX，Y，Z座標とする3次元のマップ上の特定の点に対応することになる．試料

243

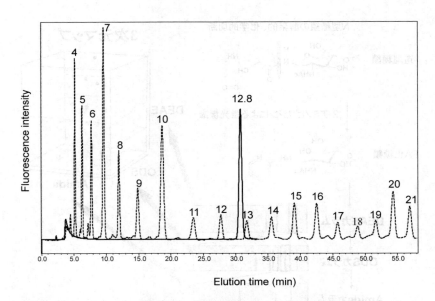

図2 ODSカラムにおける標準PA化オリゴマーと試料糖鎖の溶出プロファイル
点線のチャートはグルコースオリゴマー（重合度4-21），実線のチャートは試料糖鎖を示す。試料糖鎖はグルコースオリゴマーの12糖と13糖の間に溶出され，その溶出時間は比例配分により12.8GUと換算することができる。

糖鎖の溶出時間は，PA化したα1,6グルコース重合体の混合物を，試料の分析前にカラムに供することにより，グルコースの重合度に換算してグルコース単位（GU）として規格化している（図2）。これにより，カラムのロット差，経時変化，用時に調製する溶媒の微妙な違い等から生ずる糖鎖のHPLCカラムに対する溶出時間の差異を補正することができる。

PA化糖鎖の構造の同定の基本は，試料PA化糖鎖のカラムからの溶出位置をマップ上の既知の標準PA化糖鎖の位置と比較することである。必要に応じて標準糖鎖との共打ちを行うことや糖加水分解酵素および糖転移酵素を作用させることにより，データベースに存在する既知の糖鎖へと変換することで構造を同定する。これまでに500種類以上のPA化糖鎖についてデータベースが構築され，Web application GALAXY（http://www.glycoanalysis.info）として公開している（図3）[14]。最近ではHPLCマップ法の適用範囲を硫酸化糖鎖やグルクロン酸化糖鎖などの生体内で微量にしか存在しない酸性糖鎖にまで拡張することにより，その有用性は一層の広がりをみせている[10,11]。

3 溶出時間に基づく未知糖鎖の同定

高橋らによって，HPLCカラムにおける糖鎖の溶出時間は，糖鎖を構成する各単糖単位のカラムへの親和力（Unit Contribution）の合計として考えられることが見出されている。つまり糖鎖

第22章　多次元 HPLC マッピングによる糖タンパク質糖鎖の定量的プロファイリング

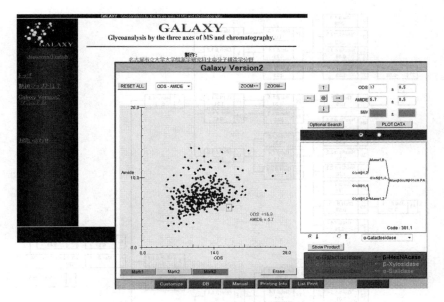

図3　GALAXY データベースの Web ページ
実験で得られた ODS および amide カラムに対する糖鎖の溶出時間を GALAXY に入力すると予想構造が提示される。また質量分析から得られる分子量データから予想される構造を検索することも可能である。

を構成する各単糖が，独自の割合で糖鎖の溶出時間に寄与している。これまでに，蓄積されている HPLC データを重回帰分析することによって，各構成単糖の Unit Contribution をパラメータ化することができている（図4）[15,16]。この値は，構成糖鎖の種類や結合様式によらず，各々独自の値を示す。例えば，同じ β 1,4 結合を形成しているガラクトース残基（図4中の Unit 17, 21, 24, 28, 56）でも，結合した枝の違いにより，異なる Unit Contribution を示している。この値を用いれば，未知の糖鎖の構造を溶出時間に基づいて予想することが可能である。

4　異性体の識別

糖鎖は独自の分岐構造をもつことや構成残基の類似性から，数多くの構造異性体を有する。たとえば，ガラクトースとマンノースからなる2糖でさえ，グリコシド結合の違いにより20種類もの異性体をつくり得る。このような多くの異性体の存在が，糖鎖の構造解析を困難にしている。HPLC マップはこうした異性体の識別において強力な威力を発揮する。ここでは，異性体の識別能を糖転移酵素の分枝鎖特異性の解析に応用した例を示す。一般に糖転移酵素の分枝鎖特異性を調べることは，生合成される糖鎖がどのような構造であるか，さらに合成された糖鎖がどのように細胞機能に影響を示すかを理解するうえで重要である。例えば，糖鎖のトリマンノシルコア構造に N-アセチルグルコサミンを転移する酵素（GnT）には6つのサブタイプ（I-VI）が知られ

245

バイオ医薬品開発における糖鎖技術

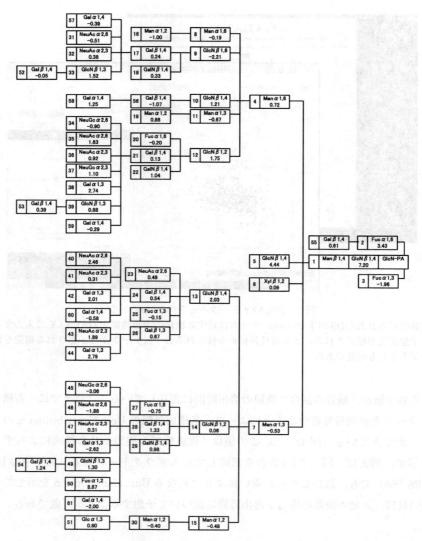

図4　ODS カラムにおける Unit Contribution
Unit Contribution は GU 値で表記している。

ているが，このうち GlcNAcβ1→6Manα1→6Man の枝の形成を促進する分枝鎖特異性を有する GnT-V は，癌細胞の転移に重要な分子であることが知られている[17]。本稿では，神経細胞の移動や突起伸長に関わる HNK-1 糖鎖の生合成を担う β1,3-グルクロン酸転移酵素（GlcAT-S）に関して HPLC マップを用いた分岐鎖特異性の解析例を紹介する[10]。図 5A に示すように，3 本鎖糖鎖を基質として用いたグルクロニル化反応の過程では，最終生成物にあたるトリグルクロン酸化糖鎖に加えて，3 種のモノグルクロン酸化糖鎖と 3 種のジグルクロン酸化糖鎖が生じ得る。図 5B に本反応で生成する糖鎖の HPLC マップを示す。このように，異性体を含む 7 種類の反応

第22章 多次元HPLCマッピングによる糖タンパク質糖鎖の定量的プロファイリング

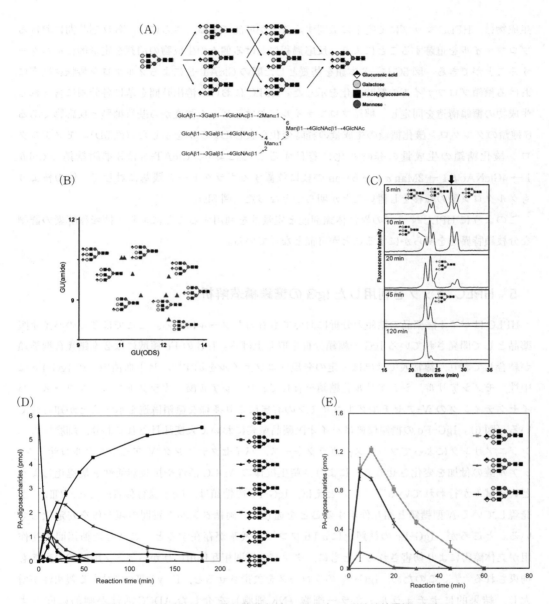

図5 β1,3グルクロン酸転移酵素（GlcAT-S）の分岐鎖特異性の解析
(A) 3本鎖糖鎖を基質にした際のβ1,3グルクロニル反応における生成物の反応スキーム図。(B) 基質糖鎖および反応生成物のHPLCマップ。3本鎖糖鎖を基質とした際のグルクロニル反応により生じる反応生成物はすべてHPLCマップ上で識別することが可能である。(C) 3本鎖糖鎖に対するGlcAT-Sのグルクロン酸化反応生成物の糖鎖プロファイル。矢印は出発基質である糖鎖が含まれる分画を示す。(D) 出発基質および生成した6種類の糖鎖の生成量の経時変化。(E) β1,3グルクロニル反応における3種類のモノグルクロニル化糖鎖の生成量の経時変化。GlcAT-Sは3本鎖糖鎖のGlcNAcβ1→2Manα1→6Manの枝に対しては，他の枝に比べグルクロン酸転移反応の進行が遅いことが明らかとなった。
記号：GlcA：グルクロン酸，Gal：ガラクトース，GlcNAc：N-アセチルグルコサミン，Man：マンノース

247

生成物は，HPLCマップにて完全に識別することが可能である。さらには，各反応時間における
プロファイルを追跡することにより，反応過程における個々の生成物の消長を定量的にモニター
することができる。図5Cに，3本鎖を基質とした際のGlcAT-Sによるグルクロン酸転移反応に
おける糖鎖プロファイルの経時変化を示した。HPLCにおける溶出時間を基に各分画に含まれる
生成物の糖鎖構造を同定し，糖鎖プロファイルにおけるピーク強度から基質糖鎖と反応物である
6種類のグルクロン酸化糖鎖の生成量の経時変化を表したグラフを示した（図5D）。モノグルク
ロン酸化糖鎖の生成量の経時変化に着目することにより，GlcAT-Sは3本鎖糖鎖のGalβ
$1 \rightarrow 4$GlcNAc$\beta 1 \rightarrow 2$Man$\alpha 1 \rightarrow 6$Manの枝に位置するガラクトース残基に対して，他の枝より
もグルクロン酸の転移をし難いことが明らかとなった（図5E）。

　このようにHPLCマップの異性体識別能と定量性を利用することにより，糖転移酵素の詳細
な分枝鎖特異性を明らかにすることが可能となっている。

5　HPLCマップを利用したIgGの糖鎖構造解析

　HPLCはバイオ医薬品の糖鎖の分析においても有力なツールになる。ここでは多くのバイオ医
薬品として開発されているIgGの糖鎖分析を取り上げる。IgGのFc領域には2本鎖複合型糖鎖
が結合しており，健常人ではほぼ一定の発現プロファイルを示す[18]。ヒト血清由来のIgG-Fcは
中性，モノシアリル，ジシアリル化糖鎖を有しており，シアル酸，ガラクトース，フコース，バ
イセクティングのN-アセチルグルコサミンの有無により多様な糖鎖構造を示すことが知られて
いる（図6）。IgG-Fcの糖鎖修飾はバイオ医薬品産業において大変注目されており，細胞株のエ
ンジニアリングによってフコース，ガラクトース，バイセクティングN-アセチルグルコサミン，
シアル酸の付加を変化させることにより，産生抗体のADCC活性や抗炎症活性を最適化しよう
という試みが行われている[19~21]。たとえば，IgG-Fcの糖鎖は，Fcγ受容体IIIa（FcγRIIIa）が
発現しているN型糖鎖と相互作用することを通じて，両糖タンパク質間の複合体を安定化して
いる。ところが，IgG-Fcの糖鎖上に$\alpha 1,6$フコース残基が存在すると，こうした糖鎖間相互作
用が立体障害により妨害されるとともに，タンパク質間相互作用に与かるアミノ酸残基の動きも
拘束される[22,23]。このため，IgG-Fcのフコースを欠損させると，FcγRIIIaに対する親和性が増
大し，結果的にナチュラル・キラー細胞（NK細胞）を介したADCC活性が劇的に向上す
る[8,9,24,25]。このように，IgGの活性と糖鎖構造は密接に関係しており，様々な生産基材を利用し
て発現させたIgGの糖鎖構造を明らかにすることは，それらを用いて製造した抗体の医薬品と
しての評価において必要不可欠である。ここでは異なるタンパク質生産基材［チャイニーズハム
スター卵巣（CHO）細胞およびカイコ］を用いて発現したIgGを対象とし，HPLCマップを用
いた糖鎖分析の例を紹介する[26,27]。CHO細胞およびカイコで発現したIgGから調製したPA化
糖鎖をDEAEカラムに供した際のプロファイルから，これら2種類の生産基材により産生した
IgGにはシアリル化糖鎖などの酸性糖鎖は発現していないことが明らかとなった。次に，それぞ

第22章 多次元 HPLC マッピングによる糖タンパク質糖鎖の定量的プロファイリング

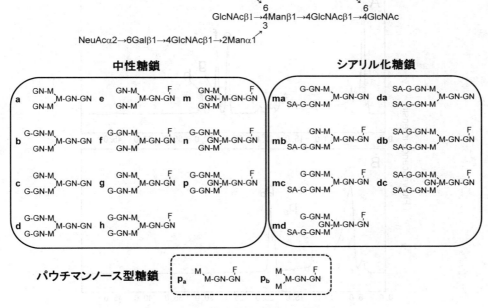

図6 IgG およびその組換え体の糖鎖構造

ヒト IgG はフコース,ガラクトース,N-アセチルノイラミン酸(シアル酸),バイセクティングの N-アセチルグルコサミンの有無により,多様な糖鎖構造を有する。パウチマンノース型糖鎖は,カイコや昆虫細胞を用いて発現した糖タンパク質にしばしば見られるが,哺乳細胞にて発現した IgG にはみとめられない。
記号:F:フコース,G:ガラクトース,GN:N-アセチルグルコサミン,M:マンノース,SA:N-アセチルノイラミン酸

れの IgG から調製した PA 化糖鎖を ODS カラムに供した(図7)。さらに ODS カラムで分離した各分画を Amide カラムに供することにより,各分画に対応する糖鎖構造を同定した(図6,7)。

CHO 細胞にて発現した IgG 上の糖鎖は大部分が $\alpha 1,6$ フコシル化されており(糖鎖 e, f, g, h)ガラクトース付加がない糖鎖 e が最も存在量が多かった。また,糖鎖 f と g のようなガラクトース残基の結合している枝の異なる位置異性体を識別することも可能である。

一方,バキュロウイルスを利用したカイコにより発現した IgG は,5-6 糖から構成されるパウチマンノース型糖鎖を発現していた(糖鎖 p_a, p_b:図6)。これらの糖鎖は,非還元末端のガラクトースや N-アセチルグルコサミン残基が欠損しており,哺乳細胞で発現した IgG では見られない糖鎖構造を示している。これは,カイコでは N-アセチルヘキソサミニダーゼ活性が亢進しており,N 型糖鎖の生合成過程で N-アセチルグルコサミン残基が切除されているためであると考えられる[28,29]。このようにカイコや昆虫細胞に恒常的に発現している N-アセチルヘキソサミニダーゼ遺伝子を破壊し,さらにはガラクトース転移酵素やシアル酸転移酵素遺伝子を導入することで,リコンビナントタンパク質の糖鎖をヒトが発現するような糖鎖に近づけようとする研究

249

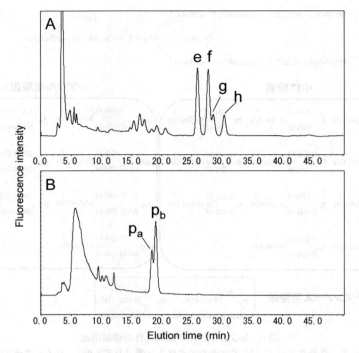

図7 ODSカラムにおける（A）CHO細胞および（B）カイコを用いて発現したヒトIgGの糖鎖プロファイル
各分画に含まれる糖鎖の構造は図6を参照。

も現在，盛んにおこなわれている[30,31]。こうしたリコンビナントタンパク質に発現している糖鎖の評価系においても，本HPLCマップ法は簡便に利用できる。

6 おわりに

本稿で述べたように，多次元HPLCマップ法の適用範囲は，いまや硫酸化糖鎖・グルクロン酸化糖鎖にまで拡張し，その応用も，バイオロジクスの生産管理，健康食品中の機能糖鎖の同定，疾患マーカーの探索，ウイルス感染性組織の糖鎖プロファイリング，と多岐にわたっている[32〜38]。特に，近年注目を集めているiPS細胞や幹細胞などは，未分化性が維持されなくなると細胞表層の糖鎖の発現パターンが変化することが報告されていることから[39,40]，細胞レベルにおける糖鎖の発現プロファイリングは，各種幹細胞の品質管理や安全性の評価へと利用されることも期待される。さらに多次元HPLC法はO型糖鎖のプロファイリングにも適用範囲を広げつつある[41]。また，本法を利用して構築した糖鎖ライブラリーは，レクチンの糖鎖結合性を体系的に探査するうえで有用なツールであり，創薬シーズとしての可能性も秘めている。今後，HPLCを利用した糖鎖プロファイリング技術が創薬や医療の現場で活用されることを期待する。

第 22 章　多次元 HPLC マッピングによる糖タンパク質糖鎖の定量的プロファイリング

謝辞

　多次元 HPLC 法を開発され，その様々な応用への基盤を築かれました名古屋市立大学名誉教授　高橋禮子博士に深甚なる敬意と感謝を申し上げます。本研究の成果は，文部科学省・日本学術振興会科学研究費補助金および㈶医薬基盤研究所・保険医療分野における基礎研究推進事業によって得られたものです。ここに謝意を表します。

文　　献

1) R. Apweiler et al., *Biochim. Biophys. Acta*, **1473**, 4-8 (1999)

2) N. Sharon, *J. Biol. Chem.*, **282**, 2753-64 (2007)

3) A. Varki, *Glycobiology*, **3**, 97-130 (1993)

4) K. Kato et al., *Glycobiology*, **17**, 1031-44 (2007)

5) Y. Kamiya et al., *Curr. Pharm. Des.*, **17**, 1672-84 (2011)

6) E. Higgins, *Glycoconj. J.*, **27**, 211-25 (2010)

7) M. Takeuchi et al., *Glycobiology*, **1**, 337-46 (1991)

8) R. L. Shields et al., *J. Biol. Chem.*, **277**, 26733-40 (2002)

9) T. Shinkawa et al., *J. Biol. Chem.*, **278**, 3466-73 (2003)

10) H. Yagi et al., *Open Glycosci.*, **1**, 8-18 (2008)

11) H. Yagi et al., *Glycobiology*, **15**, 1051-60 (2005)

12) H. Nakagawa et al., *Anal. Biochem.*, **226**, 130-8 (1995)

13) N. Tomiya et al., *Anal. Biochem.*, **163**, 489-99 (1987)

14) N. Takahashi et al., *Trends Glycosci. Glycotech.*, **15**, 235-251 (2003)

15) Y. C. Lee et al., *Anal. Biochem.*, **188**, 259-66 (1990)

16) N. Tomiya et al., *Anal. Biochem.*, **193**, 90-100 (1991)

17) K. Murata et al., *Oncology*, **66**, 492-501 (2004)

18) E. Yamada et al., *Glycoconj. J.*, **14**, 401-405 (1997)

19) R. Jefferis, *Expert. Opin. Biol. Ther.*, **7**, 1401-13 (2007)

20) Y. Kaneko et al., *Science*, **313**, 670-3 (2006)

21) Y. Yamaguchi et al., *Biochim. Biophys. Acta*, **1760**, 693-700 (2006)

22) T. Mizushima et al., *Genes to Cells*, in press (2011)

23) S. Matsumiya et al., *J. Mol. Biol.*, **368**, 767-79 (2007)

24) T. Kubota et al., *Cancer. Sci.*, **100**, 1566-72 (2009)

25) N. Yamane-Ohnuki et al., *MAbs*, **1**, 230-6 (2009)

26) Y. Yamaguchi et al., *Biochim. Biophys. Acta*, **1760**, 693-700 (2006)

27) E. Y. Park et al., *J. Biotechnol.*, **139**, 108-14 (2009)

28) K. Koles et al., *J. Biol. Chem.*, **279**, 4346-57 (2004)

29) F. Altmann et al., *J. Biol. Chem.*, **270**, 17344-9 (1995)

30) R. Wagner et al., *J. Virol.*, **70**, 4103-9 (1996)

31) N. Tomiya, *Trends Glycosci. Glycotech.*, **21**, 71-86 (2009)

32) N. Sriwilaijaroen *et al.*, *Glycoconj. J.*, **26**, 433-43 (2009)

33) H. Nakagawa, *Trends Glycosci. Glycotech.*, **21**, 87-94 (2009)

34) H. Nakagawa *et al.*, *J Chromatogr. B Analyt. Technol. Biomed. Life Sci.*, **853**, 133-7 (2007)

35) C. T. Guo *et al.*, *Glycobiology*, **17**, 713-24 (2007)

36) M. Holland *et al.*, *Biochim. Biophys. Acta*, **1760**, 669-77 (2006)

37) H. Yagi *et al.*, *Mol. Immunol.*, **41**, 1211-5 (2004)

38) T. Oita *et al.*, 臨床病理, **55**, 626-9 (2007)

39) H. Yagi *et al.*, *J. Biol. Chem.*, **285**, 37293-301 (2010)

40) H. Tateno *et al.*, *J. Biol. Chem.*, **286**, 20345-53 (2011)

41) Y. Wada *et al.*, *Mol. Cell. Proteomics*, **9**, 719-27 (2010)

バイオ医薬品開発における糖鎖技術《普及版》(B1248)

2011 年 11 月 30 日　初　版　第 1 刷発行
2018 年 7 月 10 日　普及版　第 1 刷発行

監　修　　早川堯夫, 掛樋一晃, 平林　淳　Printed in Japan
発行者　　辻　賢司
発行所　　株式会社シーエムシー出版
　　　　　東京都千代田区神田錦町 1-17-1
　　　　　電話 03(3293)7066
　　　　　大阪市中央区内平野町 1-3-12
　　　　　電話 06(4794)8234
　　　　　http://www.cmcbooks.co.jp/

〔印刷　あさひ高速印刷株式会社〕　© T.Hayakawa, K.Kakehi, J.Hirabayashi, 2018

落丁・乱丁本はお取替えいたします。

本書の内容の一部あるいは全部を無断で複写（コピー）することは，法律
で認められた場合を除き，著作権および出版社の権利の侵害になります。

ISBN978-4-7813-1285-9 C3045 ¥5000E